普通高等院校"十四五"应用型人才培养系列教材
全国高等院校计算机基础教育研究会计算机基础教育教学研究项目成果

三维建模实例教程

邱百爽　章　昊◎主编

中国铁道出版社有限公司
CHINA RAILWAY PUBLISHING HOUSE CO., LTD.

内 容 简 介

本书较为全面地介绍了利用 3ds Max 2020 软件进行三维建模的方法和技巧。全书包括 3ds Max 三维建模概述，3ds Max 基本操作，3ds Max 内置基本体，多边形建模，样条线建模，复合对象建模，编辑修改器，基本材质与贴图，高级材质实例，灯光、摄影机与渲染等共 10 章内容。

本书编写层次清晰、语言顺畅、图文并茂，融入了编者在教学过程中积累的大量实例。书中注重理论与实践相结合，将重点命令的介绍和建模实例相结合，每个实例都包括制作要点和操作步骤。

本书适合作为普通高等院校相关专业的教材，也可作为三维建模爱好者的自学用书和参考用书。

图书在版编目（CIP）数据

三维建模实例教程 / 邱百爽，章昊主编 . —北京：中国铁道出版社有限公司，2022.8（2025.6 重印）

普通高等院校"十四五"应用型人才培养系列教材

ISBN 978-7-113-29168-6

Ⅰ . ①三… Ⅱ . ①邱…②章… Ⅲ . ①三维动画软件 – 高等学校 – 教材 Ⅳ . ① TP391.414

中国版本图书馆 CIP 数据核字（2022）第 090128 号

书　　名：	三维建模实例教程
作　　者：	邱百爽　章昊

策　　划：	魏　娜	编辑部电话：	（010）63549508
责任编辑：	陆慧萍　包　宁		
封面设计：	刘　颖		
责任校对：	焦桂荣		
责任印制：	赵星辰		

出版发行：中国铁道出版社有限公司（100054，北京市西城区右安门西街 8 号）
网　　址：https://www.tdpress.com/51eds
印　　刷：三河市国英印务有限公司
版　　次：2022 年 8 月第 1 版　2025 年 6 月第 4 次印刷
开　　本：880 mm×1 230 mm　1/16　印张：18.5　字数：638 千
书　　号：ISBN 978-7-113-29168-6
定　　价：56.00 元

版权所有　侵权必究

凡购买铁道版图书，如有印制质量问题，请与本社教材图书营销部联系调换。电话：（010）63550836
打击盗版举报电话：（010）63549461

前　言

　　3ds Max 是由Autodesk公司开发的三维制作和渲染软件，具有强大的建模、材质表现、动画制作及渲染功能，被广泛应用于游戏开发、影视特效制作、建筑装潢效果图制作、工业产品设计、广告动画等领域，备受广大三维动画设计爱好者、建筑师和设计师的青睐。

　　本书内容由浅入深、由点到面、内容丰富、结构清晰、案例典型、讲解详尽。本书编者在高校主讲"环境导视与展示三维建模"课程，基于十余年的一线教学实践，结合教学内容及相关案例，从教学实际出发，编写了这本适用于本专科学生学习使用的教材。本书选用案例充分体现了我国传统文化，坚定文化自信；体现了我国的科技创新水平，提升科技自立自强能力。如学习者可通过纸扇模型实例了解我国传统的折扇艺术；通过陶瓷贴图实例了解我国传统的陶瓷技术；通过花瓶模型实例了解我国传统的青花瓷工艺；通过飞机模型贴图实例了解我国自主研发大型喷气式民用飞机的水平，体现了我国的自主科技创新能力。

　　作为一本入门级教材，本书以实用性为原则，力求让零基础的高校学生通过几十学时的课程学习和上机操作，能够快速入门从而掌握3ds Max建模和材质贴图的基本思路和技巧。本书在内容选择上以70学时左右为原则，介绍软件的核心建模及材质贴图技术，在介绍基本操作方法的基础上选取了相应知识点的典型案例。本书注重理论与实践相结合，将重点命令的介绍和建模实例相结合，每个实例都包括制作要点和操作步骤，力求使学生在较短的时间内掌握核心建模方法。

　　本书详细介绍了3ds Max 2020软件中的建模、材质贴图、灯光和摄影机以及渲染操作。全书共包括10章，包含许多操作的基本知识以及45个典型案例。每章大致包含理论知识、命令介绍及经典案例。理论知识主要介绍每章的基本操作，命令介绍主要讲解典型案例中涉及的操作技巧，经典案例通过精心设计和选择的操作实例，按步骤演练教学章节中介绍的基础操作和常见命令。每个知识点都配有实例辅助讲解，每个操作步骤都配有相应的插图加深认识，使学生通过案例熟练掌握软件在实际建模中的应用。

　　本书各章内容如下：

　　第1章介绍了3ds Max软件的发展及应用，重点介绍3ds Max 2020软件的工作界面和基本设置。

　　第2章介绍了3ds Max的基本操作，包括图形文件管理、查看和导航、选择对象、变换对象、复制对象、捕捉与对齐以及对象的组等操作。

　　第3章介绍了3ds Max的内置基本体，包括标准基本体、扩展基本体、植物、门、窗等。

第4章介绍了3ds Max的多边形建模法，包括多边形物体模式及其子模式、多边形编辑操作及典型案例等。

第5章介绍了3ds Max的样条线建模法，包括创建样条线、样条线编辑及其相应实例。

第6章介绍了3ds Max的复合对象建模法，包括散布、一致、连接、水滴网格、图形合并、布尔运算及放样建模等复合对象建模方法及实例。

第7章介绍了3ds Max的常用编辑修改器，包括横截面、曲面、挤出、倒角、倒角剖面、车削、弯曲、锥化、扭曲、FFD、晶格及布料等的基本操作及典型实例。

第8章介绍了3ds Max的材质编辑器、材质和贴图类型、UVW贴图和UVW展开操作及相应案例。

第9章介绍了几种常用材质的制作方法及典型案例。

第10章介绍了3ds Max的灯光、摄影机与渲染，包括常用灯光类型、三点布光原则、摄影机基础及灯光和摄影机的应用实例，渲染的基本知识、常用渲染器等。

本书得到全国高等院校计算机基础教育研究会课题"新工科背景下的应用型本科计算机专业课程体系建设"（2020-AFCEC-396）、河北省高等教育教学改革研究与实践项目《课程思政视域下的应用型本科计算机类专业基础课教学改革研究与实践》（2022GJJG619）、河北省省属高校基本科研业务费项目"后疫情时代双线混合教学中高校教师教学胜任力提升策略研究"（JSQ2021011）、河北省教育厅第二批新工科研究与实践项目"应用型本科计算机专业通专融合课程体系构建"（2020GJXGK057）、华北理工大学轻工学院2020年校级教育教学改革研究与实践项目"探索基于OBE的混合教学模式之路——计算机科学与技术专业课程的教改实践"（qgjg202010）项目的资助。

本书由邱百爽、章昊任主编，其中，邱百爽负责全书的内容制定，章昊负责全书的校核工作。具体编写分工如下：第1章和第2章由章昊编写，第3章至第8章由邱百爽编写，第9章和第10章由康文慧、费叶琦编写。

由于编者水平有限，书中难免会有错误与不妥之处，敬请读者批评、指正，您的意见和建议是我们持续前行的动力，可通过邮件发至37769718@qq.com，编者一定会给予回复，谢谢。

编　者

2023年6月

目 录

第1章 3ds Max三维建模概述 1

- 1.1 3ds Max的发展历程及应用 1
  - 1.1.1 三维建模技术概述 1
  - 1.1.2 3ds Max的发展历程 2
  - 1.1.3 3ds Max的应用领域 2
- 1.2 3ds Max 2020的工作界面 2
  - 1.2.1 工作区 3
  - 1.2.2 标题栏 4
  - 1.2.3 菜单栏 4
  - 1.2.4 主工具栏 5
  - 1.2.5 视图区 5
  - 1.2.6 命令面板 6
  - 1.2.7 视图操作工具 8
  - 1.2.8 状态栏 9
  - 1.2.9 动画控件 9
- 1.3 3ds Max 2020的基本设置 9
  - 1.3.1 自定义用户界面 9
  - 1.3.2 加载自定义用户界面方案 10
  - 1.3.3 单位设置 10
  - 1.3.4 显示UI 10
  - 1.3.5 首选项 11

第2章 3ds Max基本操作 12

- 2.1 图形文件管理 12
  - 2.1.1 新建Max场景文件 12
  - 2.1.2 打开Max场景文件 12
  - 2.1.3 保存Max场景文件 13
  - 2.1.4 重置Max场景文件 14
  - 2.1.5 合并Max场景文件 14
  - 2.1.6 导入Max场景文件 15
- 2.2 查看和导航 15
  - 2.2.1 三向投影视图和透视图 15
  - 2.2.2 禁用视图 17
  - 2.2.3 配置视图 17
  - 2.2.4 加载视图背景图像 19
- 2.3 选择对象 20
  - 2.3.1 基本选择 20
  - 2.3.2 按名称选择 21
  - 2.3.3 区域选择 21
  - 2.3.4 过滤选择集 22
- 2.4 变换对象 22
  - 2.4.1 坐标系 22
  - 2.4.2 选择并移动 22
  - 2.4.3 选择并旋转 23
  - 2.4.4 选择并缩放 23
- 2.5 复制对象 24
  - 2.5.1 复制 24
  - 2.5.2 变换复制 25
  - 2.5.3 镜像复制 25
  - 2.5.4 阵列复制 25
- 2.6 捕捉与对齐 28
  - 2.6.1 捕捉 28
  - 2.6.2 对齐 29
- 2.7 对象的组 30

第3章　3ds Max内置基本体　31

3.1 创建标准基本体 31
- 3.1.1 长方体 31
- 3.1.2 圆锥体 32
- 3.1.3 球体 33
- 3.1.4 圆柱体 34
- 3.1.5 管状体 34
- 3.1.6 圆环 34
- 3.1.7 四棱锥 35
- 3.1.8 平面 35
- 3.1.9 加强型文本 36
- 3.1.10 实例讲解：简易咖啡杯 36

3.2 创建扩展基本体 37
- 3.2.1 异面体 37
- 3.2.2 切角长方体 38
- 3.2.3 切角圆柱体 39
- 3.2.4 L-Ext/C-Ext 39
- 3.2.5 实例讲解：创建电视柜 40

3.3 创建其他对象 41
- 3.3.1 创建"植物" 41
- 3.3.2 创建"门" 42
- 3.3.3 创建"窗" 43

第4章　多边形建模　45

4.1 多边形物体 45
4.2 多边形物体子模式（子对象层级） 48
- 4.2.1 顶点子模式 48
- 4.2.2 边子模式 50
- 4.2.3 边界子模式 52
- 4.2.4 多边形子模式 52
- 4.2.5 元素子模式 54

4.3 多边形常用建模方法及实例 54
- 4.3.1 多边形建模常用生成方法 54
- 4.3.2 实例讲解：简单房子 56
- 4.3.3 多边形建模中的切割 62
- 4.3.4 实例讲解：带阁楼的房子 64
- 4.3.5 多边形建模中元素的合并 68
- 4.3.6 实例讲解：简易电脑桌 72
- 4.3.7 多边形建模中物体的平滑 77
- 4.3.8 实例讲解：桌角圆滑的电脑桌 83
- 4.3.9 实例讲解：茶杯模型 87

第5章　样条线建模　91

5.1 创建样条线及实例 91
- 5.1.1 创建线 91
- 5.1.2 实例讲解：金属吊灯模型的制作 94
- 5.1.3 创建圆 97
- 5.1.4 创建弧 98
- 5.1.5 创建多边形 99
- 5.1.6 创建文本模型 99
- 5.1.7 创建截面模型 100
- 5.1.8 创建矩形模型 101
- 5.1.9 创建椭圆模型 102
- 5.1.10 创建星形 102
- 5.1.11 创建螺旋线 103

5.2 样条线编辑及实例 104
- 5.2.1 转换为可编辑样条线 104
- 5.2.2 编辑可编辑样条线 105
- 5.2.3 实例讲解：鸟笼模型的制作 111

第6章 复合对象建模 114

- 6.1 复合对象类型 114
- 6.2 "散布"复合对象 114
  - 6.2.1 "散布"基础知识 114
  - 6.2.2 实例讲解：森林模型 115
- 6.3 "一致"复合对象 116
  - 6.3.1 "一致"基础知识 116
  - 6.3.2 实例讲解：山路模型 118
- 6.4 "连接"复合对象 120
  - 6.4.1 "连接"基础知识 120
  - 6.4.2 实例讲解：骨骼模型 122
- 6.5 "水滴网格"复合对象 125
  - 6.5.1 "水滴网格"基础知识 125
  - 6.5.2 实例讲解：倒牛奶效果模型 126
- 6.6 "图形合并"复合对象 129
  - 6.6.1 "图形合并"基础知识 129
  - 6.6.2 实例讲解：象棋模型 130
- 6.7 "布尔"复合对象 133
  - 6.7.1 "布尔"基础知识 133
  - 6.7.2 "布尔"复合对象的主要类型 133
  - 6.7.3 实例讲解：齿轮模型 135
- 6.8 "放样"复合对象 139
  - 6.8.1 基本放样及实例 139
  - 6.8.2 多截面放样及实例 142
  - 6.8.3 调整放样对象 144
  - 6.8.4 放样物体的变形及实例 148

第7章 编辑修改器 151

- 7.1 编辑修改器概述 151
  - 7.1.1 编辑修改器面板 151
  - 7.1.2 编辑修改器的公用属性 152
- 7.2 "横截面"编辑修改器 154
  - 7.2.1 "横截面"编辑修改器基础知识 154
  - 7.2.2 "横截面"编辑修改器的操作步骤 154
- 7.3 "曲面"编辑修改器 156
- 7.4 "横截面"和"曲面"建模实例讲解：可乐瓶模型 157
- 7.5 "挤出"编辑修改器 163
  - 7.5.1 "挤出"编辑修改器基础知识 163
  - 7.5.2 实例讲解：花朵吊灯模型 163
- 7.6 "倒角"编辑修改器 166
  - 7.6.1 "倒角"编辑修改器基础知识 166
  - 7.6.2 实例讲解：齿轮模型 166
- 7.7 "倒角剖面"编辑修改器 170
  - 7.7.1 "倒角剖面"编辑修改器基础知识 170
  - 7.7.2 实例讲解：茶杯模型 171
- 7.8 "车削"编辑修改器 173
  - 7.8.1 "车削"编辑修改器基础知识 173
  - 7.8.2 实例讲解：高脚杯模型 174
  - 7.8.3 实例讲解：牛奶壶模型 176
- 7.9 "弯曲"（Bend）编辑修改器 180
  - 7.9.1 "弯曲"编辑修改器基础知识 180
  - 7.9.2 实例讲解：纸扇模型 182
- 7.10 "锥化"（Taper）编辑修改器 185
  - 7.10.1 "锥化"编辑修改器基础知识 185
  - 7.10.2 实例讲解：雨伞模型 185
- 7.11 "扭曲"（Twist）编辑修改器 187
  - 7.11.1 "扭曲"编辑修改器基础知识 187
  - 7.11.2 实例讲解：花瓶模型 188
- 7.12 "FFD"编辑修改器 190
  - 7.12.1 "FFD"编辑修改器基础知识 190
  - 7.12.2 实例讲解：椅子模型 190

7.13 "晶格"编辑修改器 193
    7.13.1 "晶格"编辑修改器基础知识 193
    7.13.2 实例讲解：垃圾桶模型 194

7.14 "Cloth"（布料）编辑修改器 197
    7.14.1 "Cloth"编辑修改器基础知识 197
    7.14.2 实例讲解：抱枕模型 198

第8章 基本材质与贴图   201

8.1 材质编辑器 201
    8.1.1 菜单栏 202
    8.1.2 材质示例窗 203
    8.1.3 工具栏 203
    8.1.4 材质编辑器的基本参数 203

8.2 材质类型 208

8.3 贴图类型 211
    8.3.1 贴图坐标 211
    8.3.2 贴图通道 212
    8.3.3 二维贴图类型 212
    8.3.4 三维贴图类型 217

8.4 "UVW贴图"编辑修改器及实例 220
    8.4.1 "UVW贴图"编辑修改器基础 220
    8.4.2 实例讲解：心形咖啡杯 222

8.5 "UVW展开"编辑修改器及实例 226
    8.5.1 "UVW展开"编辑修改器基础 226
    8.5.2 实例讲解：飞机模型贴图 228
    8.5.3 展平贴图和渲染UVW模板 233
    8.5.4 UV线与缝合 237
    8.5.5 "剥" 240

8.6 综合贴图实例讲解 242
    8.6.1 实例讲解：蝴蝶建模及贴图 242
    8.6.2 实例讲解：茶杯贴图 246

第9章 高级材质实例   250

9.1 丝绸材质实例 250

9.2 金属材质实例 252

9.3 陶瓷材质实例 253
    9.3.1 简单陶瓷效果 253
    9.3.2 真实陶瓷效果 255

9.4 玉石材质实例 258

9.5 玻璃材质实例 261

第10章 灯光、摄影机与渲染   264

10.1 灯光类型 264
    10.1.1 标准灯光 264
    10.1.2 光度学灯光 266
    10.1.3 灯光的参数 267
    10.1.4 阴影类型与参数 268

10.2 灯光实例 270
    10.2.1 3ds Max布光原则 270
    10.2.2 灯光实例 271

10.3 摄影机 273
    10.3.1 摄影机特性 273
    10.3.2 创建摄影机 273
    10.3.3 创建摄影机视图 275

10.4 灯光和摄影机综合应用实例 275
    10.4.1 建模 275
    10.4.2 材质贴图 278
    10.4.3 摄影机和灯光 279

10.5 渲染 283
    10.5.1 渲染设置 283
    10.5.2 常用渲染器 285
    10.5.3 渲染帧窗口 285

参考文献   288

第1章

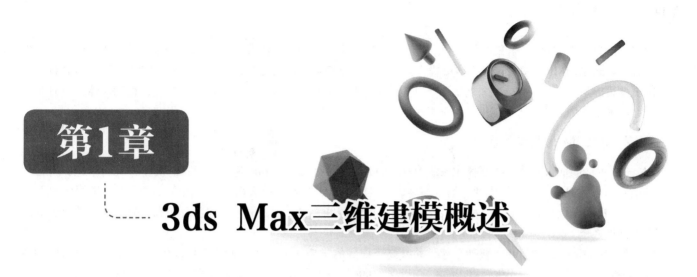

3ds Max三维建模概述

3ds Max作为一款常用的三维建模与动画制作软件，功能随着版本升级不断完善，应用的范围也越来越广泛。本章主要介绍3ds Max软件的发展及应用，3ds Max 2020软件的工作界面和基本设置。

1.1 3ds Max的发展历程及应用

三维建模是三维动画处理和可视化设计的基础，是开发虚拟现实系统过程中最基本、最重要的工作之一。

1.1.1 三维建模技术概述

目前对于物体的建模方法，大体上有三种：第一种方式利用三维软件建模；第二种方式通过仪器设备测量建模；第三种方式利用图像或者视频建模。

1. 三维软件建模

目前，在市场上可以看到许多优秀的建模软件，如3ds Max、SoftImage、Maya、UG、ZBrush以及AutoCAD等。它们的共同特点是利用一些基本的几何元素（如立方体、球体等），通过一系列几何操作（如平移、旋转、拉伸以及布尔运算等）来构建复杂的几何场景。构建三维模型主要包括几何建模、行为建模、物理建模、对象特性建模以及模型切分等。其中，几何建模的创建与描述是虚拟场景造型的重点。

AutoCAD是三维建筑建模的始祖，主要应用于工程制图和工业制图中，比如建筑工程、土木施工、服装加工和电子工业等。Maya堪称三维大师，功能完善，制作效率高，渲染真实感极强，是电影级别的高端制作软件。Maya主要应用于电影特技、影视广告和角色动画等领域，由于其专业性较强，对于硬件设备的要求高，一般在大型工作站应用。ZBrush被称为雕刻巨匠，是一款数字雕刻和绘画软件。ZBrush使用Z球建模可制作出优秀的三维模型，侧重塑造生物的造型和肌理，可参与电影特效和游戏的制作，其模型可以被Maya、3ds Max等识别和应用。3D Studio Max，常简称为3ds Max，是Autodesk公司开发的一款基于PC系统的三维动画渲染和制作软件，其功能完善而强大。

2. 利用仪器设备建模

三维扫描仪又称三维数字化仪。它是当前使用的对实际物体三维建模的重要工具之一。它能快速方便地将真实世界的立体彩色信息转换为计算机能直接处理的数字信号，为实物数字化提供了有效的手段。它与传统的平面扫描仪、摄像机、图形采集卡相比有很大不同。首先，其扫描对象不是平面图案，而是立体的实物。其次，通过扫描，可以获得物体表面每个采样点的三维空间坐标，彩色扫描还可以获得每个采样点的色彩。某些扫描设备甚至可以获得物体内部的结构数据。最后，它输出的不是二维图像，而是包含物体表面每个采样点的三维空间坐标和色彩的数字模型文件，可以直接用于CAD或三维动画。彩色扫描仪还可以输出物体表面色彩纹理贴图。

3. 根据图像或视频建模

基于图像的建模和绘制是当前计算机图形学界一个极其活跃的研究领域。同传统的基于几何的建模和绘制相比，IBMR技术具有许多独特的优点。基于图像的建模和绘制技术给我们提供了获得照片真实感的一种最自然的方式，采用IBMR技术，建模变得更快、更方便，可以获得很高的绘制速度和高度的真实感。基于图像的建模的主要目的是由二维图像恢复景物的三维几何结构。与传统的利用建模软件或者三维扫描仪得到立体模型的方法相比，基于图像建模的方法成本低廉，真实感强，自动化程度高，因而具有广泛的应用前景。

1.1.2　3ds Max的发展历程

3ds Max的前身是基于DOS操作系统的3D Studio系列软件。3ds Max通过交互式的操作方式创建逼真的三维模型和动画效果，其在模型创建、场景渲染、三维动画、影视特效等方面均表现出众，可称为三维领域的全能王。3ds Max功能强大，易于掌握，和上下游软件的协同能力强，因此成为全球普及和流行的三维建模和动画制作的软件之一。

3D Studio在20世纪90年代初兴起，并得到了很好的推广。随着DOS操作系统向Windows系统的过渡，3D Studio也开始发生了质的变化，重新编写了代码。1996年诞生了3D Studio Max 1.0版，后来相继推出了2.0和2.5版本，2.5版本已经十分稳定，发展到5版本的时候已经相当成熟。当前版本为2022版，其不断吸收各种优秀插件的同时，拥有了完整的建模系统、渲染系统、动画系统、动力学系统、毛发系统、布料系统和粒子系统等功能模块。

1.1.3　3ds Max的应用领域

3ds Max的应用领域相当广泛，目前主要应用于建筑装潢、工业设计、影视特效、游戏开发、医学手术模拟、军事模拟、环境模拟、影视片头包装、影视产品广告、三维卡通动画、网页动画和手机动画等行业。

1. 建筑装潢

建筑装潢设计主要分为室外建筑设计和室内装潢设计两部分，是目前国内市场极具发展潜力的领域。首先通过3ds Max进行真实场景模型的建模、贴图、灯光等模拟，其提供的高级动画和渲染能力能切实满足视觉设计专家们的严格要求。3ds Max可以渲染出多角度的效果图，也可通过摄影机实现动画追踪效果。

2. 工业设计

3ds Max在工业领域应用也十分广泛。在新产品的开发中，可以配合AutoCAD进行计算机辅助设计，从而在产品批量生产前模拟产品的实际情况，并可根据需要实时修改各种参数和模型效果。

3. 影视特效

3ds Max在建模、纹理制作、动画制作和渲染方面都具有较优的解决方案，尤其毛发系统可以辅助完成影视特效中某些人物模型的设计，利用其粒子系统和对象动画制作也可以完成某些爆炸和特技效果。该软件提供一套高度创新而又具有灵活性的工具，可以帮助技术指导去制作影视特技效果。在许多影视作品中都可以看到3ds Max的身影，如电影《X战警》等。

4. 游戏开发

随着三维技术的发展，计算机游戏领域发展迅速。在Windows NT出现前，工业级的计算机游戏制作主要由SGI图形工作站完成，但是3ds Max和Windows NT的组合降低了计算机游戏的制作门槛。3ds Max提供了生产力较强的动画制作系统，具有完美的动画工具，如粒子系统、高级渲染和角色动画等。它的易用性和用户界面的可配置性都能够帮助设计师根据不同目标平台的要求进行个性化设置，加快工作流程。设计师还可以通过其动力学系统、毛发系统、布料系统实现游戏场景模拟，进行逼真的人物造型设计等，其模型也可以导入Unity3D软件进行进一步的游戏开发。

1.2　3ds Max 2020的工作界面

熟悉软件的界面是学习软件的基础。3ds Max是运行在Windows系统之下的三维建模和动画制作软件，具有一般窗口式软件的界面特征。3ds Max的主界面由菜单栏、主工具栏、命令面板、视图区、视图导航控制按钮、状态栏、动画控件等组成，如图1-1所示。

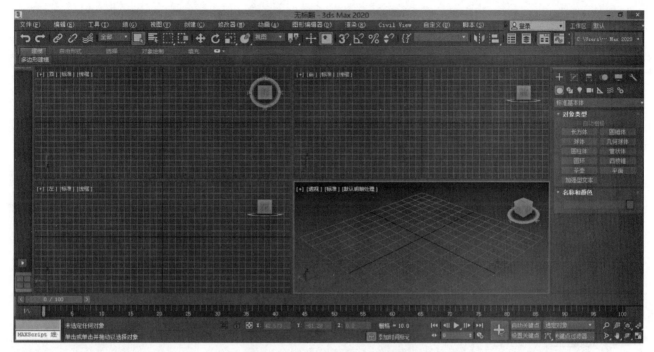

图1-1　3ds Max 2020的工作界面

1.2.1　工作区

3ds Max工作区被定义为界面设置，包括工具栏、菜单和四元菜单、视图布局预设、功能区、热键以及工作区场景资源管理器的任意组合。使用"管理工作区"窗口可以定义任意数量的不同工作区。工作区存储界面的当前状态，涉及工具栏、菜单等。例如，就工具栏而言，工作区可以将每个工具栏的状态定义为活动/非活动，还可以定义活动工具栏的位置。如果在切换到另一个工作区后再切换回来，每个工作区都会还原成离开时的设置。具体的还原属性类型取决于活动工作区属性设置。所有工作区在多个会话之间都会保持不变。此外，3ds Max 会记住在上一个会话结束时处于活动状态的工作区，并将该工作区还原为活动状态。3ds Max 包含多个预先配置的工作区，用户可以根据需要选择适合自己的工作区。图1-2所示为工作区操作界面。

➢ "默认"：软件启动时的默认布局。

➢ "Alt菜单和工具栏"：使用替换菜单系统。主工具栏采用模块化设计，其中几个模块停靠在左侧。场景资源管理器停靠在"命令面板"下方。

➢ "设计标准"：常用功能和学习资源位于功能区中，适用于初级用户。

➢ "主工具栏-模块"：主工具栏采用模块化设计，可以浮动和停靠工具组，该工作区中视图布局选项卡被移除。

图1-2　3ds Max 2020工作区操作界面

➢ "模块-迷你"：使用替换菜单系统。主工具栏采用模块化设计，其中几个工具组均处于隐藏状态，视图布局选项卡被移除。

➢ "管理工作区"：每个工作区还有一个默认状态，最初由其创建时的条件定义。在"管理工作区"选项卡中可以在左侧切换选择当前工作区类型，也可以通过右侧的选项来添加、编辑和删除工作区，如图1-3所示。可以选择"保存默认状态"，使用工作区的当前设置覆盖其默认状态。或者选择"还原为默认状态"功能将工作区还原为其默认状态。例如，假设激活"Alt 菜单和工具栏"工作区，添加并移动某些工具栏，然后退出。重新启动 3ds Max 后，"Alt 菜单和工具栏"工作区会处于活动状态，工具栏会保持离开时的设置。但是，如果之后调用"还原为默认状态"命令，这些工具栏将还原为其原始状态或以前保存的默认状态。

➢ "重置为默认状态"：该功能可以将工作区还原为其默认状态。

图1-3　3ds Max 2020管理工作区界面

1.2.2　标题栏

3ds Max的标题栏位于软件界面的顶部（见图1-1）。标题栏主要包括软件图标、文件名称、软件名称和版本、界面最小化、还原和关闭按钮。

1.2.3　菜单栏

图1-4所示为3ds Max的菜单栏，其位于标题栏下方，包含"文件""编辑""工具""组""视图""创建""修改器""动画""图形编辑器""渲染""Civil View""自定义""脚本"等13个主菜单。3ds Max中的绝大部分命令都可以在菜单栏中找到并执行。

然而菜单栏的使用频率并不高，因为其中很多操作可以借助其他界面模块或者快捷键去实现，比如选择"创建"→"标准几何体"→"圆环"命令在视图中拖动，就会生成圆环，而这一操作通常会被"命令面板"中的"圆环"取代。

图1-4　菜单栏

①"文件"：用于对文件的打开、保存、另存为、重置、导入导出等操作。

②"编辑"：用于选择对象，可以对选择的对象进行复制和删除等操作。

③"工具"：提供三维造型中常用的操作命令，如镜像、阵列以及对齐等。该菜单中的许多命令在主工具栏中都有相应的按钮，以便用户进行更加快捷的操作。

④"组"：主要用于对模型的打组、解组、打开、分离、炸开等操作。

⑤"视图"：用于执行与视图操作有关的命令，例如保存活动视图、视口配置、视口背景等。视口背景默认是纯色，有时可能不小心拖动一个图片进入视图区，此时图片会被默认设置为视口背景，如果想要切换回纯色，就可以通过"视图"菜单命令完成。当然该菜单中的大部分操作都可以在视图区的左上角选项卡中进行，这样会更加便捷。

⑥"创建"：包含3ds Max中所有可以创建的对象命令。包括标准基本体和扩展基本体、灯光、摄影机、粒子和复合对象等。这些对象的创建通常会在命令面板的"创建"面板中完成。

⑦"修改器"：包含所有3ds Max 2020中用于修改对象的编辑修改器，例如可以对物体进行面片编辑、样条线编辑、网格编辑等。

⑧ "动画"：包含所有动画和约束场景对象的工具，例如"IK解算器"，对曲面、路径、位置和连接的约束，变换控制器，位置控制器，旋转控制器等。

⑨ "图形编辑器"：主要提供用于管理场景层次和动态的各种窗口。

⑩ "渲染"：包含用于进入渲染和环境设置、材质编辑器、材质/贴图浏览器等多个功能项。

⑪ "Civil View"：主要对Civil项目中的测量单位进行选择和设置。

⑫ "自定义"：提供允许用户自己定制界面的各项功能。通过该菜单用户可以依据个人爱好，定制出一个包含个性化的菜单栏、工具条和快捷菜单等的用户界面。还可以设置场景的系统单位或首选项等。

⑬ "脚本"：3ds Max 2020中运用脚本语言实现Max操作。MaxScript由一个用于创建和编辑脚本的编辑器组成，里面包含一个以命令行方式运行的侦听器，用于记录输入命令、返回结果和错误。使用该脚本语言可以通过编写脚本实现对Max的控制。既可以在命令面板中设置按钮和文本框，也可以设置浮动对话框，同时还能把Max与外部的文本文件、Excel电子表格等链接起来。

1.2.4 主工具栏

默认情况下，3ds Max只显示主工具栏，如图1-5所示。在主工具栏中可以找到常用的编辑工具。如果想要应用主工具栏中看不到的工具，只需将鼠标放在主工具栏的空白处，按住鼠标左键左右拖动即可。主工具栏的工具主要包括：撤销与重做、链接工具、选择工具、选择与操作工具、捕捉工具、镜像与对齐工具、编辑组工具、材质编辑器及渲染工具等。

图1-5 主工具栏

1.2.5 视图区

视图区为主工作区，是界面中最大的区域，如图1-6所示。在视图区创建物体模型，可以仔细观察物体的结构、动画等。视图区默认显示四个视图，可以通过界面左下方小三角图标创建视图布局选项卡，从而选择自己喜欢的视图布局。每个视图左上角有视图调整选项卡，右上角有导航器。在所有视图的右下方为视图操作工具，可以使用它们对视图进行操作。

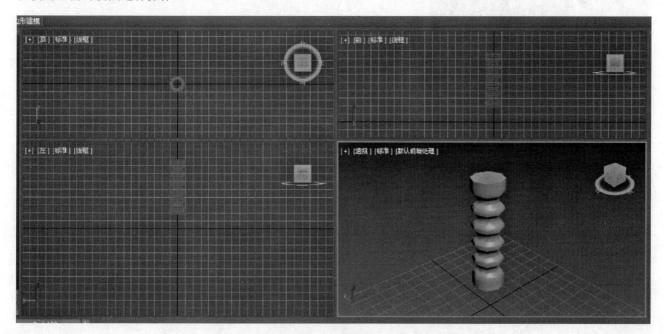

图1-6 视图区

默认四个视图：顶视图、前视图、左视图和透视图。其中顶、前、左视图为固定视角视图，是没有透视效果的正交投影视图。顶视图显示物体从上向下看到的状态，前视图显示物体从前向后看到的状态，左视图显示物体从左向右看到的状态。透视图为自由视角视图，一般用于观察物体的形态。如果在固定视角视图中进行旋转等操作会将其改变成正交视图，可以用快捷键切换视图，比如前视图按【F】键。

每个视图的左下角有一个以红、绿、蓝标记的X、Y、Z三轴坐标，这一坐标系指的是视图场景的世界坐标系。每个视图的左上角有四个选项卡。第一个选项卡[+]包含最大化、活用、禁用视图、是否显示栅格等。有些常用操作可以利用快捷键完成，比如按【G】键操作可以打开或去掉栅格，或者按【Alt+W】组合键可以完成视图最大化操作。第二个选项卡[透视]为视图的切换，比如前、后、左、右、顶、底的切换。第三个选项卡[标准]用于设置材质、照明和阴影、性能和模式等。第四个选项卡[默认明暗处理]用于控制当前视图的显示方法，比如面、边面、石墨、黏土等。

视图中还有一些网格线，称为主网格（Home Grid）或者栅格，是创建对象的基准。如果某个视图的边框显示为黄色，则表明该视图正处于激活状态，此时即可在该视图中创建和操作对象，通常可以通过单击激活某一个视图。

1.2.6 命令面板

视图右侧为命令面板，由六部分构成，是3ds Max的核心部分，如图1-7所示。在命令面板的六个面板中都可以看到选中物体的名称和颜色，在某一面板中修改名称和颜色，其他命令面板会据此自动进行修改。

1."创建"面板

图1-8所示为命令面板中的"创建"面板。3ds Max中创建的原始物体都是通过拖动鼠标完成的，步骤为按住左键拖动→释放左键决定粗细→单击创建完成。可以连续创建同类模型物体，右击则可以结束某类物体的操作。创建的对象类型主要有：几何体（三维）、图形（二维线）、灯光、摄像机、辅助对象、空间扭曲和系统等。每一种一级分类下边有二级分类，比如几何体分类下有：标准基本体、扩展基本体、复合对象、粒子系统等。

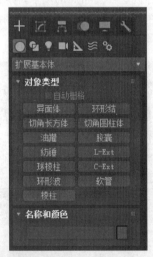

图1-7 命令面板

图1-8 "创建"面板

2."修改"面板

图1-9所示为命令面板中的"修改"面板。该面板主要用来查看和调整场景中对象的参数，以及给对象添加编辑修改器。在视图中选中一个物体，在命令面板下方是其原始参数，可以修改。"修改"面板中的"修改器列表"中包含了一些常见的修改命令，其功能强大，可以产生各种效果。"修改器列表"中的命令可以修改形状，也可以修改材质贴图或者动画等。

3."层次"面板

在"层次"面板中可以查看调整对象间的层次链接信息，图1-10所示为命令面板中的"层次"面板。在该面板中可以将一个对象与另一个对象相链接，创建对象之间的父子关系。该面板中的一个重要操作是对轴的操作，可以修改建模的轴心。

图1-9 "修改"面板

图1-10 "层次"面板

4. "运动"面板

"运动"面板中的工具用来设置选定对象的运动属性，主要用于三维动画制作，如图1-11所示。通过该面板可以完成对关键帧的参数设置、对动画控制器及其运动轨迹的控制等。

5. "显示"面板

图1-12所示为命令面板中的"显示"面板。该面板主要通过调整一些参数从而控制物体的显示方式，对于大的场景来说该面板很重要，对于面比较多的物体可以选择显示外框或对于结构型物体可以选择显示顶点标记等。

图1-11 "运动"面板

图1-12 "显示"面板

6. "实用程序"面板

图1-13所示为命令面板中的"实用程序"面板。通过该面板可以访问各种工具程序，包含用于管理和调用的按钮。使用该面板可以使很多操作更便捷。

在这六个命令面板中，"创建"面板和"修改"面板主要用于3ds Max建模阶段，设计工作的第一步通常在这两个面板中完成。"层次"面板和"运动"面板主要用于动画，在进行动画制作时主要使用这两个面板。"显示"面板充分体现了使用3ds Max 2020进行建模和制作动画的优越性，当觉得场景过于复杂时，可以通过隐藏部分当前不重要的对象来使场景变得更加简洁。

图1-13 "实用程序"面板

1.2.7 视图操作工具

图1-14所示为视图操作工具。视图操作工具即视图导航控制按钮，位于界面的右下角，主要用来控制视图的显示和导航。使用这些按钮可以缩放、平移和旋转活动的视图。3ds Max中共有八个视图操作工具。

图1-14　视图操作工具

1. 缩放工具

选中缩放工具后，原来工具栏中的选择按钮就会弹开。在激活的视图中，会以视图的中心为基准点对视图进行放大或缩小，右击鼠标可以结束缩放操作。选中某视图，单击缩放工具后可以按住左键并移动鼠标进行缩放，也可以拖动鼠标滚动滑轮进行阶段性缩放，还可以使用快捷键【Ctrl+Alt】同时按住鼠标中键并拖动鼠标实现逐步缩放。

2. 缩放所有视图工具

使用该工具可以激活四个视图，然后按住鼠标左键拖动即可同时缩放所有视图，右击结束缩放操作。

3. 最大化显示/最大化显示选定对象

该按钮包含两个选项，一个是"最大化显示"工具，其作用是将当前激活视图中的所有对象居中显示；另一个是"最大化显示选定对象"工具，其作用是将当前激活视图中的选定对象居中显示。

4. 所有视图最大化显示/所有视图最大化显示选定对象

该按钮包含两个选项，一个是"所有视图最大化显示"工具，其作用是缩放视图以显示视图中所有的可见对象，即将当前场景中的对象在所有视图中居中显示；另一个是"所有视图最大化显示选定对象"工具，其作用是将所有可见的选定对象在所有视图（摄影机视图除外）中以居中最大化的方式显示。

5. 视野/区域缩放

该按钮包含两个选项，一个是"视野"工具，使用该工具可以调整透视图中可见对象的数量和透视张角量，仅在透视图或摄影机视图中可用，在正交视图中不可用。视野的效果与摄影机的镜头相关，视野越大，观察到的对象就越多，而透视会扭曲。视野越小，观察到的对象就越少，而透视会展平。另一个是"缩放区域"，其操作是拖动鼠标形成一个矩形区域，使用该工具可以放大选定的矩形区域，把想要观察的对象细节包括在该区域中。"缩放区域"工具适用于正交视图、透视图和三向投影视图，但不能用于摄影机视图。

6. 平移视图/2D平移/穿行

该按钮包含三个选项，分别是"平移视图""2D平移缩放模式""穿行"。"平移视图"工具可以将选定的视图平移到任意位置，"平移视图"操作也可以利用鼠标滑轮实现，即通过在某活动视图中按住鼠标中键即滑轮，同时拖动鼠标完成该操作。"2D平移缩放模式"工具可以在平移的同时进行2D缩放。"穿行"工具对当前激活的视图以穿行方式移动，主要用于摄影机视图。

7. 环绕/选定环绕/环绕子对象

该按钮包含四个选项，分别是"环绕""选定的环绕""环绕子对象""动态观察关注点"。

"环绕"工具：以视图中心作为环绕中心，可以让视图范围内的所有对象同时进行旋转。

"选定的环绕"工具：以当前选择对象的中心作为旋转中心，可以让视图围绕选定的对象进行旋转，同时选定的对象会保留在视图中相同的位置不动。

"环绕子对象"工具：以当前选择的子对象的中心作为旋转中心，使用该工具可以让视图围绕选定的子对象进行旋转的同时，使选定的子对象保留在视图中相同的位置。

"动态观察关注点"工具：使用光标位置（关注点）作为旋转中心。当视图围绕其中心旋转时，关注点将保持在视图中的同一位置。

具体的环绕操作包括如下三种：

① 要在视图中自由旋转视图环绕观察物体，则拖动轨迹球的内侧，使光标在轨迹球的内部呈十字形，拖动时也可以继续进行自由旋转。

② 要将环绕观察控制在水平轴或垂直轴上，则将指针放置在轨迹球外侧的方形手柄上并进行移动。在左右控制柄上拖动鼠标或在上下控制柄上垂直拖动鼠标。或者可以在环绕的同时按住【Shift】键进行操作。

③ 要围绕垂直于屏幕的深度轴环绕观察物体，请将指针放置在轨迹球外侧并拖动鼠标。

如果想要退出环绕功能，可以按【Esc】键或在视图中右击。

8. 最大化视图切换

在默认情况下，单击该按钮将使激活的视图单独显示并充满整个视图区域，即将选定的视图最大化，快捷键为【Alt+W】。再次选择该工具激活视图，则返回初始状态。在对场景添加了摄影机之后，该视图导航控制按钮就会自动转变为摄影机视图导航按钮。虽然视图导航的视图对象变了，但是其基本原理是相同的。

1.2.8 状态栏

图1-15所示为状态栏。状态栏位于轨迹栏的下方，它提供了选定对象的数目、类型、变换值和栅格数目等信息，并且状态栏可以基于当前光标位置和当前活动程序提供动态反馈信息。

➢ 状态信息提示栏：显示选择的类型和数目。

➢ 状态行：可以依据当前光标所处的位置提供功能解释。

➢ 选择锁定切换：将选择的对象锁定，这样就只能对该对象操作，而对其他对象没有影响。该按钮的设置可以大大减小误操作的可能性。

➢ 绝对模式变换输入：通过该变换类型可以实现对移动、旋转和缩放的精确控制。打开该工具后，可以在其右侧的X、Y、Z文本框中输入相对变换数值。当该按钮关闭时，文本框中的数值表示世界空间的绝对坐标值。

图1-15 状态栏

1.2.9 动画控件

图1-16所示为动画控件。动画控件位于操作界面的底部，包含时间尺和时间控制按钮两大部分，主要用于预览动画、创建动画关键帧和配置动画时间等操作。

图1-16 动画控件

1.3 3ds Max 2020的基本设置

3ds Max界面可以采用默认布局，也可以根据需要自己进行布局，并把设置好的布局以文件形式保存以便后续调用。

1.3.1 自定义用户界面

图1-17所示为自定义用户界面窗口，在该窗口中可以自己设置快捷键、鼠标控制类型、工具栏、菜单和颜色等保存相应设置文件。在3ds Max软件的窗口界面中还可以根据需要设置各功能模块的位置。操作页面布局时可以把鼠标放在界面最右侧，右击可以选择隐藏部分功能。各部分可以浮动，比如鼠标放在工具栏左侧，可以使之

浮动，双击可以还原回去。如果布局修改混乱，可以选择菜单栏中的"自定义"，在其下拉菜单中选择"还原为启动布局"命令。

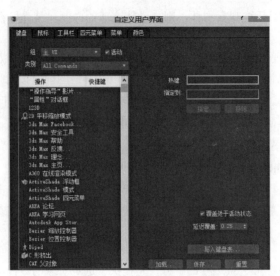

图1-17　自定义用户界面

1.3.2　加载自定义用户界面方案

界面风格可以选择"加载自定义用户界面方案"，如图1-18所示。在操作项目时可以选择菜单栏中的"文件"，在其下拉菜单中选择"重置"命令进行保存或者重置，重置则将软件恢复为刚打开的状态。3ds Max中支持许多快捷键操作，在自定义用户界面，也可以自己定义快捷键。

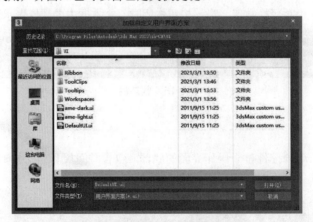

图1-18　加载自定义用户界面方案

1.3.3　单位设置

单位设置是自定义菜单中的重要选项，由于不同建模所需要的图形单位不同，因此需要对模型单位进行设置。

在菜单栏中选择"自定义"→"单位设置"命令，弹出图1-19所示的"单位设置"对话框，在其中可以对模型的单位进行设置，如设置为毫米等。

1.3.4　显示UI

在"自定义"菜单中还可以配置项目路径、配置用户和系统路径。常用的设置还有显示UI，如图1-20所示。比如有时不小心关闭了命令面板或者常

图1-19　"单位设置"对话框

用工具栏，此时即可通过在"显示UI"工具中弹出的菜单栏中勾选对应的菜单重新显示命令面板、主工具栏或功能区等。

图1-20　显示UI

1.3.5　首选项

图1-21所示为首选项设置。通过该对话框中的不同选项卡可以完成很多常用设置，主要包括常规设置、文件设置、视口设置、交互模式设置、渲染设置、动画设置、反向运动学设置等。比如场景撤销的步数默认设置为20，可以根据自己需要修改。当需要对工程项目中的模型进行渲染时还可以选择不同的默认渲染器。

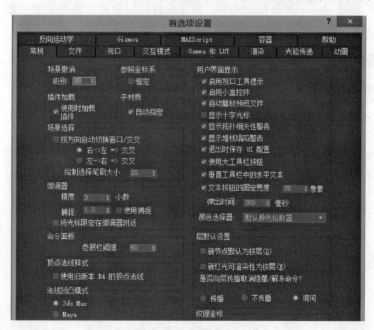

图1-21　首选项设置

第2章 3ds Max基本操作

为了更有效地使用3ds Max，需要深入理解文件组织和对象创建的基本概念。3ds Max的界面与其他软件界面最大的不同就是操作区域，最吸引用户的区域就是视图。界面的主要部分由四个视图组成，视图是使对象可见的地方。了解如何控制和使用视图对学习三维建模技术有很大帮助。在实际建模过程中，经常需要对模型的位置、大小、数量及模型之间的相对位置进行修改和调整，这些都是3ds Max的基本操作，主要包括对象的选择、变换、复制、阵列、对齐、组等操作。

本章主要介绍图形文件管理、查看、导航，即对视图的操作，以及3ds Max的基本操作。

2.1 图形文件管理

场景文件中包含模型、灯光、贴图及摄影机等，对于文件和对象的管理是创建三维场景必不可少的操作步骤，主要包括新建、打开、保存、重置、合并及导入等图形文件管理操作。

2.1.1 新建Max场景文件

单击快捷工具栏中的新建场景按钮，可以新建一个场景文件，如图2-1所示。

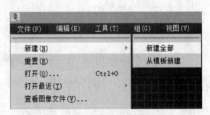

图2-1 新建Max场景文件

2.1.2 打开Max场景文件

在3ds Max 2020中一次只能打开一个场景。打开场景文件的方式主要有以下两种：

1. 使用菜单命令

选择"文件"→"打开"命令（见图2-2），弹出"打开文件"对话框，在其中选择文件的路径和文件，然后打开即可。

图2-2 打开Max场景文件

2. 使用快捷键

按快捷键【Ctrl+O】，弹出"打开文件"对话框，选择文件的路径和文件，打开即可，如图2-3所示。

图2-3　快捷键打开Max场景文件

如果在菜单栏中选择"自定义"→"单位设置"命令，弹出"单位设置"对话框，在"系统单位设置"区域中设置系统单位，那么在打开文件时如果加载的文件具有不同的场景单位比例，将显示"文件加载：单位不匹配"对话框，如图2-4所示。使用此对话框可以将加载的场景重新缩放为当前3ds Max场景的单位比例，或更改当前场景的单位比例来匹配加载文件中的单位比例。

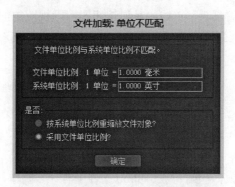

图2-4　"文件加载：单位不匹配"对话框

2.1.3　保存Max场景文件

1. 保存文件

在菜单栏中选择"文件"→"保存"命令，弹出"文件另存为"对话框，如图2-5所示，快捷键为【Ctrl+S】。可以通过覆盖上次保存的场景版本更新场景文件。如果之前没有保存场景，则此命令的工作方式与"另存为"命令相同。

2. 文件另存为

在菜单栏中选择"文件"→"另存为"命令，也可弹出图2-5所示的对话框，可以以一个新的文件名保存场景文件，以便不改动旧的场景文件。系统打开相应对话框后，选择好相应的保存目录，填写文件名称，选择保存类型保存文件。

3. 保存为副本

在菜单栏中选择"文件"→"保存副本为"命令，浏览或输入要创建或更新的文件的名称，保存即可。该命令可以把场景文件以不同的文件名保存为副本，该选项不会更改正在使用的文件的名称。

图2-5 "文件另存为"对话框

2.1.4 重置Max场景文件

新建重置文件是指清除视图中的全部数据，恢复到系统初始状态，包括捕捉设置、材质编辑器和背景图像设置等。在菜单栏中选择"文件""重置"命令，弹出重置文件提示信息，如图2-6所示。如果对场景进行了修改，可以单击"保存"按钮，弹出"文件另存为"对话框，允许用户对场景进行保存。为场景命名并保存场景后，系统再次弹出提示信息，询问是否重置场景，单击"是"按钮即清除视图中的全部数据，恢复到系统初始状态。重置命令的效果与退出3ds Max再重新进入是一样的。

图2-6 保存Max场景文件为副本

2.1.5 合并Max场景文件

在菜单栏中选择"文件"→"导入"→"合并"命令，可以从场景或其他程序中合并几何体来重新使用其他场景文件模型，从而大大提高用户的工作效率，如图2-7所示。"合并"文件提供的类型只有3ds Max文件和3ds Max角色两种。允许用户从另外一个场景文件中选择一个或多个对象，然后将选择的对象放置在当前场景中。例如，用户正在设计一个室内场景环境，而其他Max文件中有许多制作好的家具模型，可以导入合并到当前的室内场景中。该命令只能合并Max格式的文件。

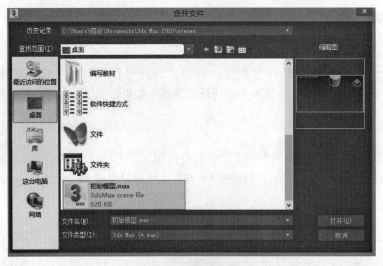

图2-7 "合并文件"对话框

2.1.6 导入Max场景文件

在菜单栏中选择"文件"→"导入"→"导入"命令,可以将其他文件格式的模型导入到当前项目场景中进行应用,如图2-8所示。

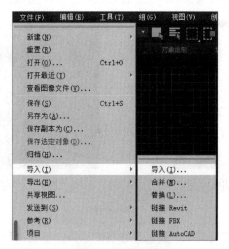

图2-8 导入文件

3ds Max 2020支持多种格式文件的导入,常用的如.FBX、.3DS、.DWG、.AI、.XML等格式,如图2-9所示。选择某种文件格式后可以从文件所在的物理路径选择想要导入到场景中的物体模型。

图2-9 导入文件时选择文件格式

2.2 查看和导航

在建模过程中,用户可以根据需要调整视图类型,以便从不同视图更好地编辑模型、进行材质贴图处理、观察灯光及摄影机效果等。

2.2.1 三向投影视图和透视图

1. 三向投影视图

3ds Max中的每个视图都可以设置为三向投影视图或者透视图。三向投影视图显示了没有透视的场景,主要包括前视图、左视图、顶视图以及正交视图。在视图中有两种类型的三向投影视图即正交视图和旋转视图。正交视图通常是场景的正面视图,如顶视图、前视图和左视图中显示的视图。可以在视图左上角的第二个选项卡(即视图名称）上单击或右击，在弹出的快捷菜单中选择或者利用快捷键选择前视图、顶视图、左视图、正交视图等，如图2-10所示。各视图对应的快捷键分别为：【P】（透视图）、【U】（正交视图）、【T】（顶视图）、【B】（底视图）、【F】（前视图）、【L】（左视图）。

在三向投影视图中，模型中的所有线条均相互平行。三向投影视图如图2-11所示。

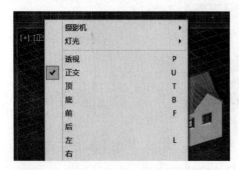

图2-10 利用视图中的选项卡切换视图

图2-11 房子模型的三向投影视图

2. 透视图

透视图显示的是线条水平汇聚的场景，主要包含透视图、摄影机视图和灯光视图，如图2-12所示。透视图与人们的视觉相似，视图中的对象看上去向远方后退，可以产生深度和空间感。一般先使用三向投影视图来创建场景，然后使用透视图渲染输出。

图2-12 房子模型的透视图

3. 摄影机视图

在场景中创建摄影机对象后，按【C】键可以将活动视图更改为摄影机视图，然后从场景的摄影机列表中进行选择。也可以在透视图左上角第二个选项卡名称上右击选择。图2-13所示为场景中添加了摄影机。

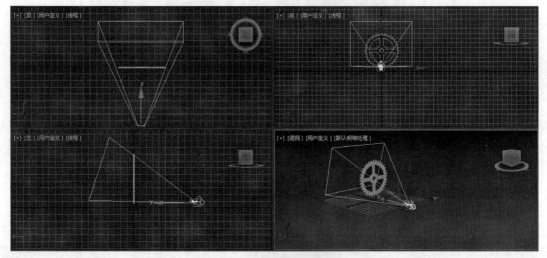

图2-13 场景中添加摄影机

摄影机视图会通过选定的摄影机镜头来跟踪视图。在摄影机视图中可以控制摄影机的平推、摇摆、转向、扫视和沿着轨道移动，并且视野会成为活动的。在其他视图中移动摄影机时，场景也会随着移动。这就是摄影机视图较之透视图的优势，因为透视图无法随时间设置动画。

4. 灯光视图

如果场景中存在聚光灯，则可以把视图设置为聚光灯视图。在灯光视图中可以控制衰减和热区。图2-14所示为在视图名上右击，在弹出的快捷菜单中显示灯光视图选项。

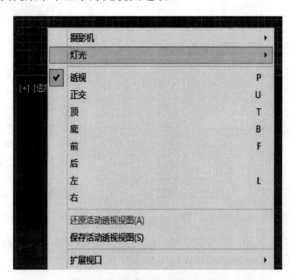

图2-14　场景中切换灯光视图

2.2.2　禁用视图

如果场景过于复杂，对每个视图都进行更新则速度会迟缓，可以通过禁用视图的方式来改善这种情况。

在每个视图左上角有四个选项卡，单击第一个选项卡"+"按钮，从弹出的菜单中选择"禁用视口"命令，或按【D】键禁用该视图，如图2-15所示。当禁用的视图是活动视图时，它可以照常更新。但是当该视图不是活动视图时，不会更新，直到其变为活动视图时才会进行更新。

图2-15　视图选项卡中的"禁用视口"

2.2.3　配置视图

"视图配置"对话框可以辅助定义如何查看视图中的对象。其操作可以采用如下两种方法。

1. 使用菜单命令

在菜单栏中选择"视图"→"视口配置"命令,如图2-16所示,弹出"视口配置"对话框。

2. 使用快捷菜单

在每个视图左上角的选项卡中选择第一项"+",在其上方单击或右击,在弹出的快捷菜单中选择"配置视口"命令,如图2-17所示,也可弹出"视口配置"对话框。

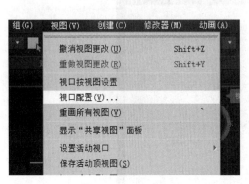

图2-16 视图菜单中选择"视口配置"命令　　　图2-17 视图选项卡中选择"配置视口"命令

"视口配置"对话框中包含显示性能、背景、布局、安全框、区域、统计数据、ViewCube、SteeringWheels等八个选项卡,如图2-18所示。使用该对话框可以配置每个视图。

图2-18 "视口配置"对话框

另外,也可以选择"自定义"→"首选项"命令,弹出"首选项设置"对话框,可以对其中包含的控制视图外观和行为的选项进行设置,如图2-19所示。

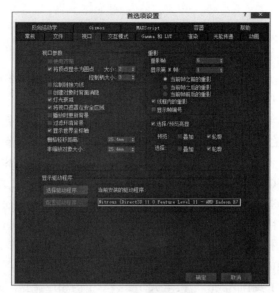

图2-19 "首选项设置"对话框

2.2.4 加载视图背景图像

使用视图背景可以把背景图像加载到视图中,有助于创建和放置对象。加载视图背景图像有如下两种方法。

1. 从"视图"菜单中选择命令

如图2-16所示,选择"视图"→"视口配置"命令,弹出"视口配置"对话框。或如图2-17所示操作,在每个视图左上角的选项卡中选择第一项"+",在其上方单击,在弹出的快捷菜单中选择"配置视口"命令,弹出"视口配置"对话框,在其中选择"背景"选项卡。

2. 从"视图"子菜单中选择命令

选择"视图"→"视口背景"→"配置视口背景"命令(或者按快捷键【Alt+B】),弹出图2-20所示的"视口配置"对话框,在其中可以设置出现在视图之后的图像或动画。显示的背景图像有助于对齐场景中的对象,但是它只用于显示目的,不会被渲染。在该对话框中选择"使用文件"单选按钮,然后选择自己的文件路径,在该窗口下方可以单击"应用于'活动布局'选项卡中的所有视图"按钮,这样所有视图都可以加载背景图像,也可以单击"应用到活动视图"按钮,这样只在当前选择的活动视图中加载背景图像。

如果背景图像发生了变化,可以选择"视图"→"重画所有视图"命令更新窗口,如图2-21所示。

图2-20 "视口配置"对话框

图2-21 选择"重画所有视图"命令

2.3 选择对象

利用选择工具可以选择要操作的模型对象，3ds Max中建模需要先选择一个对象，然后选取对于该对象的操作。3ds Max中选择对象主要有以下五种操作。

① 选择所有对象：在菜单栏中选择"编辑"→"全选"命令，或者按快捷键【Ctrl+A】。

② 反转当前选择：在菜单栏中选择"编辑"→"反选"命令，或者按快捷键【Ctrl+I】。

③ 扩展选择：按住【Ctrl】键的同时单击以增加选择。这会将单击的对象添加到当前选择中。例如，如果已经选定了三个对象，然后按住【Ctrl】键并单击以选择第四个对象，则第四个对象就被添加到了当前选择中。

④ 减少选择：按住【Alt】键的同时单击对象。这样会将单击的对象从当前选择中移除。

⑤ 锁定选择：单击状态栏中的"选择锁定切换"按钮。锁定选择时，可以在屏幕上任意拖动鼠标，而不会丢失该选择。光标显示当前选择的图标。如果要取消选择或改变选择，再次单击"锁定"按钮禁用锁定选择模式即可。用于锁定选择模式切换的快捷键是空格键。

3ds Max中选择对象的方式主要有两类：一类是执行主菜单中的相应命令；另一类是单击主工具栏中的相应工具。

1. 执行主菜单栏中的相应命令

打开"编辑"菜单，可以通过"选择方式"和"选择区域"命令及其子菜单选择对象，如图2-22所示。该方式比较烦琐，一般很少使用。

2. 单击主工具栏中的相应工具

在3ds Max主工具栏中，有五个对象选择工具，可以通过单击某个工具选择对象，该方式比较常用。其常用的操作主要包括基本选择、按名称选择、区域选择、过滤选择集，如图2-23所示。

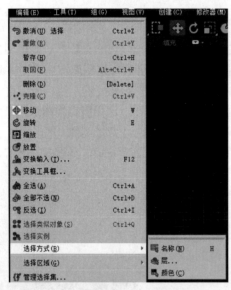

图2-22　编辑菜单中的选择对象菜单

图2-23　主工具栏中的选择对象工具

2.3.1　基本选择

当只选择对象而不做其他移动、旋转或缩放操作时可以利用"选择对象"工具选择物体模型，这样可以避免某些误操作。系统默认在主工具栏中打开"选择对象"工具，因此用户可以在场景中通过单击直接选择对象，选中的对象会出现彩色线框，如图2-24所示，在当前场景的几个物体中选择齿轮模型。

① 选择一个对象：单击可以选择或取消选择某对象。

② 选择多个对象：单击选择某对象的同时按住【Ctrl】键可以增加选择其他模型对象。

③ 取消选择：已经选择某些对象的同时按住【Alt】键可以取消选择其他模型对象。单击视图中的任意空白区域，可以取消对所有对象的选择。

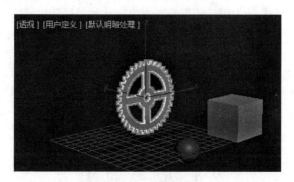

图2-24 选择对象

2.3.2 按名称选择

"按名称选择"工具■（快捷键【H】）在需要选择的物体非常多时比较常用。当场景中的物体模型很多时，需要为每个物体模型命名。这样在复杂的场景中可以迅速、准确地根据物体的名称选择想要操作的对象，如图2-25所示。单击该工具后弹出"从场景选择"对话框，在该对话框中列出了场景中的所有物体名称。可以根据需要选择其中的一个或多个物体，单击"确定"按钮后即完成选择。

图2-25 "从场景选择"对话框

2.3.3 区域选择

"区域选择"工具■中有矩形选择、圆形选择、多边形选择、套索和喷绘等多种方式。在区域选择工具上按住鼠标左键不动会弹出一个下拉列表，如图2-26所示。从下拉列表中选择不同的形状工具从而进行区域选择操作。此时，对象的选择结果根据"窗口/交叉"模式的打开情况而定。当"交叉"模式■打开时，场景中所有包含在选择区域之内的对象包括部分包含在内的对象都会被选中。当"窗口"模式■打开时，场景中只有完全包含在选择区域内的对象才会被选中，而部分包含在内的对象是不会被选中的。

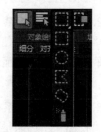

图2-26 区域选择工具

① "矩形选择区域"按钮■：选择该工具后单击并拖动光标可以定义一个矩形选择区域，在该选择区域内的所有对象都将被选中。

② "圆形选择区域"按钮■：选择该工具后单击并拖动光标将定义一个圆形选择区域，在该区域内的所有对象都将被选中。一般是在圆心处单击，拖动光标至半径距离处释放鼠标。

③ "围栏选择区域"按钮■：选择该工具后单击并拖动光标将定义围栏式区域边界的第一段，然后继续拖动和单击鼠标可以定义更多的边界段，双击或者在起点处单击可以封闭该区域完成选择。该方式适合选择具有不规则区域边界的对象。

④ "套索式选择区域"按钮■：通过单击和拖动光标可以选择出任意复杂和不规则的区域。这种区域选择

方式提高了一次选中所需对象的成功率。

⑤ "绘制选择区域"按钮：选择该工具后按住鼠标左键不放，鼠标自动成圆形区域，然后靠近要选择的对象即可。如果在指定区域时按住【Alt】键，则影响的对象将从当前选择中移除。

2.3.4 过滤选择集

过滤选择集 可以在复杂的场景中只选择某一类对象，例如，只选择所有几何体、图形、组合灯光或摄影机等，如图2-27所示。可以在该工具的下拉列表中选择自己的过滤对象类型。该功能是为了在对某一类对象进行操作时避免对另一类对象产生误操作。

图2-27 过滤选择集

2.4 变 换 对 象

在场景中创建对象后，通常还需要对该对象进行变换操作，从而将对象转换成不同的状态及模型。在3ds Max中最常用的变换类型有三种，即移动变换、旋转变换和缩放变换。工具栏中对应的是"选择并旋转""选择并移动""选择并缩放"按钮，在每类按钮右侧可以设置各自的坐标系。选择物体时，按住【Ctrl】键可以增加选择，按住【Alt】键可以减少选择。移动、旋转和缩放都同时具备选择功能。对于模型的变换等操作如果不满意，可以执行撤销（快捷键为【Ctrl+Z】）或重做（快捷键为【Ctrl+Y】），撤销默认20步，在菜单栏中选择"自定义"→"首选项"命令，在弹出的对话框中可以更改。在按住左键移动物体时左键不松开同时右击，物体就回到了原点。

2.4.1 坐标系

不同的坐标系下对物体进行移动、旋转或缩放操作会有所区别。一般三维软件都有三大坐标系，即"屏幕"坐标系、"世界"坐标系和"局部"坐标系，三大坐标系搭配可形成其他坐标系。坐标系中的坐标是移动、旋转和缩放三种工具的坐标，每一种工具的坐标可以不同。图2-28所示为3ds Max软件所提供的坐标系。

图2-28 坐标系

1. "屏幕"坐标系

"屏幕"坐标系是根据当前的视觉角度建立的坐标系，对物体的移动和当前屏幕保持一致，适用于正交视图。它将根据所激活的视图定义坐标轴的方向，X轴永远在视图的水平方向，Y轴永远在垂直方向，而Z轴永远垂直于视图。

2. "世界"坐标系

"世界"坐标系使用世界坐标定义的方向。在3ds Max的工作界面上，从正前方看，X轴向水平方向延伸，Y轴向垂直方向延伸，而Z轴向场景中延伸，当采用世界坐标系后，无论在哪个视图，其坐标轴的方向将永远不会改变。

3. "视图"坐标系

"视图"坐标系是世界坐标系和屏幕坐标系的混合，也是最常用的一种坐标系。在正交视图中使用屏幕坐标系，在非正交视图中将切换为世界坐标系。透视图是世界坐标，其他几个视图是屏幕坐标，合起来就是视图坐标。

4. "局部"坐标系

"局部"坐标系是一个非常有用的坐标系，通过拾取视图中的任意一物体，以它的自身坐标系为当前坐标系，使用时先选择"局部"坐标系，然后用鼠标在视图中选择一个单独物体，该物体的坐标系就变为当前局部坐标系。

2.4.2 选择并移动

该工具 主要用于在选定对象的同时将其移动到任意位置。单击主工具栏中的"选择并移动"按钮，所选择的对象就处于选择并移动状态，此时可以将选定对象沿着X、Y、Z某一坐标轴或沿某一坐标平面或在三维坐标系移动到一个新的位置。

当鼠标指针放在要移动的物体上并单击时，在物体的中心会显示一个三维坐标架，即Gizmo。在不同的变换或修改中，Gizmo的形式各不相同。当指针放在坐标轴上时，拖动鼠标只能将物体沿着某个轴向进行移动；当指针放在某坐标平面上时，则只能将物体固定在该平面上进行移动；当指针放在坐标原点时则可以将物体在三维空间中任意移动。

如果想精确控制对象移动的距离，则可以通过数值进行控制，其操作为：将指针放在"选择并移动"按钮上，右击后弹出"移动变换输入"对话框，在该对话框下方的"绝对：世界"或者"偏移：世界"下的文本框中输入相应数值即可，如图2-29所示。

图2-29　"移动变换输入"对话框

2.4.3　选择并旋转

该工具 ⟳ 主要用于在选定对象的同时对该对象进行旋转操作。单击主工具栏中的"选择并旋转"按钮，所选择的对象就处于选择并旋转状态，此时可以将选定的对象在不同平面进行旋转。

把指针放在要旋转的对象上，出现旋转的Gizmo。其由四个圆形组成，它们分别表示不同的旋转方向。把指针放在水平圆形蓝色线框时，拖动鼠标可以将物体绕着Z轴旋转；把指针放在侧圆形黄色线框时，拖动鼠标可以将物体绕着X轴旋转；把指针放在侧圆形绿色线框时，拖动鼠标可以将物体绕着Y轴旋转；把指针放在三个圆形内部时，拖动鼠标可以将物体在透视图的三维空间旋转。

如果想精确控制对象旋转的角度，则可以通过数值进行控制，其操作为：将指针放在"选择并旋转"按钮上，右击后弹出"旋转变换输入"对话框，在该对话框下方的"绝对：世界"或者"偏移：世界"下的文本框中输入相应数值即可，如图2-30所示。

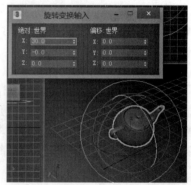

图2-30　"旋转变换输入"对话框

2.4.4　选择并缩放

该工具 ▦ 主要用于在选定对象的同时对该对象进行缩放操作。"选择并缩放"工具包含三种类型，即"选择并均匀缩放" ▦、"选择并非均匀缩放" ▦、"选择并挤压" ▦。

使用"选择并均匀缩放"工具可以沿着X、Y、Z三个轴向同时对该物体以相同量进行缩放操作，同时保持该对象的原始比例。使用"选择并非均匀缩放"工具可以根据活动轴约束以非均匀方式缩放对象。使用"选择并挤压"工具可以创建"挤压和拉伸"效果。图2-31所示为对长方体分别进行三种缩放操作。

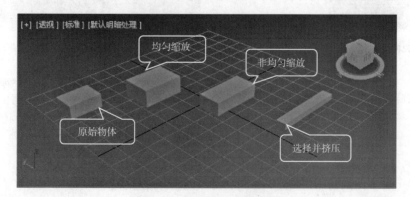

图2-31　物体的三种缩放方式

将鼠标放在要缩放的物体上并单击时，会出现比例缩放Gizmo，它包括轴向控制手柄和平面控制手柄。在调整这些手柄时，其自身会发生相应的比例变化。使用控制手柄可以在不改变主工具栏中工具的情况下实现等比例和非等比例的缩放。

（1）在Gizmo的中心拖动鼠标，可以实现对物体的三维比例缩放。

（2）在Gizmo的单一轴向上拖动鼠标，可以实现对物体在该轴向的比例缩放。

（3）在Gizmo的单一平面上拖动鼠标，可以实现对物体在该平面的比例缩放。

如果想精确控制对象缩放的比例，则可以通过数值进行控制，其操作为：将指针放在"选择并均匀缩放"按钮上，右击后弹出"缩放变换输入"对话框，在该对话框下方的"绝对：局部"或者"偏移：世界"下的文本框中输入相应数值即可，如图2-32所示。

图2-32　"缩放变换输入"对话框

2.5　复制对象

在3ds Max一个场景中可以建立多个三维物体模型，有时候需要用到许多相同的物体或者通过对某一物体复制然后再去修改从而建立新的模型，这就需要对物体进行复制操作。

2.5.1　复制

选中一个物体后右击，在弹出的快捷菜单中选择"克隆"命令，或者在菜单栏中选择"编辑"→"克隆"命令（快捷键为【Ctrl+V】），都会弹出"克隆选项"对话框，如图2-33所示。在该对话框中选择对象的复制类型后，即可在场景中复制出一个副本物体，此时副本物体与原物体是重合在一起的，需要使用移动变换工具将其移开。在该对话框中提供了三种复制操作，分别是：复制、实例和参考。

1. 复制

通过"复制"克隆得到的副本物体和原始模型是两个完全独立的模型物体，它们除了名称不同外，具有完全相同的属性，在单独修改每一个原物体及其副本物体时互不影响。如图2-34所示，图中左侧物体是原始物体，右侧物体为副本物体，当对左侧物体添加"bend"修改器进行修改操作后，右侧的副本物体不受影响并未发生变化；反之，如果对副本物体修改，原始物体也不会发生变化。

图2-33　"克隆选项"对话框

图2-34　"复制"克隆方式生成新物体

2. 实例

通过"实例"克隆得到的副本是原始物体的另一个版本，只不过其存在于场景的不同位置。对原始物体和副本物体二者之一进行修改，另一个也会随之发生变化。如图2-35所示，左侧物体是原始物体，右侧物体是"实例"复制的物体，两者中任意一个变形时，另一个也随之改变。

3. 参考

"参考"克隆是一种单向的物体关联复制法。当对原始物体进行修改时，将影响参考复制的副本物体，反之如果对副本物体进行修改则不会影响原始物体。如图2-36所示，这两组物体中左侧为原始物体，右侧为"参考"克隆的物体。当左侧齿轮原始物体发生变形时，右侧参考复制生成的物体随之变化；反之，当右侧长方体物体变化时，原始物体未发生变化。

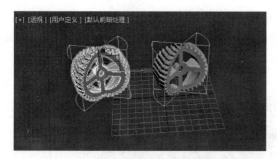

图2-35 "实例"克隆方式生成新物体

图2-36 "参考"克隆方式生成新物体

2.5.2 变换复制

在选择主工具栏中的"选择并移动"、"选择并旋转"或"选择并缩放"按钮的同时按住【Shift】键,此时去移动、旋转或缩放物体时都会得到一个新的副本物体。如图2-37所示,在移动物体的同时按住【Shift】键,弹出图2-33所示的克隆对话框,根据需要选择克隆选项生成副本物体即可。旋转复制和缩放复制的原理与此类似,此处不再赘述,读者可参考移动复制方式完成。

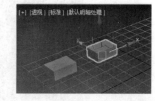

图2-37 移动复制方式生成新物体

2.5.3 镜像复制

镜像复制是利用"镜像"工具把所选择的对象用镜像的方式复制出来。单击主工具栏中的"镜像"按钮,或在菜单栏中选择"工具"→"镜像"命令,均会弹出"镜像:世界坐标"对话框,如图2-38所示,在该对话框中可以进行参数设置。

1. 镜像轴

通过修改镜像轴可以分别实现在X轴、Y轴、Z轴上对物体进行镜像复制,系统默认是X轴镜像。

2. 克隆当前选择

该选项组用于选择是否进行复制及复制的关系,通过克隆选项参数可以选择"不克隆""复制""实例""参考"等方式,系统默认是"不克隆",此时只会将选择的对象自身沿着选择的镜像轴进行翻转,但不能复制出副本物体。图2-39所示为对茶壶对象选择X轴复制,此时会在原地复制出一个茶壶物体,需要利用移动工具将镜像复制的物体移开。"复制""实例""参考"等方式的含义与其他复制方式一样。

图2-38 "镜像:世界 坐标"对话框

图2-39 茶壶物体沿X轴镜像复制并移动

2.5.4 阵列复制

阵列是一种常见的复制对象的方式,使用阵列功能可以快速创建出一个规则的复杂对象。在菜单栏中选择

"工具"→"阵列"命令,弹出"阵列"对话框,如图2-40所示。阵列是一种高级复制,既可以创建当前选择物体的一连串复制物体,也可以控制产生一维、二维、三维的阵列复制。既可以实现线性的三维阵列,也可以实现环形或螺旋形的阵列。

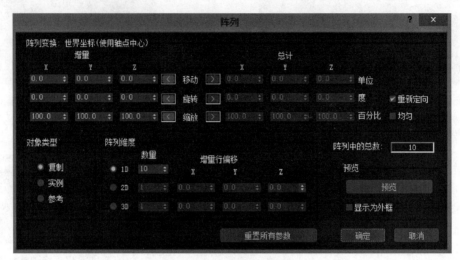

图2-40 "阵列"对话框

该对话框主要包括"增量""对象类型""阵列维度"3个选项组。

● "增量"分为移动、旋转和缩放三种类型。前面介绍了变换复制,在移动、旋转或者缩放的同时都可以复制对象。每种操作都可以设置X、Y、Z轴的增量值。在"移动"选项组中,X、Y、Z下方微调框中分别设置三个轴向移动的距离,在"旋转"选项组中,X、Y、Z下方微调框中分别设置三个轴向的旋转角度,在"缩放"选项组中,X、Y、Z下方微调框中分别设置三个轴向的缩放比例。

● "阵列维度"组合框由3个维度的阵列设置组成。"1D"设置第一次阵列产生的模型总数,"2D"设置第二次阵列,"3D"设置第三次阵列。

● "对象类型"包括复制、实例和参考,其与"克隆"复制的三种方式一致,可以根据需要选择复制对象的类型。

下面通过实例分别演示一维阵列复制、二维阵列复制和三维阵列复制操作及结果。

1. 一维阵列复制

在透视图中创建一个扩展基本体中的环形结物体。执行"阵列"命令,弹出"阵列"对话框,设置"阵列维度"组合框中"1D"数值为5,设置"增量"选项组中"移动"类型的X增量值为30,如图2-41所示。此时环形结就在X轴向生成了一个一行五列的一维阵列,如图2-42所示。

图2-41 设置一维阵列参数

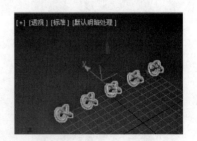

图2-42 环形结物体的一维阵列

2. 二维阵列复制

在上方的实例中,将"阵列维度"选项组中2D数值设置为4,然后设置"增量行偏移"区域中Y的数值为50,如图2-43所示。单击"确定"按钮后,即可完成XY平面上一个四行五列的二维阵列,如图2-44所示。

图2-43 设置二维阵列参数

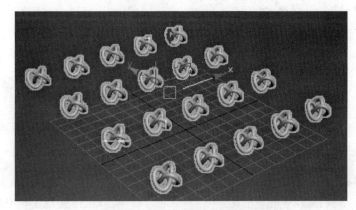

图2-44 环形结物体的二维阵列

3. 三维阵列复制

在上方的实例中,将"阵列维度"选项组中3D数值设置为2,然后设置"增量行偏移"区域中Z的数值为50,如图2-45所示。

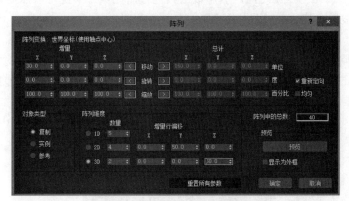

图2-45 设置三维阵列参数

单击"确定"按钮后,即可完成一个垂直方向两组,每一组是四行五列的三维阵列,如图2-46所示。

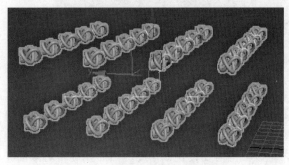

图2-46 环形结物体的三维阵列

2.6 捕捉与对齐

在建模过程中经常需要对不同的物体或模型结构做精确处理，这就需要通过捕捉与对齐操作来实现，所以捕捉与对齐功能对于建模过程是十分重要的。

2.6.1 捕捉

3ds Max中的捕捉工具主要包括主工具栏中的四个工具，分别是"捕捉开关""角度捕捉""百分比捕捉""微调器捕捉"工具。单击某一个按钮，捕捉功能才能够产生作用，如图2-47所示。其中前三种比较常用，最后一种应用较少，就不再赘述。

1. 捕捉开关

捕捉指的是位置捕捉，主要包括"2维捕捉""2.5维捕捉""3维捕捉"三种方式，如图2-48所示。

图2-47　3ds Max中的捕捉工具

图2-48　3ds Max中的捕捉开关

（1）2维捕捉

该工具适用于在启动的网格上进行对象的捕捉，一般忽略其在高度方向上的捕捉，通常用于平面图形的捕捉。

（2）2.5维捕捉

该工具实现的捕捉介于二维与三维之间。利用该工具进行捕捉操作不仅可以捕捉到当前平面上的点与线，还可以捕捉到各个顶点与边界在某一个平面上的投影。

（3）3维捕捉

该工具为系统默认的捕捉工具，利用该工具可以在三维空间中捕捉到相应类型的对象。

在捕捉工具按钮上右击，弹出"栅格和捕捉设置"对话框，如图2-49所示。在"捕捉"选项卡中，共有12种捕捉方式，用户可根据需要进行选择。

图2-49　"栅格和捕捉设置"对话框的"捕捉"选项卡

2. 角度捕捉

该捕捉工具对于旋转对象和视图非常有用，经常用于对物体的旋转操作，可以在"栅格和捕捉设置"对话框中选择"选项"选项卡，如图2-50所示。然后在"角度"微调框中输入一个数值，即可为旋转变换指定一个旋转角度增量，其默认值为5°。可以根据需要设置该角度，然后在旋转对象前先单击"角度捕捉"工具再行旋转，那么物体就会以指定度数旋转。旋转完成后及时关闭角度捕捉开关，以免影响后续操作。

图2-50　"栅格和捕捉设置"对话框的"选项"选项卡

3.百分比捕捉

在图2-50中,在"百分比"微调框中输入一个数值,即可指定交互缩放操作的百分比增量,通常其默认值为10%。通过单击"百分比捕捉"按钮,打开百分比捕捉的功能,然后执行缩放变换时,系统就将依据设置的百分比增量进行缩放。

2.6.2　对齐

对齐工具主要包括当前对象与目标对象,当前对象是先选择的对象,目标对象则是在单击"对齐"按钮后选择的对象。

在主工具栏中的"对齐"按钮上按住鼠标左键不动,会弹出"对齐"工具条菜单,如图2-51所示。对齐按钮分别为"对齐"、"快速对齐"、"法线对齐"、"放置高光"、"对齐摄影机"和"对齐到视图",其中第一个是默认的也是最常用的。

在图2-52所示的对齐对话框中可以进行相应参数的设置。具体参数如下。

图2-51　"对齐"工具条菜单　　　　　图2-52　"对齐"对话框

1. 对齐位置(世界)

该选项组主要用于设置世界坐标系中的对齐,其中包含三个复选框和两个选项组。

三个复选框主要用于将当前对象与目标对象进行X、Y、Z轴上的位置对齐,可以进行单方向的对齐,也可以进行多方向的同时对齐。同时选择这三个复选框可以将当前对象重叠到目标对象上。两个组合框包括当前对象与目标对象,这两个组合框中的单选按钮分别用于设置当前对象与目标对象对齐的位置。

➢ "最小":选中该单选按钮可以使当前对象以最靠近目标对象选择点的方式进行对齐。
➢ "中心":选中该单选按钮可以使当前对象的中心点与目标对象的中心点进行对齐。
➢ "轴点":选中该单选按钮可以使当前对象的轴心与目标对象的轴心进行对齐。
➢ "最大":选中该单选按钮可以使当前对象以最远离目标对象选择点的方式进行对齐。

2. 对齐方向（局部）

该选项组主要用于局部坐标的对齐，包括 X 轴、Y 轴、Z 轴三个选项，用来设置当前对象与目标对象的对齐方式。

3. 匹配比例

该选项组主要用于匹配百分比，包括 X 轴、Y 轴、Z 轴三个选项，可以匹配两个选择对象之间的缩放轴的值，该操作仅对变换输入中显示的缩放值进行匹配。

2.7 对象的组

对于一个复杂的场景，当其中物体较多时，为了便于操作，可以选择将场景中的某些对象按照类别组合在一起创建不同的组，再通过每组进行模型的整合管理。创建组后，组本身就是一个对象，对它可以使用几何变换，可以应用修改器或制作动画等。

现实生活中的很多物体都是由多个部分组成的，这些部分在3ds Max中对应为各个对象。例如制作一个房子模型，就需要房顶、房身、房子底座和周边设施等多个对象，把这些对象制作完成并拼在一起就能形成一个完整的房子模型。但是有时需要对房子对象做一个整体的调整，此时就可以把整个房子设置为一个组对象来操作这个对象整体。合并为组后，组对象的中心就处在所有组成对象的中心位置，组对象的边界就是各个分对象所能达到的最大边界。

需要将许多对象打组，可以在菜单栏中单击"组"菜单，该菜单中包括九个选项：组、解组、打开、按递归方式打开、关闭、附加、分离、炸开和集合。而集合中又包含集合、分解、打开、关闭、附加、分离和炸开。具体如图2-53所示。

> "组"：将两个以上的物体创建为一个组。组可以嵌套，即一个组中可以再包括一个或多个组。

> "解组"：将当前的组拆分，该命令是把多层组的最外层拆开。

> "打开"：该命令是临时打开一个想要修改的组，并在组内修改物体。使用该命令可以在组内变换和修改物体但不影响组外的物体，使用此命令可以保留原来的组不必解组。这对于复杂的组操作比较有效。

> "关闭"：在对创建的组执行"打开"命令后，可利用"关闭"命令使其恢复到之前的组状态。

> "附加"：将选定的物体变为现有组的一部分。选择想要加入组的物体或其他的组，执行"附加"命令，然后单击需要增加物体的组即可完成附加操作。

图2-53 "组"菜单

> "分离"：将选定的物体从它所在的组中分离出来。只有在执行"打开"命令后该命令才可以使用。

> "炸开"：炸开一个组的所有组成部分，将所有层的组都拆开。

> "集合"：它是组的另一种形式，拥有与组相同的功能。与组的区别是，使用"炸开"命令可以炸开所有的组，但该命令不影响集合。

第3章

3ds Max内置基本体

多边形建模法是3ds Max中技术十分成熟也是最常用的一种建模方法。该方法通常是利用软件所提供的内置几何物体,通过将其转换为多边形物体,从而应用多种多边形建模法完成模型的创建。3ds Max软件中提供了许多内置几何物体模型,用户可以直接调用这些模型。在"创建"面板下的几何体类型中,系统提供了标准基本体、扩展基本体、门、窗、AEC扩展、楼梯等17类几何物体。本章主要介绍最常用的几类内置几何物体模型。

3.1 创建标准基本体

在"创建"命令面板中单击"几何体"按钮,在该面板顶部的下拉列表中选择"标准基本体",即可打开标准基本体的"创建"面板,如图3-1所示。该面板包含11种标准基本体,分别是长方体、圆锥体、球体、几何球体、圆柱体、管状体、圆环、四棱锥、茶壶、平面和加强型文本。这些物体模型是多边形建模中最常用的基础物体模型,下面介绍其中比较常用的标准基本体。

图3-1 "创建"面板中的"标准基本体"

3.1.1 长方体

长方体是建模中最常用的几何物体。现实生活中的很多物体都和长方体相关,比如房子、书桌、计算机等很多模型都可以基于长方体进行制作。

1. 创建长方体

可以在下方"键盘输入"卷展栏中先输入数值然后单击"创建"按钮创建物体,也可以在场景中手动创建物体后进入"修改"面板再修改其参数，后续其他基础物体模型的创建与此类似。手动创建方式可以单击"创建"面板中的"几何体"→"标准基本体"→"长方体"按钮，在透视图中按住左键并拖动，在窗口中产生一个矩形框，物体形状大小合适后释放鼠标即确定了长方体的长度和宽度。向上或向下移动鼠标可以确定长方体的高度，高度合适后单击即完成长方体的创建。图3-2所示为长方体模型及其参数。

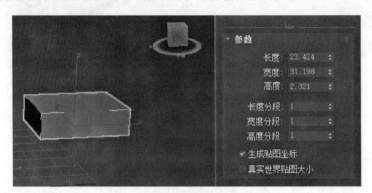

图3-2　长方体模型及其参数

2. 修改参数

① 长度/宽度/高度：在这三个参数的微调框中输入数据可以调整长方体的长度、宽度和高度，从而决定长方体的外观。

② 长度分段/宽度分段/高度分段：这三个参数微调框中的数值可以设置该物体在每个轴向上的分段数量。

③ 生成贴图坐标：该复选框默认勾选，后续可以完成对长方体的贴图操作。如果不勾选，则贴图后贴图效果在场景中不可见。其他模型中该复选框的功能相同，不再赘述。

3.1.2　圆锥体

圆锥体也是3ds Max建模中常用的一类基础物体模型，比如钻石、冰激凌、项链吊坠、吊顶灯等模型的制作都会用到圆锥体。

1. 创建圆锥体

单击"创建"面板中的"几何体"→"标准基本体"→"圆锥体"按钮，在透视图中按住左键并拖动，在窗口中产生圆锥体的初始底面圆形，物体形状大小合适后释放鼠标。向上或向下移动鼠标确定圆锥体的高度后单击。然后移动鼠标可以将圆锥体的另一个底面收缩为一个点（也可以收缩成一个小圆形），高度合适后再次单击即完成圆锥体的创建，如图3-3所示。

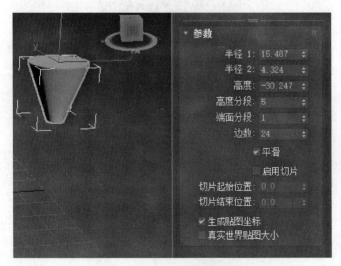

图3-3　圆锥体模型及其参数

2. 修改参数

① 半径1/半径2：设置圆锥体初始底面圆形及末端底面圆形的半径。两个半径的最小值都可以设置为0，通常初始底面圆形半径设置较大，末端底面半径设置为0，也可以根据实际模型需求修改其参数值。

② 高度：该参数决定了圆锥体沿着中心轴的高度，若设置为负值则将在默认构造平面下方创建圆锥体，图3-3所示创建的圆锥体其高度即为负值。

③ 高度分段：该参数可以设置圆锥体主轴上的分段数。

④ 端面分段：该参数可以设置围绕圆锥体顶部和底部的中心面的同心分段数目。

⑤ 边数：该参数可以设置圆锥体周围的边数。

⑥ 平滑：在渲染视图中创建平滑的外观。

⑦ 启用切片：控制是否开启"切片"功能。如开启"切片"功能，则可以设置切片的起始和结束位置。通过该选项可以创建半圆锥体或者横截面为扇形的圆锥体。

3.1.3 球体

球体也是3ds Max建模中比较常用的一类基础物体模型，生活中的很多球状物体都可以通过球体修改完成建模。如地球仪、鸡蛋壳、鸟巢、耳机等模型。在3ds Max中可以创建完整球体，也可以通过修改参数创建半球体或球体的一部分。球体表面由许多四边形组成。几何球体与球体类似，主要区别是几何球体表面是由三角形构成的，后续不再赘述。

1. 创建球体

依次单击"创建"面板中的"几何体"→"标准基本体"→"球体"按钮，在透视图中按住左键并拖动，在窗口中产生一个球体，物体形状大小合适后释放鼠标即可完成球体的创建，如图3-4所示。

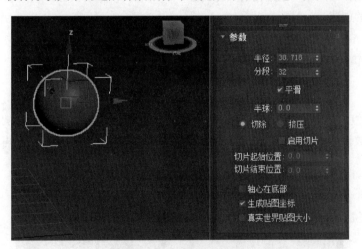

图3-4 球体模型及其参数

2. 修改参数

① 半径：该参数可以修改球体的半径从而决定球体的大小。

② 分段：该参数可以设置球体表面多边形的数目，分段数越多，球体越圆滑。

③ 平滑：启用该选项可以在渲染视图时创建平滑的外观。

④ 半球：该参数可以用于创建部分球体，取值范围为0~1。该值为0时生成完整球体，该值为1时没有球体，该值为0.5时为半球体。

⑤ 切除：可以设置在半球断开时切除顶点数和面数。

⑥ 挤压：该参数可以在保持原始球体顶点数和面数不变的情况下，将一部分球体挤压进去，使得剩余的球体分段数不变，但网格密度增加。

⑦ 轴心在底部：启用该复选框后，球体坐标系的中心会从球体的生成中心调整到球体的底部。默认球体中心为球心位置，启用该复选框后，球心变为球体的底部中心。

3.1.4 圆柱体

圆柱体在建模中十分常用，比如玻璃杯、茶杯、矿泉水瓶等物体模型都可以基于圆柱体完成模型的创建。圆柱体的形状由"半径"和"高度"两个参数确定，细分网格由"高度分段""端面分段""边数"确定。圆柱体模型及参数设置如图3-5所示。

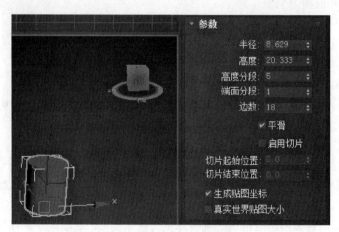

图3-5 圆柱体及其参数

1. 创建圆柱体

依次单击"创建"面板中的"几何体"→"标准基本体"→"圆柱体"按钮。在视图中按住左键并拖动，拉出一个圆形后释放鼠标，即完成了圆柱体的底面创建。向上或向下移动鼠标，观察圆柱体的高度，高度合适后单击，即可完成圆柱体的创建。

2. 修改参数

其参数设置与3.1.2节圆锥体参数类似，此处不再赘述。

3.1.5 管状体

管状体与圆柱体类似，只不过其中间是空心的，管状体有两个半径，半径1为外圆形半径，半径2为内圆形半径。管状体模型及参数设置如图3-6所示。其创建步骤和参数设置与圆锥体类似，不再赘述。

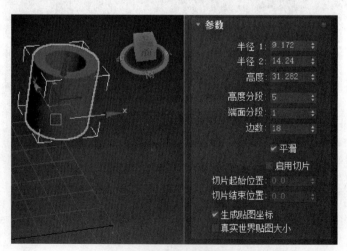

图3-6 管状体及其参数

3.1.6 圆环

"圆环"用来创建完整的圆环或具有圆形横截面的环状物体，即圆环的一部分，其模型和参数设置如图3-7所示。

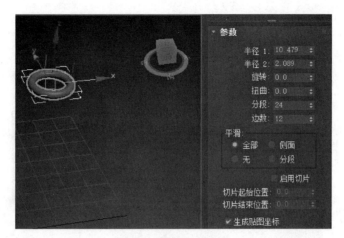

图3-7 圆环及其参数

1. 创建圆环

依次单击"创建"面板中的"几何体"→"标准基本体"→"圆环"按钮。在某个视图中按住左键并拖动,拉出一个圆形后释放鼠标,即确定了圆环半径1的大小。移动鼠标至合适大小,即确定了圆环半径2的大小,然后单击,即可完成圆环的创建。

2. 修改参数

① 半径1:设置从环形的中心到横截面圆形中心的距离。这是环形的半径。
② 半径2:设置横截面圆形的半径。
③ 旋转:设置旋转的度数,顶点将围绕圆环的中心旋转。
④ 扭曲:设置扭曲的度数,横截面将围绕通过环形中心的圆形逐渐旋转。
⑤ 分段:设置围绕环形的分段数目。
⑥ 边数:设置环形横截面圆形的边数。

3.1.7 四棱锥

四棱锥的底面是四边形,通常为正方形或矩形,侧面由四个三角形组成。其模型和参数如图3-8所示。

图3-8 四棱锥及其参数

四棱锥的创建步骤如下:依次单击"创建"面板中的"几何体"→"标准基本体"→"四棱锥"按钮。在视图中按住左键并拖动,拉出一个矩形后释放鼠标,即完成了四棱锥的底面创建。向上或向下移动鼠标,参照透视图观察四棱锥的高度,高度合适后单击,即可完成四棱锥的创建。

3.1.8 平面

平面在建模时很常用,比如墙面或者电视背景墙、建模背景等都可以用到。其模型及参数设置如图3-9所示。

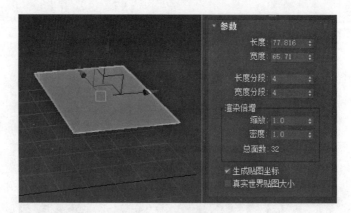

图3-9 平面及其参数

3.1.9 加强型文本

通过加强型文本可以创建二维文本，还可以对其添加"挤出""倒角""倒角剖面"等命令直接生成三维文本，如图3-10所示。在加强型文本的参数中可以修改文本内容，选择字体样式，并设置对齐和行间距等。

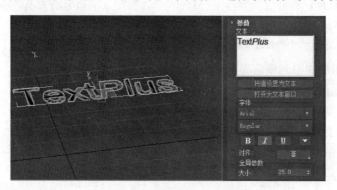

图3-10 加强型文本及其参数

3.1.10 实例讲解：简易咖啡杯

下面通过标准基本体创建一个简易咖啡杯的模型，其创建步骤如下。

步骤 1 依次单击"创建"面板中的"几何体"→"标准基本体"→"管状体"按钮，在顶视图中创建一个管状体作为咖啡杯的杯身。在"修改"面板中修改其参数，其透视图效果及参数设置如图3-11所示。

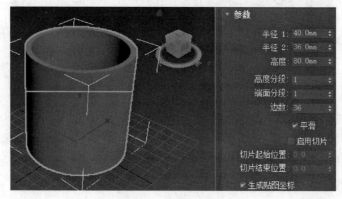

图3-11 创建管状体

步骤 2 依次单击"创建"面板中的"几何体"→"标准基本体"→"圆柱体"按钮，在顶视图中创建一个圆柱体作为杯底，修改其参数如图3-12所示。

步骤 3 在场景中选择圆环，在主工具栏中选择"对齐"工具，在场景透视图中单击圆柱体，然后在弹出的对话框中进行设置，如图3-13所示，以实现圆环和圆柱体在X轴和Y轴上的中心对齐。

图3-12　顶视图创建圆柱体

图3-13　"对齐当前选择"对话框

步骤 4 依次单击"创建"面板中的"几何体"→"标准基本体"→"圆锥体"按钮，在顶视图中创建一个圆锥体作为杯内的液体，修改其参数如图3-14所示。

步骤 5 依次单击"创建"面板中的"几何体"→"标准基本体"→"圆环"按钮，在左视图中创建一个圆环作为咖啡杯的手柄，修改其参数如图3-15所示。注意在这里选择了"启用切片"复选框，并设置了切片结束位置为–180，这样就完成了半圆环的创建。

图3-14　顶视图创建圆锥体

图3-15　左视图创建圆环手柄

3.2　创建扩展基本体

扩展基本体是基于标准基本体的一种扩展物体，系统共内置了13种扩展基本体，分别为异面体、环形结、切角长方体、切角圆柱体、油罐、胶囊、纺锤、L-Ext、球棱柱、C-Ext、环形波、软管和棱柱，如图3-16所示。利用这些扩展基本体可以创建一些稍微复杂的带有特殊形状的物体模型。比如通过胶囊可以制作胶囊模型或者蝴蝶模型的身体部分等。下面介绍几种常用的扩展基本体。

3.2.1　异面体

异面体是比较常用的扩展基本体，通过它可以创建四面体、立方体和星形物体等。

1．创建异面体

依次单击"创建"面板中的"几何体"→"扩展基本体"→"异面体"按钮，然后

图3-16　扩展基本体

在透视图中按住左键并拖动,逐渐拉大异面体,当增大至所需大小时释放鼠标,如图3-17所示。

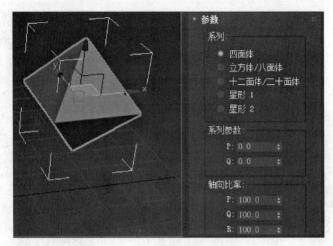

图3-17 异面体及其主要参数

2. 修改参数
（1）系列

在该选项组中可以选择创建异面体的类型：四面体、立方体/八面体、十二面体/二十面体、星形1和星形2，图3-18所示为各种类型的异面体。

图3-18 各种类型的异面体

（2）系列参数

在该选项组中通过设置P和Q参数可以控制异面体顶点和面之间的形状转换，其数值范围为0～1。

（3）轴向比率

该选项组用于控制如何由三角形、四边形和五边形这三种基本的平面组成多面体的表面。通过调节"系列参数"和"轴向比率"参数，可以得到许多形状各异的多面体。

（4）半径

可以设置任何多面体的半径。

3.2.2 切角长方体

切角长方体是长方体的扩展物体，可以快速创建出带切角效果的长方体。

1. 创建切角长方体

依次单击"创建"面板中的"几何体"→"扩展基本体"→"切角长方体"按钮，在视图中按住左键并拖动，再向上或向下移动鼠标，确定长方体的底面和高度，然后向其轴心处移动鼠标定义切角量，即可完成切角长方体的创建，如图3-19所示。

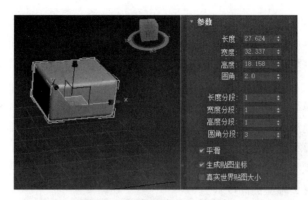

图3-19 切角长方体及其参数

2. 修改参数

① 长度/宽度/高度：该组参数用来设置切角长方体的长度、宽度和高度的尺寸，其单位采用系统默认单位。
② 圆角：切开切角长方体的边，创建圆角效果，该参数用来设置切角长方体的圆角尺寸。
③ 长度分段/宽度分度/高度分段：该组参数设置沿着相应轴的分段数目。
④ 圆角分段：设置切角长方体圆角边的分段数目。

3.2.3 切角圆柱体

切角圆柱体是圆柱体的扩展物体，可以快速创建出带圆角效果的圆柱体。

1. 创建切角圆柱体

依次单击"创建"面板中的"几何体"→"扩展基本体"→"切角圆柱体"按钮，先创建一个圆柱体，然后向上移动鼠标指针，确定切角量，即可完成切角圆柱体的创建，如图3-20所示。

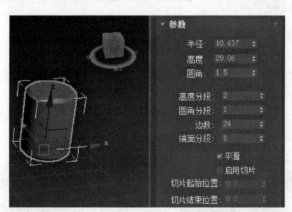

图3-20 切角圆柱体及其主要参数

2. 修改参数

切角圆柱体的大部分参数与圆柱体相同，唯一不同的就是切角参数。
① 圆角：斜切切角圆柱体的顶部和底部封口边，该参数用来设置切角圆柱体的圆角尺寸。
② 圆角分段：设置切角圆柱体圆角边的分段数目。

3.2.4 L-Ext/C-Ext

使用L-Ext工具可以创建并挤出L形的对象，其模型及参数设置面板如图3-21所示。使用C-Ext工具可以创建并挤出C形的对象，其模型及参数设置面板如图3-22所示。L-Ext/C-Ext经常用在建筑和室内设计的墙体建模中。下面以L-Ext为例说明其创建方法和参数，C-Ext模型的创建及参数修改与L-Ext模型类似，不再赘述。

1. 创建L-Ext模型

① 依次单击"创建"面板中的"几何体"→"扩展基本体"→"L-Ext"按钮。然后在透视图中按住左键并

拖动鼠标，以决定模型在 X、Y 轴上的大小。

② 观察模型大小合适后释放鼠标，再次移动鼠标以决定模型的高度。

③ 高度合适后单击。再次移动鼠标以决定该模型物体的厚度，厚度合适单击完成模型的创建工作。

2. 修改参数

① 侧面长度：决定物体模型在 Y 轴上的长度数值。

② 前面长度：决定物体模型在 X 轴上的长度数值。

③ 侧面宽度：决定物体模型在 X 轴上的宽度数值。

④ 前面宽度：决定物体模型在 Y 轴上的宽度数值。

⑤ 高度：决定物体模型在 Z 轴上的高度数值。

⑥ 侧面分段、前面分段、宽度分段、高度分段：分别设置物体在各个面的分段数目。

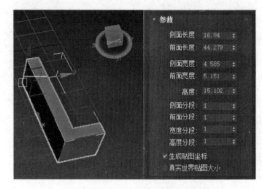

图3-21 L-Ext模型及其参数

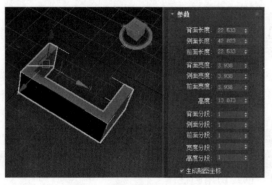

图3-22 C-Ext模型及其参数

3.2.5 实例讲解：创建电视柜

下面通过一个简易电视柜来说明扩展基本体的使用。该模型主要应用了C-Ext和L-Ext两种扩展基本体，其创建步骤如下。

步骤 1 依次单击"创建"面板中的"几何体"→"扩展基本体"→"C-Ext"按钮，在前视图中创建一个C-Ext对象，设置其参数如图3-23所示。

步骤 2 依次单击"创建"面板中的"几何体"→"扩展基本体"→"L-Ext"按钮，在透视图中创建一个L-Ext对象，设置其参数如图3-24所示。

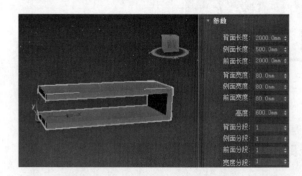

图3-23 创建C-Ext对象并修改参数

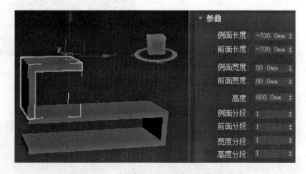

图3-24 创建L-Ext对象并修改参数

步骤 3 依次单击"创建"面板中的"几何体"→"标准基本体"→"长方体"按钮，在左视图中创建一个长方体对象，作为底部电视柜的隔板。设置其参数如图3-25所示，然后移动该长方体至适当位置。

步骤 4 依次单击"创建"面板中的"几何体"→"标准基本体"→"圆柱体"按钮，在顶视图中创建一个圆柱体并利用移动复制操作复制出3个一样的圆柱体，作为电视柜的底部支柱，并将其移动至适当位置。最终完成的简易电视柜如图3-26所示。

图3-25　创建长方体隔板

图3-26　简易电视柜

3.3　创建其他对象

"AEC扩展"对象专为在建筑、工程和构造领域中使用而设计。使用"植物"可以创建一些常见植物（如树木、花草等）模型。使用"栏杆"可以创建栏杆和栅栏模型，使用"墙"可以创建墙体模型。使用"门""窗""楼梯"可以创建建筑物上的门、窗户和楼梯。

3.3.1　创建"植物"

在"创建"面板中选择"AEC扩展"中的"植物"可以创建多种内置植物对象，如树木、花草等。下面以树木为例说明植物的创建及参数的修改。

步骤1 在"创建"面板中选择"AEC扩展"选项，如图3-27所示。

步骤2 单击"植物"按钮，在"收藏的植物"列表中选择"美洲榆"选项，如图3-28所示。

图3-27　选择AEC扩展

图3-28　选择"美洲榆"

步骤3 单击选择植物后将该植物拖动到视图中的某个位置。或者选择植物然后在视图中单击以放置该植物，图3-29所示为美洲榆模型及参数。

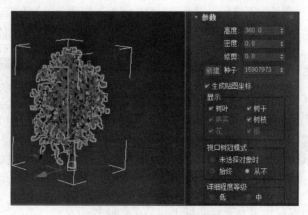
图3-29　美洲榆模型及参数

步骤 4 设置参数：

① 高度：可以控制植物的近似高度。

② 密度：可以控制植物上叶子和花朵的数量。其取值范围为0～1，1表示植物具有全部的叶子和花朵，0.5表示植物具有一半的叶子和花朵，0表示植物没有叶子和花朵。图3-30所示为不同密度的美洲榆。

图3-30　不同密度的美洲榆

③ 修剪：适用于具有树枝的植物，删除一个与构造平面平行的不可见平面之下的树枝。其取值范围为0～1，0表示不修剪树枝，0.5表示根据一个比构造平面高出一半高度的平面进行修剪，1表示尽可能修剪植物上的所有树枝。图3-31所示为不同修剪值的美洲榆。

图3-31　不同修剪值的美洲榆

④ 其他参数：植物模型中可以根据需要选择显示树叶、树枝、树干、果实、花、根等。

3.3.2　创建"门"

"门"用来创建建筑设计中的门模型，并且可以控制门外观的细节。还可以将门设置为打开、部分打开或关闭，而且可设置打开的动画。系统提供了枢轴门、推拉门和折叠门等三类门。这里以枢轴门为例说明其创建步骤及参数修改，其他类型门不再赘述。

1. 创建"枢轴门"

步骤 1 在"创建"面板中选择"几何体"下拉列表中的"门"选项，在右侧面板中单击"枢轴门"按钮，如图3-32所示。

步骤 2 在透视图的任意位置处按下鼠标左键并同时移动鼠标，以确定门的宽度。释放鼠标左键并移动鼠标，以确定门的深度，确定后单击。再次移动鼠标可调整门的高度，高度合适后单击完成门的创建，如图3-33所示。

图3-32　"几何体"中的"门"

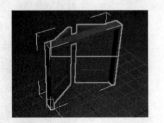

图3-33　透视图创建枢轴门

步骤 3 选择"修改"面板，在下方参数面板中勾选"翻转转动方向"复选框，门即可改变打开的方向，并设置打开角度。还可以根据需要设置其他参数，如图3-34所示。

步骤 4 设置完的枢轴门如图3-35所示。

图3-34　设置门的参数

图3-35　修改后的枢轴门

2. 创建"推拉门"

其创建过程与枢轴门类似，具体步骤不再赘述。推拉门模型及其部分参数，如图3-36所示。

3. 创建"折叠门"

其创建过程与枢轴门类似，具体步骤不再赘述。创建完成的折叠门及其参数如图3-37所示。

图3-36　推拉门模型及其部分参数

图3-37　折叠门模型及其参数

3.3.3　创建"窗"

1. 遮篷式窗

遮篷式窗模型及其参数如图3-38所示。

2. 平开窗

平开窗模型及其参数如图3-39所示。

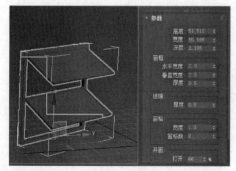

图3-38　遮篷式窗模型及其参数

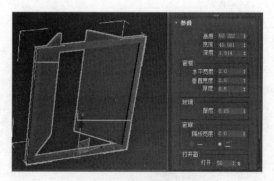

图3-39　平开窗模型及其参数

3. 固定窗

固定窗模型及其参数如图3-40所示。

4. 旋开窗

旋开窗模型及其参数如图3-41所示。

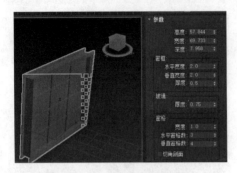

图3-40　固定窗模型及其参数

图3-41　固定窗模型及其参数

5. 伸出式窗

伸出式窗模型及其参数如图3-42所示。

6. 推拉窗

推拉窗模型及其参数如图3-43所示。

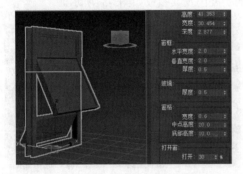

图3-42　伸出式窗模型及其参数

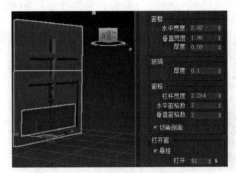

图3-43　推拉窗模型及其参数

利用3ds Max软件制作三维模型时，一般按照"建模"→"材质贴图"→"灯光"→"渲染"这4个步骤进行。建模是效果图制作的基础，没有模型就无法应用材质贴图和灯光，也无法进行后续的动画制作。可以利用第3章中的内置基本体完成初始模型的创建，然后利用多种建模方法对初始模型进行修改以完成最终的物体模型制作。

3ds Max软件中支持的建模方法很多，主要包括多边形建模、二维图形样条线建模、复合对象建模、网格建模、面片建模、NURBS建模等方法。本章主要介绍在3ds Max中最基本最常用的建模方法，即多边形建模法。多边形建模法在三维建模中广泛应用于各种模型制作。多边形建模方法比较灵活，对硬件的要求也较低。它主要通过对3ds Max中提供的内置几何物体模型添加"编辑多边形"修改器或者将模型转换为可编辑多边形来进行后续修改建模操作。本章重点介绍将物体模型转换为可编辑多边形进行建模的各种操作技巧。

4.1 多边形物体

建模流程基本都是先建立原始物体，然后对其进行修改。其操作主要有以下两种方式：一是将该物体模型转换为多边形物体；二是为物体添加"编辑多边形"编辑修改器。这两种操作的面板参数类似，只要掌握其中一类操作即可。

1. 将模型转换为可编辑多边形

多边形建模中要把原始物体模型直接转换为可编辑多边形，有如下两种方法。

① 在场景中选中原始物体后右击，在弹出的快捷菜单中选择"转换为"→"转换为可编辑多边形"命令，如图4-1所示，即可把该物体转换成为多边形物体。

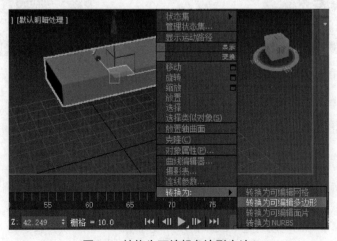

图4-1 转换为可编辑多边形方法1

② 在场景中选中原始物体，然后选择"修改"面板，在修改器堆栈中的物体名称上右击，在弹出的快捷菜单中选择"可编辑多边形"命令，如图4-2所示，也可以将物体转换为可编辑多边形。

在模型的多边形物体模式下，可以看到"修改"面板下方包含六类编辑操作的卷展栏，分别是选择、软选择、编辑几何体、细分曲面、细分置换、绘制变形等，如图4-3所示。

图4-2　转换为可编辑多边形方法2

图4-3　多边形物体模式下的卷展栏

2. 为模型添加"编辑多边形"修改器

如果不把原始物体转换为多边形物体，也可以在场景中选择原始物体，然后选择"修改"面板，在"修改器列表"中选择"编辑多边形"修改器，从而对该多边形物体进行编辑操作，如图4-4所示。

如图4-5所示，为一个长方体添加"编辑多边形"编辑修改器。其下方的操作卷展栏与将物体直接转换为可编辑多边形方法中类似。这两类多边形编辑方法的最大区别是第一种方法是直接把原始物体转换为多边形物体，在其上方的每一步修改都会直接改变原始物体的形状。如果操作比较复杂或操作错误时，由于撤销步数的限制可能无法回到原始物体的初始状态。但是第二种方法是在原始物体上添加了一个修改器，修改器是独立存在于原始物体之上的，修改器虽然能够改变原始物体的形状和模型，但如果发生错误或者效果不满意可以将修改器删除，原始物体仍然可以恢复到初始状态。

图4-4　为原始物体添加"编辑多边形"编辑修改器

图4-5　为长方体添加"编辑多边形"修改器

3. 多边形物体的物体模式

多边形建模分为物体模式（主层级操作）和子模式（子对象层级操作）两大类。下面介绍物体模式主层级参数面板中的常用卷展栏。

（1）"选择"

该卷展栏中的工具与选项主要用来访问多边形子模式级别及快速选择子模式，如图4-6所示。

该卷展栏中最上方的五个符号分别对应多边形物体的五个子模式，即顶点、边、边界、多边形和元素模式。选择每个子模式后，其下方的可用复选框或按钮以亮度显示，不可用项会以灰色显示。

➢ 忽略背面：勾选该复选框后，只能选择物体正面的子对象，而背面的子对象不会被选择。

➢ 收缩、扩大、环形、循环：可以在物体子模式下增加所选或减少所选子对象。

（2）"编辑几何体"

该卷展栏包含在大多数物体模式及其子模式中使用的功能，也有一些命令是针对不同子模式所使用的，如图4-7所示。

➢ "重复上一个"：重复最近使用的命令。

➢ "约束"：通常在对顶点做移动操作时可以选择不同的约束，默认为无，根据需要可以选择边约束、面约束和法线约束等，以便确保模型不会发生大的形变。

➢ "创建"：可以建立新的顶点、边、多边形和元素。

➢ "塌陷"：将选择的顶点、边、边界和多边形删除，留下一个顶点和四周的面连接，产生新的面。

➢ "附加"：可以使场景中的其他对象附加到当前选定的多边形物体中。

➢ "分离"：将选定的子对象作为单独的对象或元素分离出来。

（3）"细分曲面"

该卷展栏主要用于设置物体的平滑效果、迭代次数和平滑度等。该卷展栏的操作命令如图4-8所示。

图4-6 "选择"卷展栏

图4-7 "编辑几何体"卷展栏

图4-8 "细分曲面"卷展栏

（4）"细分置换"

该卷展栏主要用于设置对物体进行细分的方法，如规则、空间、曲率等选项，其选项如图4-9所示，该卷展栏应用不多。

（5）"绘制变形"

该卷展栏主要通过所提供的绘制类型来设置物体模型的变形效果。主要包括推/拉、松弛和复原三种绘制变形。可以根据需要设置推拉方向的种类及轴向、推/拉值、笔刷大小及笔刷强度等，如图4-10所示。

图4-9 "细分置换"卷展栏

图4-10 "绘制变形"卷展栏

4.2 多边形物体子模式（子对象层级）

对于一个多边形物体可以在其子模式下对该物体模型进行修改。单击修改器堆栈中的"可编辑多边形"前边的▼按钮，可以将其展开，会看到多边形物体模式中包含五个子模式，分别为顶点、边、边界、多边形、元素。在建模时可以根据需要切换物体模式或其各个子模式进行编辑。选择多边形物体子模式主要有以下两种方法。

① 单击"修改器列表"下方的"可编辑多边形"前边的▼按钮将其展开。然后单击其中的某一种子模式，如顶点模式或边模式等。

② 将"选择"卷展栏展开可以看到五个符号，分别对应多边形物体的五个子模式，分别为顶点、边、边界、多边形、元素，如图4-11所示。

图4-11 "选择"卷展栏中的五个子模式

4.2.1 顶点子模式

多边形物体上可以有很多顶点，选择顶点子模式后，下方的卷展栏与图4-3有所不同，如图4-12所示。顶点子模式比多边形物体模式下增加了"编辑顶点"和"顶点属性"两项。对于顶点可以执行很多操作，如顶点的连接、焊接、断开等。

在顶点子模式下，物体模型上所有顶点都以蓝色小方块形式显示，如图4-13所示。

图4-12 "顶点"子模式中的卷展栏

图4-13 多边形物体模型上的顶点显示

顶点子模式中主要进行"编辑顶点"和修改"顶点属性"操作。两个卷展栏中的命令分别如图4-14所示。"编辑顶点"最常用，主要对于顶点进行移除、断开、挤出、焊接、切角、目标焊接、连接等操作。

图4-14 "编辑顶点"和"顶点属性"卷展栏

1. 移除

选中一个或多个顶点后，单击"移除"按钮可以将其移除。注意移除顶点和删除顶点是不一样的。移除顶点只会将选择的顶点移除而其所在的多边形面不受影响，不会破坏所在多边形，被移除的顶点周围的点会重新进行结合。但是删除顶点时，与顶点相邻的边界和面都会消失，在顶点位置会形成空洞。

依次单击"创建"面板中的"几何体"→"标准基本体"→"球体"按钮，创建一个球体并转换为可编辑多边形。进入"顶点"子模式，在球体上选择一个顶点，在右侧命令面板中单击"编辑顶点"→"移除"按钮，如图4-15所示，被移除的顶点周围的点会重新进行结合生成一个新的多边形。

但是选择一个顶点，按【Delete】键删除，则被删除的顶点所在的多边形也消失了，形成了一个空洞，如图4-16所示。

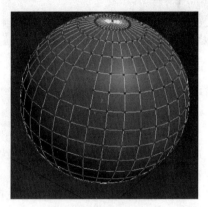

图4-15　移除顶点

图4-16　删除顶点

2. 断开

"断开"在与选定顶点相连的每个多边形上都会创建一个新顶点，使它们不再相连于原来的顶点上。例如，在场景中创建的球体上选择顶点后，在右侧命令面板中单击"编辑顶点"→"断开"按钮，在该顶点的位置又生成了3个顶点，即此处共有4个顶点。图4-17所示为断开后重合的4个顶点移动后的效果。

3. 挤出

在场景中选择球体上的某个顶点后将鼠标移动至该顶点，当光标变化后拖动鼠标，可以调整挤出所产生的多边形的大小。如果需要精确控制"挤出"的效果，可以单击该按钮右侧的"设置"按钮▣，弹出图4-18所示对话框，在其中设置相应的参数，第一个参数为挤出形状的高度，第二个参数为挤出形状底部的宽度。参数设置完毕单击▣按钮，就会在相应顶点位置生成新的多边形。

图4-17　断开顶点

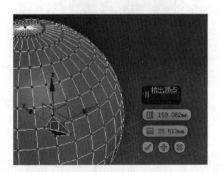

图4-18　设置挤出顶点的选项

4. 焊接

用于顶点之间的焊接操作。在图4-17断开顶点的模型上选择需要焊接的所有顶点，单击"焊接"按钮后边的"设置"按钮▣，在弹出的对话框中设置"焊接阈值"，如图4-19所示，焊接成功后单击▣按钮即可。图中左侧为调整焊接阈值，右侧为焊接后的模型。在调整焊接阈值时，"之前"和"之后"的值不一样则表示能够焊接成功，此时停止调整阈值大小，单击▣按钮即可。

5. 切角

选中顶点以后，使用该工具在视图中拖动鼠标，可以手动为顶点做切角。也可以单击"切角"后边的"设置"按钮■,在弹出的对话框中设置"顶点切角量"参数,以精确设置切角的大小,如图4-20所示。

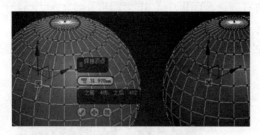

图4-19 调整焊接阈值并焊接

图4-20 设置切角量

在切角操作时还可以勾选"打开切角"复选框,则切角部位会出现空洞,如图4-21所示。

6. 连接

"连接"用于在选择的对角顶点之间创建新的边。如在球体上选择两个相对的顶点,在右侧命令面板中单击"编辑顶点"→"连接"按钮,这样就产生一条对角线,即边。

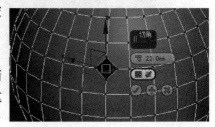

图4-21 打开切角效果

4.2.2 边子模式

多边形物体中的顶点构成边,对于多边形的边可以执行很多操作,包括边的切割、边的连接等。边子模式的选择与顶点子模式的选择方法类似,故此处不再赘述。边子模式比多边形物体模式增加了"编辑边"卷展栏,如图4-22所示。

"编辑边"卷展栏中的操作命令如图4-23所示,可以对物体模型中的边进行移除、分割、挤出、焊接、切角、目标焊接、桥、连接等操作。

图4-22 "边"子模式卷展栏

图4-23 "编辑边"卷展栏中的操作命令

"边"子模式中某些命令的功能与"顶点"子模式中相应命令的功能相同,不再赘述。

1. 插入顶点

在右侧命令面板中单击"编辑边"→"插入顶点"按钮,然后在场景中物体模型的某条边上单击,则产生一个新的顶点。图4-24所示为球体中间某条边上新插入一个顶点。

2. 移除

选择物体模型上的某条或某些边,然后在右侧命令面板中单击"编辑边"→"移除"按钮,这样即可将选中对象移除,如图4-25所示。 如果想要在移除边的同时把两端顶点移除,可以按住【Ctrl】键的同时单击"移除"按钮。

3. 挤出

在物体模型上选择某条边，在右侧命令面板中单击"编辑边"→"挤出"按钮，然后在视图中拖动鼠标即可实现在该条边上挤出生成新的形状。也可以单击"挤出"按钮后边的"设置"按钮■，然后通过修改相应参数设置相应的挤出高度和宽度，从而完成精确的挤出操作，如图4-26所示。

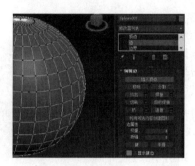
图4-24　插入顶点

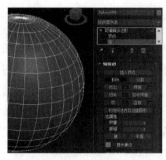
图4-25　移除边

图4-26　挤出边

4. 切角

这是多边形建模中使用较多的工具之一，该工具可以为选定的边进行切角处理，从而生成平滑的棱角，详细内容将在后续案例中加以介绍。

5. 桥

"桥"命令可以基于选定的两条边生成新的多边形，但是要遵循一个原则，即多边形中的一条边最多只能属于两个多边形，否则"桥"命令无法生成新的多边形。

步骤1 单击"创建"面板中的"几何体"→"标准基本体"→"长方体"按钮，然后在透视图中创建一个长方体，并转换为可编辑多边形，如图4-27所示。

步骤2 进入"边"子模式，选择长方体上的两条边，然后在右侧命令面板中单击"编辑边"→"桥"按钮，并没有任何变化，这是因为长方体模型中每条边都已经属于两个多边形了。"多边形"子模式下选择这两条边所在的多边形，按【Delete】键删除，如图4-28所示。

图4-27　创建长方体

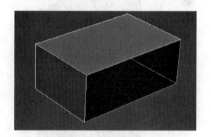
图4-28　删除多边形

步骤3 在"边"子模式下再次选择相对的两条边，再次单击"编辑边"→"桥"按钮即可创建一个多边形，如图4-29所示。

图4-29　边的"桥"操作生成多边形

6. 分割

该工具用于实现将一条边分割成多条边,"分割"的详细操作请参考本章后续案例,这里不再赘述。

7. 连接

这是一种常用的多边形建模方法,实现在选择的边之间连接生成新的边,具体操作参考本章后续案例,这里不再赘述。

4.2.3 边界子模式

视图中建立的内置三维基本体,它们都是空心的,比如将长方体和球体分别转换为可编辑多边形,并删除某个多边形,发现其中间是空心的。三维软件中的物体是用极薄的片来表现的,是没有厚度的,所以一条边只连接两个多边形。两个多边形的交界处有一条公共边,而只连接一个多边形的边称为开放边,连续的开放边称为边界。比如切掉上盖的长方体的上边缘,或者切掉一半球体的上边缘都是边界。

边界子模式下比多边形物体模式增加了"编辑边界"卷展栏,如图4-30所示。通过该卷展栏可以对物体的边界进行挤出、插入顶点、切角、封口、桥和连接等操作。该模式中的很多命令和前面类似,此处不再赘述。

图4-30 "边界"卷展栏中的操作命令

4.2.4 多边形子模式

物体中的多边形由边构成,多边形即物体的面。选择一个多边形物体对象,在右侧命令面板中选择"修改",在修改器列表中展开"可编辑多边形",然后选择"多边形"选项,即进入多边形子模式。

多边形子模式比多边形物体模式下增加了"编辑多边形""多边形:材质ID""多边形:平滑组""多边形:顶点颜色"等几个卷展栏,如图4-31所示。

1. "编辑多边形"

该卷展栏中包含了用于编辑多边形的命令,如图4-32所示。

图4-31 "多边形"子模式的卷展栏

图4-32 "编辑多边形"卷展栏

(1) 挤出

这是多边形建模中使用频率很高的工具之一。单击该按钮后,将鼠标移动至需要挤出的多边形,然后按住左键并拖动即可对多边形执行挤出操作,或者单击"设置"按钮■,在弹出的对话框中对其进行详细的参数设置,从而精确控制挤出效果,其不同挤出方式请参考本章后续案例。图4-33所示为球体中某个多边形的挤出效果。

(2) 倒角

该工具是"挤出"和"轮廓"命令的综合,实现对所选择的多边形做挤出操作之后再对挤出的多边形进行"轮廓"操作。

可以在右侧命令面板中单击"倒角"按钮,然后在视图中选择某个要操作的多边形,按住左键并拖动鼠标以确定挤出的大小，然后释放鼠标并移动鼠标以确定轮廓的大小。

也可以单击"倒角"按钮后的"设置"按钮■，然后设置其参数。图4-34所示为对球体中某个多边形进行"倒角"操作，并设置其参数。第一个参数为挤出的类型：分别是"组""局部法线""按多边形"；第二个参数为挤出的高度；第三个参数为轮廓的大小。

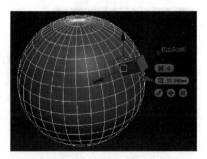
图4-33 多边形的挤出操作

图4-34 球体中某个多边形的"倒角"操作

（3）桥

该工具可以实现两个多边形之间生成一个新的多边形。与"边界"中的"桥"操作类似，此处不再赘述。

（4）轮廓

该工具用于实现对某个多边形的等距离缩放操作，即轮廓操作。图4-35所示为选择球体中的某个多边形，并对其应用轮廓的效果。该操作可以先选择多边形，在右侧命令面板中单击"编辑多边形"→"轮廓"按钮，然后在视图中按住左键并移动鼠标以确定轮廓的大小。也可以单击"轮廓"按钮后的"设置"按钮■，在弹出的对话框中通过参数设置轮廓的大小。

（5）插入

该工具用于实现在一个多边形内部再插入一个多边形。比如选择球体上的某个多边形，在右侧命令面板中单击"编辑多边形"→"插入"按钮，然后在视图中按住左键并移动鼠标可手动插入一个多边形。也可以单击"插入"按钮后面的"设置"按钮■，在弹出的对话框中设置参数，如图4-36所示。第一个参数为插入类型，分别为"组"和"按多边形"；第二个参数为插入数量，即插入的多边形的大小。

图4-35 多边形的轮廓效果

图4-36 多边形的"插入"设置

2."多边形：材质ID"

当需要为模型添加材质时，可以为该模型的各个多边形设置材质ID，然后利用3ds Max的材质编辑器完成材质的添加，如图4-37所示。

想给某个物体赋予多个不同的材质，可以先选择某个材质球，然后进入物体的多边形子模式中，选中想要赋予材质或贴图的多边形，然后单击赋予材质按钮。

> **注意：**
> 材质必须赋予给多边形，不能赋予给点。详细操作请参考后续案例。

3. "多边形：平滑组"

通过该卷展栏可以设置每个多边形的平滑组号，如果相邻多边形的平滑组号不一样则表现出生硬的过渡效果。图4-38所示为3ds Max中提供的32个平滑组号，该部分详细内容及操作请参考本章后续案例。

图4-37　多边形：材质ID

图4-38　多边形：平滑组

4.2.5　元素子模式

多边形构成元素，元素构成物体。比如一个茶壶物体，其盖、手柄、壶嘴和壶身是不连续的，选择元素时可以单独移动茶壶或手柄，即茶壶物体由四个元素构成。元素子模式下的卷展栏与多边形子模式类似，唯一区别是多边形子模式中的"编辑多边形"变成了"编辑元素"，如图4-39所示。

对物体模型中的元素可以进行插入顶点、翻转、编辑三角剖分、重复三角算法和旋转等操作，如图4-40所示。

图4-39　"元素"子模式的卷展栏

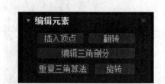

图4-40　"编辑元素"卷展栏的操作命令

4.3　多边形常用建模方法及实例

4.3.1　多边形建模常用生成方法

1. 连接点生成新的边

下面通过一个实例说明在物体模型中如何连接两个顶点形成新的边。

依次单击"创建"面板中的"几何体"→"标准基本体"→"圆柱体"按钮，在场景中创建一个圆柱体并将其转换为可编辑多边形。在右侧命令面板中选择"顶点"子模式。单击选择圆柱物体的某顶点，按住【Ctrl】键的同时再单击选择另一个对角顶点。在右侧命令面板中单击"编辑顶点"→"连接"按钮，如图4-41所示，这样两个顶点间就生成了一条新的边。

2. 连接边生成新的多边形

步骤 1 默认情况下透视图中不显示边面，展开透视图左上角第四个选项卡并选择"边面"，即可显示物体模型上的边和多边形，如图4-42所示。

图4-41 连接顶点生成边

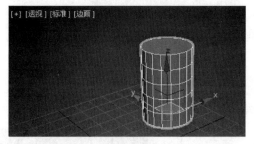

图4-42 圆柱体显示边和面

步骤 2 在右侧命令面板中选择"边"子模式，在圆柱物体模型上按住【Ctrl】键的同时选择相邻两条边，在右侧命令面板中单击"编辑边"→"连接"按钮，如图4-43所示。

步骤 3 连接后产生一条新边和两个顶点，圆柱体的一个四边形就变成了两个四边形，如图4-44所示。

图4-43 选择相邻两条边

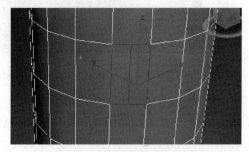

图4-44 连接相邻两条边生成新边

步骤 4 在刚才的连接操作中还可以单击"连接"按钮右边的"设置"按钮 ，以精确设置生成的边数、边之间的距离及边的位置等，其对话框如图4-45所示。

步骤 5 在该对话框中，上方第一个参数为"连接边-分段"，用于设置生成新边的数目，可根据需要进行设置。第二个参数为"连接边-收缩"，可以用于设置连接边后新生成的边与模型原有平行边之间的距离，默认值为0，即新生成的两条边和原有两条边即四条边之间的距离相等。如果设置收缩值为50，模型效果如图4-46所示。

图4-45 "连接"设置对话框

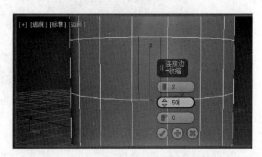

图4-46 连接生成两条边且收缩为50

步骤 6 第三个参数为"连接边-滑块"，设置新生成的边整体的位移。如果设置收缩值为50后再设置第三个参数值为10，模型效果如图4-47所示，两条边作为一个整体向左移动10个单位的距离。

步骤 7 选择圆柱物体侧面的某条水平边，并在右侧"选择"卷展栏中单击"循环"按钮，即可选中这条边所在横截面的圆上连续的所有边，如图4-48所示。

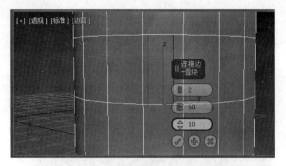

图4-47　连接生成两条边，设置参数

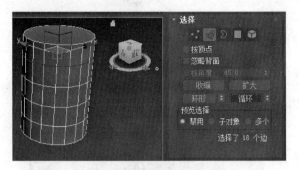

图4-48　圆柱体选择横截面上的连续边

步骤 8　单击选择圆柱体侧面的某条水平边，在右侧命令面板中单击"选择"→"环形"按钮，可以选中所有与其平行的边，如图4-49所示。

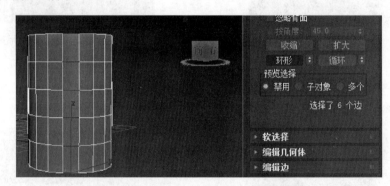

图4-49　圆柱体选择垂直分段上的连续边

3. 多边形子模式的"挤出"生成新的多边形

"多边形"子模式下，单击"编辑多边形"卷展栏中的"挤出"按钮，选中多边形物体的某个多边形，按住鼠标上下拖动即可挤出多边形。也可以同时选中多个多边形挤出。挤出共包含三种模式，分别为"组"挤出、"局部法线"挤出和"按多边形"挤出。

图4-50所示为对某个几何球体的若干多边形分别进行三种"挤出"操作，可以观察其区别。"组"挤出时所有选中的多边形作为一个整体向同一个方向挤出；"局部法线"挤出时每个多边形沿着与自身垂直的局部法线方向挤出；"按多边形"挤出时每个多边形沿着自己所在的平面向外挤出。

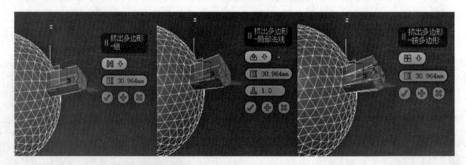

图4-50　多边形的三种挤出模式

4.3.2　实例讲解：简单房子

下面通过一个房子模型的制作练习以上常用的多边形生成方法，目标模型如图4-51所示。该模型主要基于标准基本体中的长方体进行制作，在制作过程中主要使用边的连接、多边形的挤出、捕捉等操作完成。

步骤 1　搭建房屋框架。依次单击"创建"面板中的"几何体"→"标准基本体"→"长方体"按钮，在透视图中拖动以建立一个长方体。该长方体长4 000 mm、宽5 000 mm、高2 000 mm。将其转换为可编辑多边形，在右侧命令面板中进入"边"子模式。选择某条垂直边,然后在右侧命令面板中单击"选择"→"环形"按钮,这样垂直方向的四条边就同时选中了,在右侧命令面板中单击"编辑边"→"连接"按钮。在前视图中把新生成的四条边移动下来到图4-52所示的位置。

图4-51 简单房子模型

图4-52 环形连接边

步骤2 在物体的"边"子模式下,单击长方体最下方的一条垂直竖边,在右侧命令面板中单击"选择"→"环形"按钮,即选中所有垂直短边。右击后在弹出的快捷菜单中选择"转换到面"命令,这样就选中了底部的四个多边形,如图4-53所示。

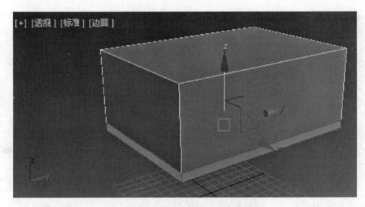

图4-53 选择底部四周的多边形

步骤3 右侧命令面板中单击"编辑多边形"→"挤出"按钮,挤出方式选择"局部法线",调整高度为4.76,如图4-54所示。

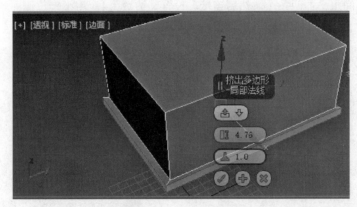

图4-54 挤出多边形

步骤4 搭建房屋屋顶。右侧命令面板中进入"边"子模式,在该物体模型顶部的长方形中选中左右两侧的边,在右侧命令面板中单击"编辑边"→"连接"按钮,在两条边之间生成一条新边,如图4-55所示。

步骤5 在透视图中选择新生成的边沿着Z轴向上移动,出现房脊。连接侧面房顶的两个顶点,将侧面的一个五边形分成一个三角形和一个四边形。这样房子框架就做好了,如图4-56所示。

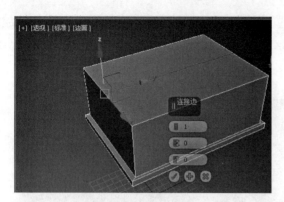

图4-55　顶部连接边

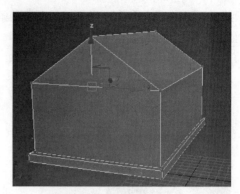

图4-56　房脊制作

步骤 6　设置房脊厚度。在右侧命令面板中进入"多边形"子模式，在物体模型中选择房顶的几个多边形，然后在右侧命令面板中单击"编辑多边形"→"挤出"按钮。挤出方式选择"局部法线"，高度设置为3，这样屋顶就有厚度了。同理设置房顶其他侧面的挤出操作，如图4-57所示。

步骤 7　搭建房屋门窗。在"边"模式下选择面向我们的三条垂直边，然后在右侧命令面板中单击"编辑边"→"连接"按钮后面的"设置"按钮。将边数设置为1，滑块设置为–60，用于定义门的高度，如图4-58所示。

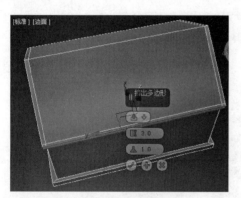

图4-57　挤出房顶及房檐厚度

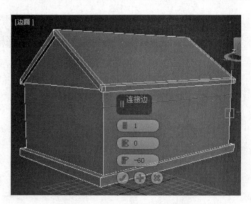

图4-58　连接边定位门的高度

步骤 8　再选择左侧下方垂直的两条边，然后在右侧命令面板中单击"编辑边"→"连接"按钮。将其边数设置为1，拖动新边到合适位置，用于设置窗户下边缘的高度，如图4-59所示。

步骤 9　选中左侧中间水平的两条边，然后连接。设置其边数为4，用于定位侧面两个窗户的大小和位置，如图4-60所示。

图4-59　连接边定义侧面窗户的高度

图4-60　定位侧面两个窗户的大小和位置

步骤 10　选择左侧两个窗户多边形，然后在右侧命令面板中单击"编辑多边形"→"插入"按钮，在内部插入两个多边形，如图4-61所示。

步骤11 单击选择窗户内侧的两个多边形,在右侧命令面板中单击"编辑多边形"→"挤出"按钮,其参数设置如图4-62所示,实现窗户向内凹陷的效果。

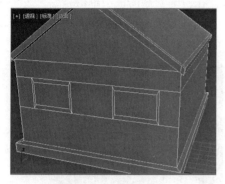

图4-61 插入多边形

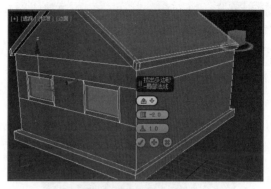

图4-62 向内挤出多边形

步骤12 在右侧命令面板中进入"边"子模式,选择两个窗户的窗框内侧的两条水平边,然后在右侧命令面板中单击"编辑边"→"连接"按钮,再选择内部的四条垂直边,单击"连接"按钮,生成水平边,如图4-63所示。

步骤13 在"多边形"子模式下选择窗户中间四条新边所在的几个多边形,在右侧命令面板中单击"编辑多边形"→"挤出"按钮,挤出方式选择"按组",图4-64所示为完成细节制作的窗户。

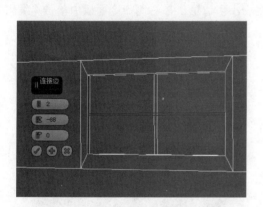

图4-63 再次连接边生成内部水平边

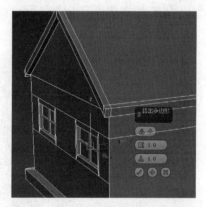

图4-64 挤出多边形实现窗户内部窗棱

步骤14 门的细节制作。在"边"子模式下选择房屋前面的上下两条边,在右侧命令面板中单击"编辑边"→"连接"按钮,调整其参数,将出现的两条边移动到左侧边缘位置,如图4-65所示。

步骤15 选择刚生成的两条边,再连接生成一条新边并移动到上方。然后选择上下两条水平边,连接生成两条新边,如图4-66所示。

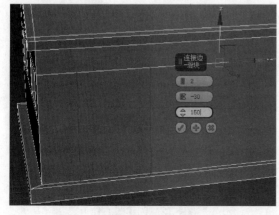

图4-65 连接边定位门的位置

图4-66 连接边定位门框的厚度

步骤16 在"多边形"子模式下选择新生成的三个多边形,在右侧命令面板中单击"编辑多边形"→"挤出"按钮,其参数设置如图4-67所示,挤出门框厚度。

步骤17 在"边"子模式下,在门的内部选择左右两条垂直边,在右侧命令面板中单击"编辑边"→"连接"按钮,设置生成六条边,并调整位置。在"多边形"子模式下,选择其中三个间隔多边形沿着Z轴缩放,如图4-68所示。

图4-67 挤出门框厚度

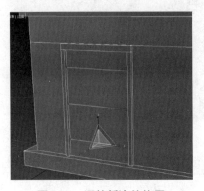

图4-68 调整新边的位置

步骤18 在右侧命令面板中选择"边"模式,选择上图中三个多边形中的六条水平边,按住【Ctrl】键的同时再选择内部上下两条水平边,在右侧命令面板中单击"编辑边"→"连接"按钮,参数设置如图4-69所示。

步骤19 在"多边形"子模式下,选择上图中门内部的多个小多边形,在右侧命令面板中单击"编辑多边形"→"挤出"按钮,如图4-70所示。

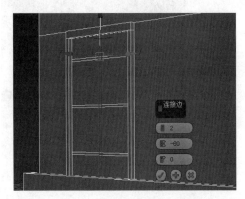

图4-69 门的内部连接边生成垂直边

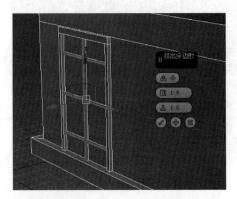

图4-70 挤出实现门的横隔板

步骤20 在门的右侧再依据前面的方法制作一个小窗户,其步骤与前面类似,此处不再赘述,制作效果如图4-71所示。

步骤21 门前台阶的制作。在顶视图中,在门前创建一个长方体,调整长和宽,并转换为可编辑多边形,如图4-72所示。

图4-71 制作门旁小窗户

图4-72 创建长方体

步骤 22 在"边"子模式下选择长方体左右两条边,在右侧命令面板中单击"编辑边"→"连接"按钮,生成一条边。选择这条边的同时,按住【Ctrl】键再选择与之平行的边,再次连接生成两条边用于挤压小台阶,如图4-73所示。

步骤 23 在"顶点"子模式下,选中小台阶左侧的两个顶点。在工具栏中选择"捕捉"中的"2.5",设置2.5捕捉方式为"顶点"捕捉,并勾选"启用轴约束"复选框,如图4-74所示。

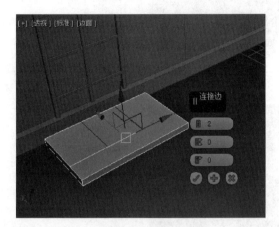

图4-73 连接边定位台阶宽度　　　　　　　　　图4-74 捕捉对话框

步骤 24 在前视图中锁定 X 轴,即把鼠标放在 X 轴上,然后选择内部多边形左侧的两个顶点,移动鼠标到门边缘外侧的顶点处,即实现把台阶位置捕捉到门相应的外侧位置,如图4-75所示。另一边同理,这样就将小台阶与门宽度严格对齐了,捕捉完成后及时关闭捕捉开关。

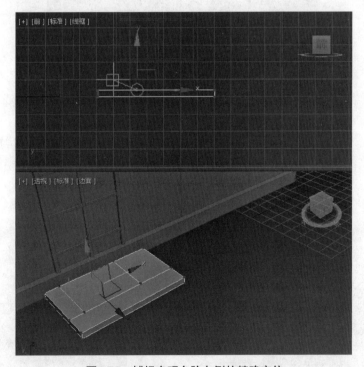

图4-75 捕捉实现台阶左侧的精确定位

步骤 25 选定小台阶所在的多边形,在右侧命令面板中单击"编辑多边形"→"挤出"按钮,生成小台阶,如图4-76所示。

步骤 26 在新生成的小台阶顶部多边形中,选择其四个顶点,然后打开"2.5捕捉"开关,将鼠标放置在Y轴上,即锁定Y轴,然后移动鼠标至合适位置释放鼠标。如此完成捕捉操作。实现上方小台阶的高度和房子底部边缘的高度一致,如图4-77所示。

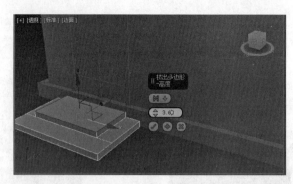

图4-76 挤出二层台阶

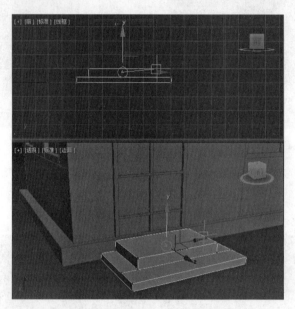

图4-77 捕捉定位台阶的高度

步骤27 选择主工具栏中的"3捕捉"开关，设置为边捕捉，如图4-78所示。

步骤28 选择台阶，单击下方工具栏中的锁头工具锁定选择，先将台阶物体沿 Y 轴移动一段距离，即锁定 Y 轴约束，然后将鼠标放置在台阶的某条边上移动台阶靠近门方向的边。当捕捉到房屋门边时会出现一条绿色的线条，此时即完成捕捉，实现了台阶和房屋的紧密贴合，如图4-79所示。最后选择房子，在右侧命令面板中单击"编辑几何体"→"附加"按钮，单击台阶，房子和台阶就成为了一个整体的两个元素。

图4-78 设置捕捉方式为边捕捉

图4-79 捕捉台阶至房屋边缘

4.3.3 多边形建模中的切割

"编辑几何体"卷展栏中的"切割"（快捷键为【Alt+C】）操作在多边形建模中比较常用，各个子模式中都有切割方法，可以分别在点、边和多边形上切割，鼠标形状和切割结果都会有所不同。

下面以一个长方体模型为例学习不同子模式下的切割方法。在透视图中创建一个长方体,并将其转换为"可编辑多边形"。

(1) 切割点

在右侧命令面板中单击"编辑几何体"→"切割"按钮,将光标放置在某个顶点上,此时切割工具打开,注意光标呈现为一个小的"+"形状,如图4-80所示。

光标呈现为一个小的"+"形状时单击,移动光标到相对的顶点上再次单击,然后右击结束切割,即完成了顶点的切割操作。其结果是生成一条对角线,原来的一个长方形被切割成了两个三角形,如图4-81所示。

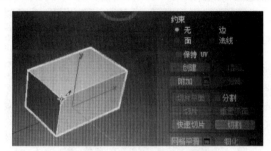
图4-80 顶点切割时光标形状

图4-81 顶点切割生成对角线

(2) 切割边

将光标放置在长方体顶部长方形的某条边上,注意观察光标形状的变化,其呈现为一个大的"+"形状,如图4-82所示。

此时单击增加一个顶点,移动光标至该多边形的另一条边上再次单击,然后右击,即可完成边的切割操作,顶部多边形中生成了一条新边,如图4-83所示。

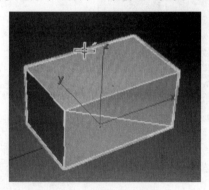
图4-82 边切割时光标形状

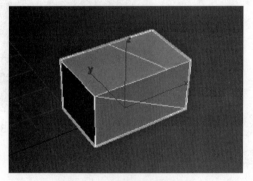
图4-83 切割边生成新边

(3) 切割多边形

将光标放在长方体左侧长方形上,注意观察光标形状变化,此时光标呈现一个正方形形状,如图4-84所示。

在该长方形内部某个位置单击,此时会在该位置生成一个点,3ds Max会自动将该点与其他某个顶点连接生成一条边,移动光标,选择与哪个顶点连接生成边,然后移动到某个顶点或某条边再次单击,最后右击完成多边形的切割操作,如图4-85所示。

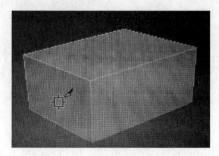
图4-84 多边形切割时光标形状

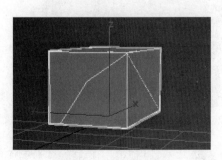
图4-85 多边形的切割

4.3.4　实例讲解：带阁楼的房子

下面完成图4-86所示的带阁楼的房子模型。该模型基于长方体进行修改建模，主要利用多边形切割、捕捉等操作完成。

步骤1　依次单击"创建"面板中的"几何体"→"标准基本体"→"长方体"按钮，在透视图中建立一个长方体。在"边"模式下选择长方体顶部多边形中相对的两条边，在右侧命令面板中单击"编辑边"→"连接"按钮，生成一条新边，然后在透视图中将该边沿着Z轴向上移动，生成图4-87所示的模型。

图4-86　带阁楼的房子模型

图4-87　制作初步模型

步骤2　在"边"模式下选择长方体顶部多边形的一条边，在右侧命令面板中单击"选择"→"环形"按钮，即选中了与之平行的所有边，如图4-88所示。

图4-88　环形选择边

步骤3　在"边"模式下，在右侧命令面板中单击"编辑边"→"连接"按钮，其参数设置如图4-89所示。

步骤4　制作房顶突出的小小阁楼是难点，选择房顶侧面的两条边连接生成两条边并在设置对话框中调整参数，用于定位阁楼位置的上下边缘，如图4-90所示。

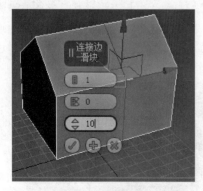

图4-89　连接边

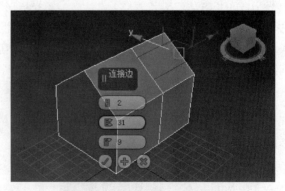

图4-90　连接边定位阁楼位置

步骤5　进入"顶点"子模式，在右侧命令面板中单击"编辑几何体"→"切割"按钮，同时打开主工具栏中的"3捕捉"设置为中点捕捉，如图4-91所示。

步骤 6 单击阁楼位置的顶部边捕捉中点，按住鼠标的同时【S】键关闭捕捉，然后单击左下角的顶点。右击完成切割，即生成一条边。连接右侧两个顶点生成另一条边，如图4-92所示。

图4-91　启用中点捕捉

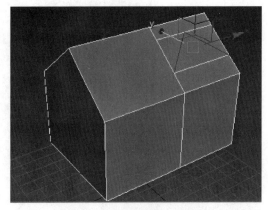

图4-92　中点捕捉和切割操作

步骤 7 在"多边形"子模式下选择房顶三角形，在右侧命令面板中单击"编辑多边形"→"挤出"按钮，其参数设置如图4-93所示。

步骤 8 在左视图中调整小小房子的三个顶点位置。在主工具栏中打开"2.5捕捉"，在"捕捉"选项卡中勾选"顶点"复选框并且在"选项"选项卡中勾选"启用轴约束"复选框，如图4-94所示。

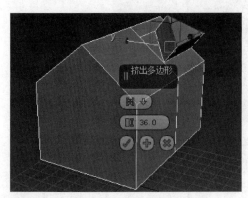

图4-93　挤出多边形

图4-94　设置捕捉参数

步骤 9 激活左视图，进入"顶点"子模式，将该阁楼上方顶点约束在 Y 轴，捕捉到左侧平行的点上。然后将该顶点约束在 X 轴，捕捉到与下方房子的顶点平行的位置上。在左视图中对下边两个顶点做同样的捕捉，这样即可精确定位小小房子的位置。捕捉完成后及时关闭捕捉。如图4-95所示，左侧为捕捉前，右侧为捕捉后。

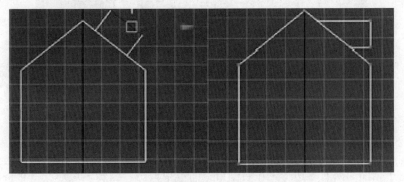

图4-95　左视图中捕捉前后的形状

步骤10 在"多边形"子模式下选择阁楼下面的多边形和与之相对的多边形,按【Delete】键删除,如图4-96所示。

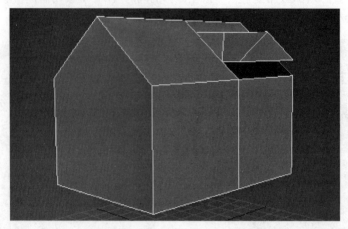

图4-96 删除两个相对的多边形

步骤11 在右侧命令面板中单击"编辑几何体"→"创建"按钮,选择第一个顶点牵出一条线,再依次在剩下的三个顶点处单击并移动鼠标从而创建出一个多边形,如图4-97所示。

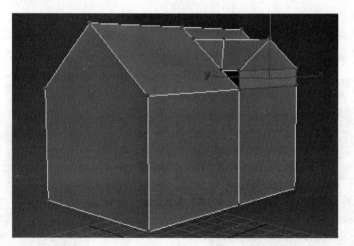

图4-97 创建多边形

步骤12 左侧和右侧的小三角不要漏掉,也要创建多边形。可以和刚才一样创建,也可以在"边界"子模式下选中阁楼左右的两个边界,在右侧命令面板中单击"编辑边界"→"封口"按钮,如图4-98所示。

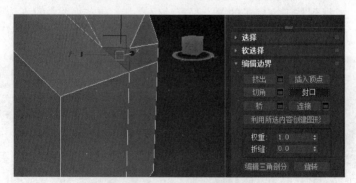

图4-98 封口边界生成多边形

步骤13 选中房子顶部的所有多边形,在右侧命令面板中单击"编辑多边形"→"挤出"按钮,挤出方式选择"组",并调整挤压高度,这样房顶就有厚度了,如图4-99所示。

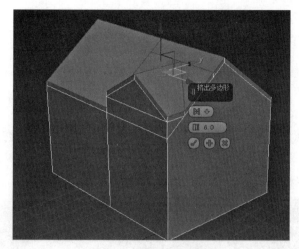

图4-99 挤出房顶高度

步骤14 挤出房子的其他房檐。其操作与上一步类似，此处不再赘述，这样房子的初步模型就完成了，如图4-100所示。

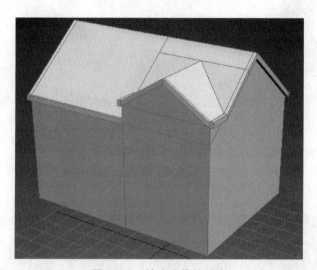

图4-100 挤出房檐的厚度

步骤15 房子的窗户制作步骤与4.3.2简单房子案例的制作类似，完成后效果如图4-101所示。

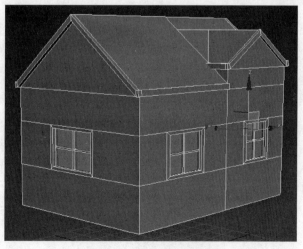

图4-101 制作房子的窗户

4.3.5 多边形建模中元素的合并

在多边形建模中，两个或多个元素合并为一个元素可通过顶点的焊接、目标焊接和桥等操作完成。

1. 目标焊接

下面以长方体为例说明目标焊接的操作。

步骤 1 建立两个长方体，如图4-102所示。将左侧长方体转换为可编辑多边形，在右侧命令面板中单击"编辑几何体"→"附加"按钮，再选择另一个长方体，这样即可实现将两个物体结合为一个物体，此时两个长方体就是一个物体中的两个元素。

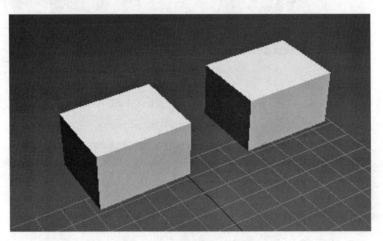

图4-102　创建两个长方体

步骤 2 要想使之中间没有空隙并结合成一个元素，则需要焊接。在"多边形"子模式下，分别选择这两个长方体中相对面的两个多边形并删除（如果不删除相对的面，则焊接会失败，因为3ds Max中默认每条边最多只能属于两个多边形），如图4-103所示。

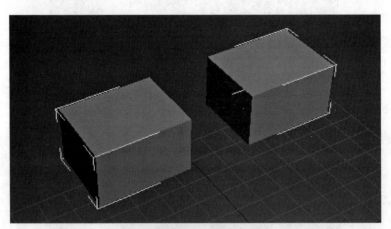

图4-103　删除相对面的多边形

步骤 3 进入"顶点"子模式，在右侧命令面板中单击"编辑顶点"→"目标焊接"按钮，单击长方体侧面上的一个顶点，然后移动鼠标至相对的另一个顶点单击即可完成两点的焊接操作，如图4-104所示。该操作实现的是将初始选择点焊接到目标顶点上，使两个顶点变为一个顶点。

> **注意：**
> 目标焊接时应注意选择顶点的顺序，该操作有时会对物体模型产生较大影响。

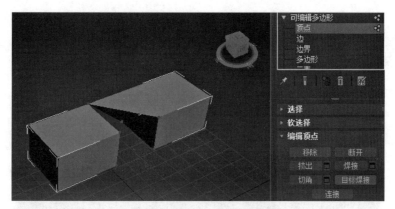

图4-104 两个顶点的目标焊接

步骤 4 按照上一步的操作依次完成其他三对顶点的目标焊接操作,这样两个长方体就变成了一个长方体,即完成了元素的合并,如图4-105所示。

2. 焊接

步骤 1 将目标焊接案例中步骤2的两个元素移动距离使之相互靠近,如图4-106所示。

图4-105 目标焊接实现两个长方体焊接为一个长方体

图4-106 移动两个长方体使之靠近

步骤 2 在"顶点"子模式下,选择两个元素中相对的4对顶点,然后在右侧命令面板中单击"编辑顶点"→"焊接"按钮后的"设置"按钮,弹出一个对话框,其参数设置如图4-107所示,设置完参数后单击 按钮即可完成焊接操作。

图4-107 顶点的焊接操作

其中参数为焊接阈值,如果焊接阈值大于或等于顶点间的距离,则能够成功完成焊接,所以通常需要将焊接顶点的距离设置得近一点,否则就需要加大焊接阈值。但如果顶点距离过大,调整焊接阈值太大,容易将不相干的顶点焊接上,从而产生一些错误。当焊接阈值合适时,"之后"数值和"之前"数值不一样,从而完成4对顶点的两两焊接,即变成了4个顶点。

3. 桥

步骤 1 新建一个球体和圆环，将球体转换为"可编辑多边形"，在右侧命令面板中单击"编辑几何体"→"附加"按钮，将二者结合为一个物体模型，如图4-108所示。

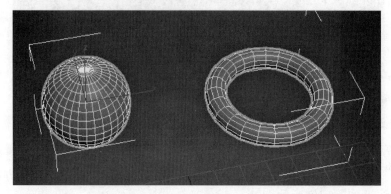

图4-108 创建球体和圆环并附加在一起

步骤 2 进入"多边形"子模式，选择圆环上一个多边形，在右侧命令面板中单击"编辑多边形"→"挤出"按钮，将该多边形挤出，如图4-109所示。

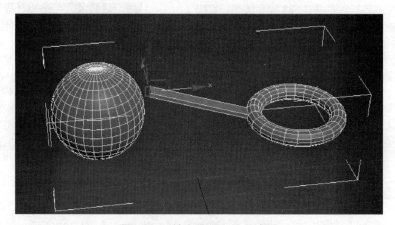

图4-109 挤出圆环上的多边形

步骤 3 将挤出的部分与球体相对的两个多边形删除，然后进入"顶点"子模式，如目标焊接中所示操作完成对应顶点的目标焊接，其操作步骤类似，此处不再赘述，完成效果如图4-110所示。

图4-110 删除多边形并进行目标焊接

步骤 4 其实上述焊接操作就是"桥"命令的基本原理。可以应用"桥"命令完成。其操作为：将球体和圆环结合为一体，即在步骤1之后，同时选择球体和圆环上两个对应的多边形，在右侧命令面板中单击"编辑多边形"→"桥"按钮，这样就完成了两个元素之间的快速连接操作。

4. 切片平面

步骤 1 在透视图中创建一个长方体，并转换为可编辑多边形，如图4-111所示。

第4章 多边形建模

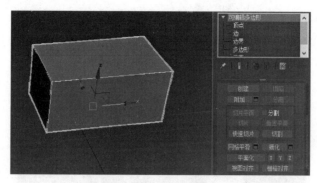

图4-111 创建长方体

步骤2 在长方体模型上选择顶部多边形,然后在右侧命令面板中单击"编辑几何体"→"切片平面"按钮。图4-112所示黄色的线框即为切片平面,此时切片平面默认和该多边形所在平面平行。

> **注意:**
> 切片平面在应用前必须选定某个多边形。

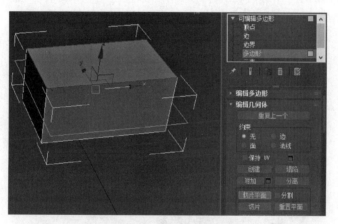

图4-112 打开切片平面

步骤3 想要完成切片操作,需要旋转切片平面,使之和顶面多边形所在的平面出现夹角一般是设置为垂直。选择主工具栏中的"角度捕捉"工具,右击设置其角度为90°,如图4-113所示。

步骤4 选择主工具栏中的"选择并旋转"工具,然后将光标放置在切片平面的黄色线框上,旋转一次切片平面,即实现切片平面和顶部多边形垂直,如图4-114所示。

图4-113 栅格和捕捉设置对话框

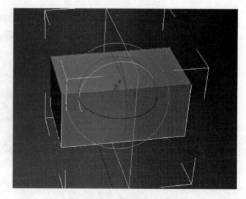

图4-114 旋转切片平面

步骤5 在长方体顶部多边形上会看到一条红色的边,即为切片位置。可以利用"选择并移动"工具移动切片平面从而调节切片位置。定位好之后在右侧命令面板中单击"编辑几何体"→"切片"按钮,即可完成对长方体顶部多边形的切割，生成了一条新边，如图4-115所示。

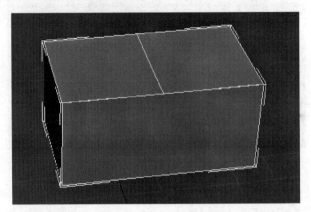

图4-115　单击"切片"按钮完成切片操作

4.3.6　实例讲解：简易电脑桌

下面通过一个简易电脑桌的制作练习4.3.5节的操作。该模型基于长方体，主要应用边的连接、多边形的桥、切片平面和切片命令完成。

步骤 1 新建长方体，将长方体转换为可编辑多边形，如图4-116所示。

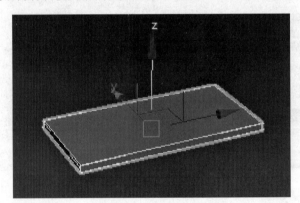

图4-116　创建长方体

步骤 2 在"多边形"子模式下选择最下边的多边形，在右侧命令面板中单击"编辑多边形"→"插入"按钮。然后将光标放在多边形上并拖动鼠标，当插入多边形大小合适后释放鼠标（或者单击"插入"按钮后边的"设置"按钮设置参数，也可以完成精确的插入操作），如图4-117所示。

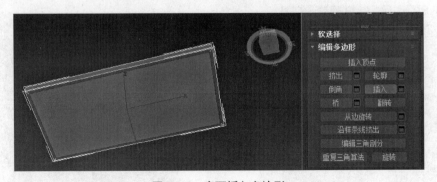

图4-117　底面插入多边形

步骤 3 在"边"子模式下选择刚才插入的内部多边形上下的两条长边，在右侧命令面板中单击"编辑边"→"连接"按钮，其参数设置为4，并调整新边的位置，如图4-118所示。

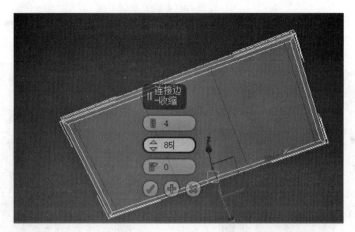

图4-118 连接生成4条边

步骤4 选择主工具栏中的"选择并缩放"工具,在右侧命令面板中选择"多边形"子模式,选择底面中间的多边形,然后沿着 X 轴缩放,并向右侧移动到合适的位置,如图4-119所示。

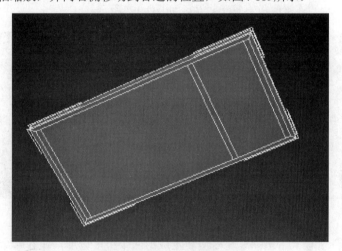

图4-119 移动边至适合位置

步骤5 在"多边形"子模式下选择三个小的新生成的多边形,在右侧命令面板中单击"编辑多边形"→"挤出"按钮,这样就生成了桌腿,如图4-120所示。

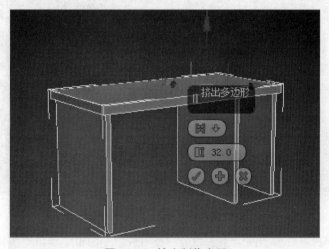

图4-120 挤出制作桌腿

步骤6 选择左侧两个电脑桌腿内侧的垂直边,在右侧命令面板中单击"编辑边"→"连接"按钮,如图4-121所示。

步骤7 选择相对面上新生成的两个小多边形,在右侧命令面板中单击"编辑多边形"→"桥"按钮,连接生成一个新的多边形,生成键盘所在位置的托板,如图4-122所示。

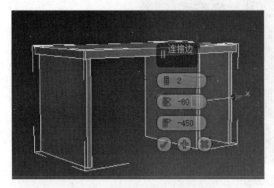
图4-121 选择边连接生成新边

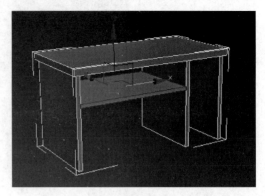
图4-122 "桥"操作生成键盘托板

步骤8 选择键盘托板下方的几条水平边,在右侧命令面板中单击"编辑边"→"连接"按钮,生成新的边。选择新生成的四条边,两两连接生成一条小短边,如图4-123所示。

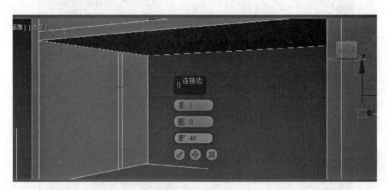
图4-123 连接生成边

步骤9 在"多边形"子模式下选择桌腿内侧新生成的两个小多边形,在右侧命令面板中单击"编辑多边形"→"桥"按钮,生成一个新的多边形横板,如图4-124所示。

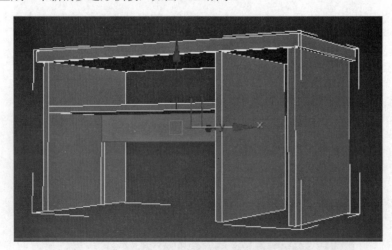
图4-124 "桥"操作生成横板

步骤10 选择电脑桌横板左内侧的两个小多边形,在右侧命令面板中单击"编辑几何体"→"切片平面"按钮,调整切片平面到合适位置,在右侧命令面板中单击"编辑几何体"→"切片"按钮完成两次切片操作。完成效果如图4-125所示。

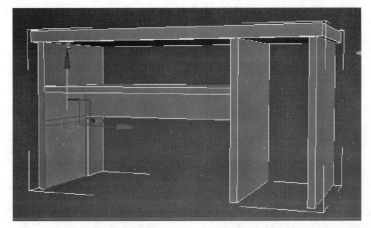

图4-125 单击"切片"按钮切出两对边

步骤 11 选择刚才完成的4条新边,在右侧面板中单击"编辑边"→"连接"按钮,再生成两条新的垂直边,如图4-126所示。

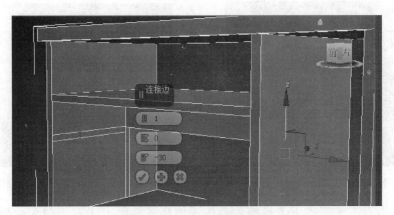

图4-126 连接生成垂直短边

步骤 12 选择内部水平方向新生成的两个小多边形,在右侧命令面板再次单击"桥"按钮,生成一个新的多边形横板,如图4-127所示。

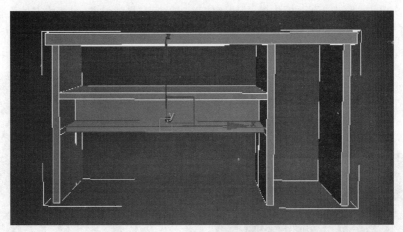

图4-127 "桥"操作生成横板

步骤 13 制作右侧抽屉。在"多边形"子模式下,选择物体右侧内部相对的两个大多边形,在右侧命令面板中单击"编辑几何体"→"切片平面"按钮,然后移动切片平面到合适位置后,在右侧命令面板中单击"编辑几何体"→"切片"按钮,完成切片操作,如图4-128所示。

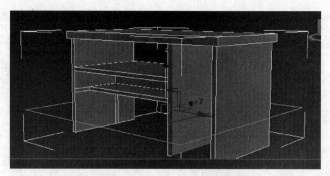

图4-128 打开切片平面并切片

步骤14 选择物体右侧下方两个相对的小多边形，在右侧命令面板中单击"编辑多边形"→"桥"按钮，如图4-129所示，完成抽屉所在位置的桥操作。

步骤15 选择右侧下方抽屉位置的表面多边形，在右侧命令面板中单击"编辑多边形"→"插入"按钮，将鼠标放置在该多边形上拖动鼠标，完成插入操作后释放鼠标，如图4-130所示。

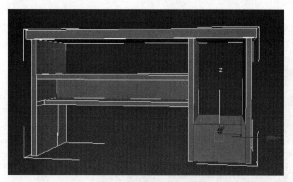

图4-129 "桥"操作生成多边形

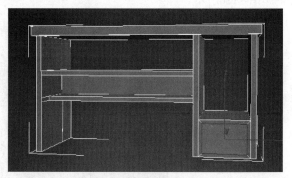

图4-130 插入多边形

步骤16 在"多边形"子模式下选择刚才新生成的小多边形，在右侧命令面板中单击"编辑多边形"→"挤出"按钮，挤出时可以在左视图中观察向内挤出的深度，其透视图完成效果如图4-131所示，就出现了抽屉的空洞。

步骤17 退出多边形子模式，在右侧面板修改器列表中单击"可编辑多边形"，回到电脑桌模型的物体模式。激活前视图后依次单击"创建"面板中的"几何体"→"标准基本体"→"长方体"按钮，选择主工具栏中的"3捕捉"，设置为顶点捕捉，然后在电脑桌抽屉空挡位置创建多边形，新生成的多边形向外拉动并转换为可编辑多边形，其透视图效果如图4-132所示。

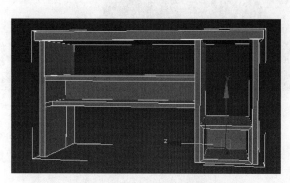

图4-131 向内挤出多边形出现抽屉空洞

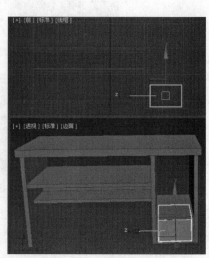

图4-132 捕捉并创建长方体

步骤18 选择新生成的长方体，右击转换为可编辑多边形。左视图中将之沿着 X 轴移动到电脑桌外部。在"多边形"子模式下选择上表面的多边形，在右侧命令面板中单击"编辑多边形"→"插入"按钮，将光标放在多边形上拖动鼠标便插入一个小多边形，如图4-133所示。

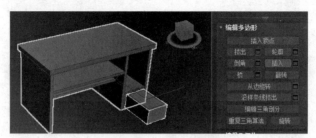

图4-133 插入多边形

步骤19 选择新生成的多边形，在右侧命令面板中单击"编辑多边形"→"挤出"按钮，其参数设置如图4-134所示，简易电脑桌就制作完成了。

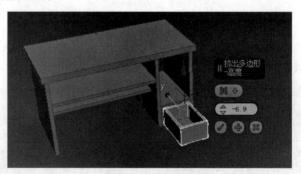

图4-134 向内挤出完成抽屉制作

4.3.7 多边形建模中物体的平滑

1. 切角

"切角"在顶点、边、边界的子模式下都可用，这是很常用的方法。

下面以新建一个长方体为例学习切角的操作。

步骤1 在透视图中，创建一个长方体，将长方体转换为可编辑多边形。在"顶点"子模式下，选择长方体模型上某个顶点，在右侧命令面板中单击"编辑顶点"→"切角"按钮后的"设置"按钮，其参数设置如图4-135所示。参数1为"顶点切角量"，图中切角量设置为1，原来的1个顶点变为3个顶点，即原顶点位置生成一个三角形。参数2为"打开切角"，默认不勾选。

步骤2 修改顶点"切角"量为2，勾选"打开切角"，如图4-136所示，此时切角所在的三角形比上图大并且该三角形同时被删除。

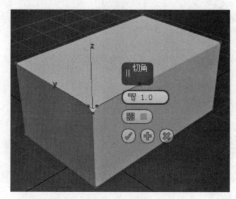

图4-135 设置顶点的切角参数

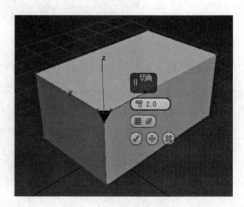

图4-136 勾选"打开切角"效果

步骤3 在"边"子模式下,选择长方形物体模型上的某条边。在右侧命令面板中单击"编辑顶点"→"切角"按钮后边的"设置"按钮,其参数设置如图4-137所示。

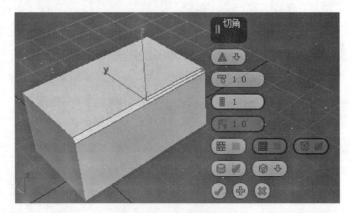

图4-137 边的切角参数

参数1:切角类型

可以设置切角的类型,3ds Max中对于边的切角操作提供了两种类型,分别为标准切角和四边形切角,默认类型为标准切角,如图4-138所示。

图4-138 边的切角类型

参数2:边切角量

设置边的切角量,即切角的大小。图4-138中边切角量设置为1,即原来的1条边变成2条边。图4-139中边切角量设置为2,即原来的1条边变成3条边。

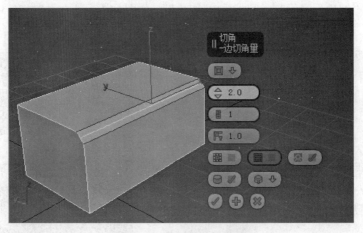

图4-139 设置边的切角量

参数3：连接边分段

设置切角后的连接边分段，图4-139中默认设置为1，图4-140中修改为2，修改后切角所在位置的边由图4-139的3条边变为5条边。此时切角效果相对更加平滑一些。

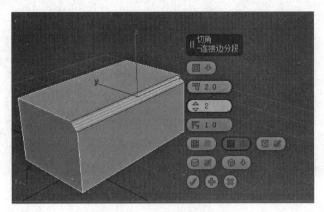

图4-140　设置连接边分段

参数4：边张力

设置切角时的边张力，该值取值范围为0~1。图4-140中所示默认张力为1.0，图4-141所示为将边张力修改为0.1后的效果。此时该切角位置基本没有平滑过渡效果，切角后只是多生成了一些边。

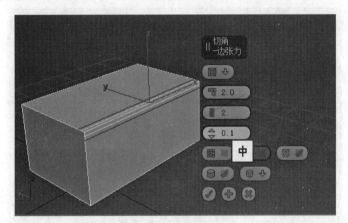

图4-141　设置边张力

参数5：打开切角、反转打开、四边形交集

这三个选项默认都是不勾选的，勾选"打开切角"后效果如图4-142所示，即切角所在多边形被删除。

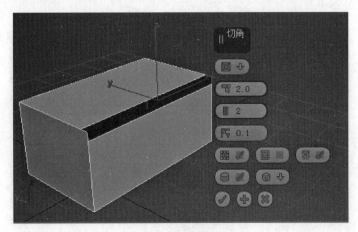

图4-142　打开切角

勾选"反转打开"后即切角之外的多边形被删除，只有切角处的多边形被保留，如图4-143所示。

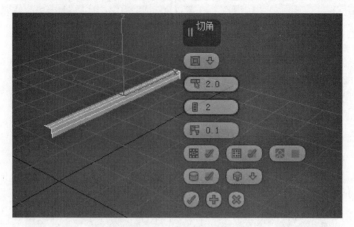

图4-143　反转打开

参数6：平滑和平滑类型

该组参数可以设置切角后的平滑效果，"平滑"默认勾选，可以根据需要取消。勾选后可以设置后方的"平滑类型"，平滑类型可以选择"平滑整个对象"或"仅平滑切角"，图4-144所示为勾选了"平滑"，"平滑类型"设置为"仅平滑切角"后效果。

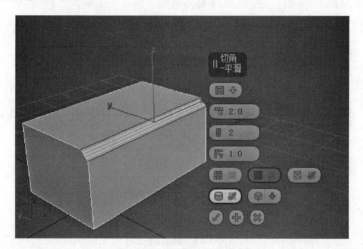

图4-144　平滑和平滑类型

步骤4　将长方体顶部的多边形删除后，上方的连续开放边即成为边界。图4-145所示为边界切角的设置，其参数与边切角类似，此处不再赘述。

图4-145　边界的切角

2.平滑组号

下面通过一个几何球体来认识平滑组号的应用。

步骤 1 新建一个几何球体，将其转换为可编辑多边形，如图4-146所示。

步骤 2 在"多边形"子模式下选择几何球体上任意一个三角形，在右侧命令面板中选择"多边形：平滑组"，这里记录了几何球体上多边形的平滑组号码，显示几何球体上多边形的号码都是1，如图4-147所示。

3ds Max有一个特性，就是对平滑组号相同的多边形的公用边自动做平滑处理，平滑组号不同的公用边做硬边处理。软件中一共提供了32个平滑组号可用来设置多边形，号码本身是1还是32没有什么意义，重要的是看两个或多个多边形的平滑组号码是否相同，就决定了其公用边是平滑还是硬边。

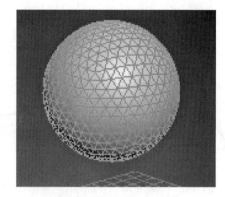

图4-146 创建几何球体

图4-147 某个三角形的平滑组号

步骤 3 选中几何球体的所有多边形，在右侧命令面板中选择"多边形：平滑组"，单击其中的"清除全部"按钮，如图4-148所示。

图4-148 清除所有平滑组号

"清除全部"后各个多边形都没有平滑组号，此时3ds Max默认设置各个多边形的平滑组号都不同。设置完成后，如图4-149所示，整个几何球体不再光滑了，各个三角形的公共边都变成了硬边。

步骤 4 选择几何球体中间部位的一些相邻三角形，设置其平滑组号为2，如图4-150左侧所示。设置后的效果如右侧所示，平滑组号一样的三角形之间就是平滑过渡效果。

图4-149 清除平滑组号后的几何球体

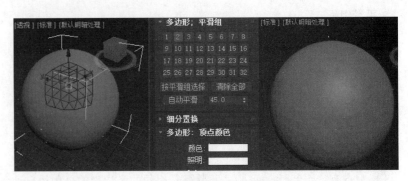
图4-150 设置平滑组号及效果

3. 网格平滑

网格平滑的意义为将一个多边形又细分,增加了多个点和线。细分次数越多,产生的点越多。其平滑效果取决于平滑半径,下面以一个长方体为例来说明网格平滑半径。

步骤 1 新建一个长方体,转换为可编辑多边形,只留下左侧和上方的多边形,复制一份以便对比,如图4-151所示。

步骤 2 在"多边形"子模式下,选中上方模型中的两个多边形,在右侧命令面板中单击"编辑几何体"→"网格平滑"按钮。观察发现圆滑半径为两个多边形的夹角边的一半,如图4-152所示。

图4-151 长方体留取两个多边形并复制

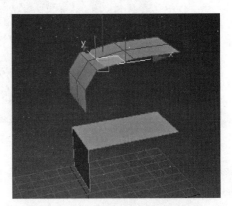
图4-152 上方元素添加网格平滑

步骤 3 回到物体模式,选择下方的物体模型。进入"边"模式,选择两个多边形 X 轴上的边,在右侧命令面板中单击"编辑边"→"连接"按钮,如图4-153所示。

步骤 4 选择这个物体模型中的几个多边形,然后设置网格平滑。上下两个模型对比发现下方模型平滑处理的区域变小,变为新出现的两个小多边形正中间区域,如图4-154所示。所以想要得到较好较细致的网格平滑效果,则需要减小网格平滑半径。

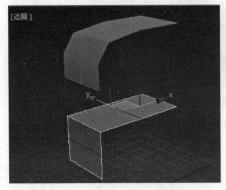
图4-153 下方元素减小平滑半径

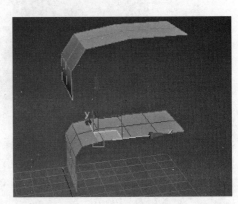
图4-154 下方元素添加网格平滑

4.3.8 实例讲解：桌角圆滑的电脑桌

下面以一个桌角圆滑效果的电脑桌为例练习多边形建模时的平滑效果，如图4-155所示。该模型主要基于长方体，并应用切角、平滑组号等操作完成建模。

步骤1 新建长方体并转换为可编辑多边形。进入"边"子模式，选择桌角的垂直边，在右侧命令面板中单击"选择"→"环形"按钮，即选中与之平行的所有垂直边。然后在右侧命令面板中单击"编辑边"→"切角"按钮，其参数设置及效果如图4-156所示。

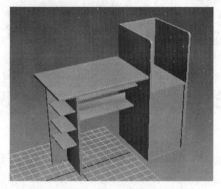
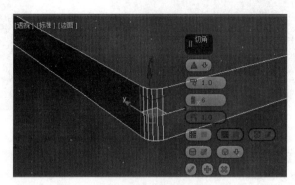

图4-155　桌角圆滑的电脑桌　　　　　　　　图4-156　桌角边的切角

步骤2 选择切角生成的某条垂直边，在右侧命令面板中单击"选择"→"环形"按钮，即选中了与其平行的所有边。右击后在弹出的快捷菜单中选择"转换到面"命令。即选中了长方体侧面的所有多边形，如图4-157所示。

步骤3 在右侧命令面板中选择"多边形：平滑组"，为所有多边形设置相同的平滑组号为3，使桌角自然平滑，平滑效果如图4-158所示。

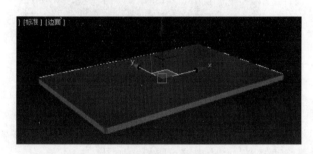
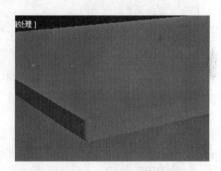

图4-157　选择侧面所有多边形　　　　　　　图4-158　桌角边平滑效果

步骤4 选中长方体顶部的多边形并右击，在弹出的快捷菜单中选择"转换到边"命令，即可选中该多边形周围的所有边。在右侧命令面板中单击"编辑边"→"切角"按钮，效果如图4-159所示。

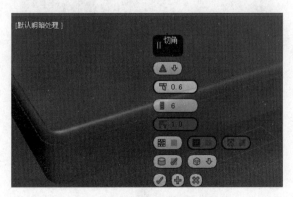

图4-159　平滑桌面周围的边

步骤 5 在主工具栏中选择"角度捕捉"工具,设置其角度为90°,如图4-160所示。

步骤 6 在主工具栏中选择"选择并旋转"工具,在透视图场景中选择刚才编辑好的长方体,按住【Shift】键的同时沿着Y轴旋转,从而复制一个副本长方体,如图4-161所示。

 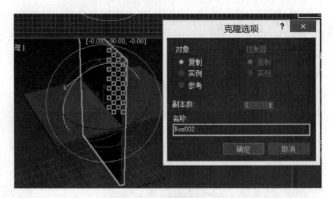

图4-160　设置角度捕捉　　　　　　　　　图4-161　旋转复制

步骤 7 选择新复制的长方体,在主工具栏中选择"选择并缩放"工具,然后将其缩放并移动到桌面长方体的下方,如图4-162所示。

步骤 8 选择刚才复制并缩放的长方体,按住【Shift】键沿着X轴旋转90°,复制生成一个新的长方体。主工具栏中选择"选择并缩放"工具,选择刚才复制生成的长方体并沿着X轴缩放并移动位置,如图4-163所示。

 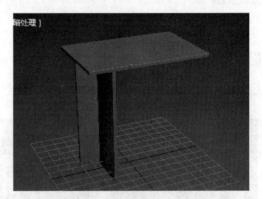

图4-162　缩放调整生成桌腿　　　　　　　图4-163　缩放并调整桌腿位置

步骤 9 在主工具栏中选择"选择并移动"工具,选择桌面长方体,按住【Shift】键的同时沿着Z轴移动,复制生成三个新的长方体。选择新生成的长方体,缩放并移动位置,作为电脑桌隔板,如图4-164所示。

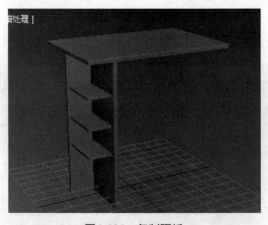

图4-164　复制隔板

步骤 10 选择桌面长方体,按住【Shift】键的同时沿Z轴移动,复制出来一份,如图4-165所示。

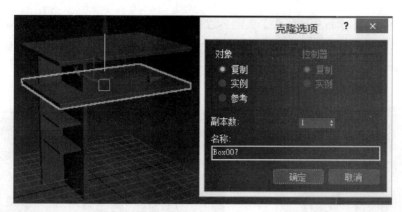

图4-165 复制桌面

步骤 11 选择新生成的长方体,缩放并移动到合适位置,然后再复制一份,再次缩放并移动到合适位置,如图4-166所示。

步骤 12 在主工具栏中选择"选择并旋转"工具,打开"角度捕捉"并设置为90°。选择最下方新生成的长方体,然后按住【Shift】键的同时旋转,从而生成一个新的长方体。选择新生成的长方体,沿着Z轴缩放,并移动到合适位置,如图4-167所示。

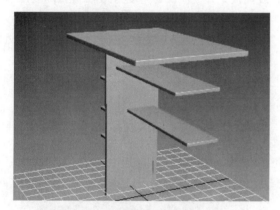

图4-166 缩放并移动生成横板

图4-167 移动竖板至适当位置

步骤 13 新建一个长方体,并移动到已经完成的物体模型右侧,将该长方体再复制一份,如图4-168所示。

步骤 14 将上一步的两个长方体竖板转换为可编辑多边形并附加为一个物体。分别选择两个竖板相对的多边形中的内侧水平边,然后在右侧命令面板中单击"编辑边"→"连接"按钮。将连接生成的新边移动到合适位置,如图4-169所示。

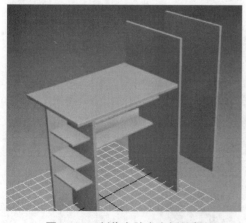

图4-168 制作电脑桌右侧的竖板

图4-169 连接边生成新边

步骤15 选择两个长方体中新生成的两个侧面多边形，在右侧命令面板中单击"编辑多边形"→"桥"按钮，生成效果如图4-170所示。

步骤16 选中右侧模型内部相对的两个多边形，在右侧命令面板中单击"编辑几何体"→"切片平面"按钮，如图4-171所示。

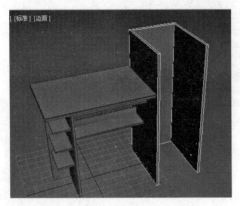
图4-170 "桥"生成背板

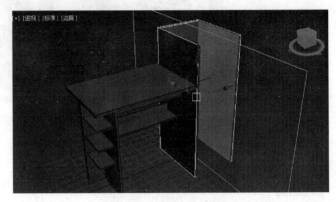
图4-171 打开切片平面

步骤17 在主工具栏中选择"选择并旋转"工具，打开"角度捕捉"开关并设置角度为90°。然后将切片平面旋转至水平方向，如图4-172所示。

步骤18 在右侧命令面板中单击"编辑几何体"→"切片"按钮，切片操作完成后，选择左右下方两个小多边形，在右侧命令面板中单击"编辑多边形"→"桥"按钮，如图4-173所示。

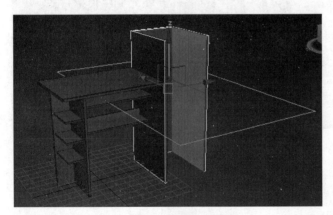
图4-172 旋转切片平面并移动

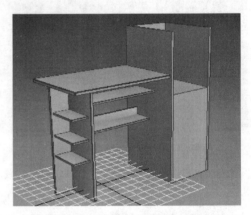
图4-173 切片后"桥"生成多边形

步骤19 在"多边形"子模式下，选择电脑桌右侧柜子所在的长方形，在右侧命令面板中单击"编辑多边形"→"插入"按钮，如图4-174所示。

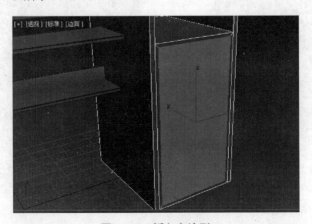
图4-174 插入多边形

步骤20 在"多边形"子模式下,选择插入命令新生成的多边形,在右侧命令面板中单击"编辑多边形"→"挤出"按钮,将其向内部挤出,如图4-175所示。

步骤21 选择右侧柜子上方的两条小边,在右侧命令面板中单击"编辑边"→"切角"按钮,完成图4-176所示效果。

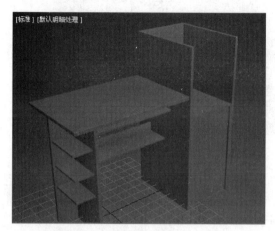

图4-175 插入的多边形向内挤出

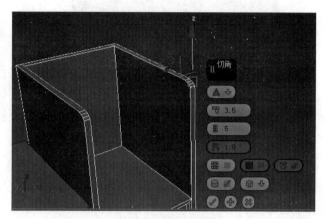

图4-176 角边切角实现平滑

步骤22 选择某个多边形物体,在右侧命令面板中单击"编辑几何体"→"附加"按钮,将所有多边形物体附加成为一个物体模型,如图4-177所示。

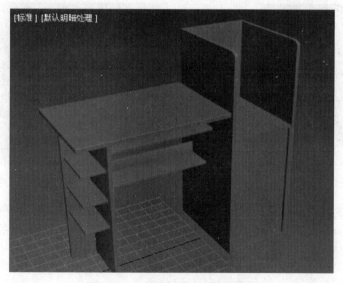

图4-177 建模完成的平滑电脑桌

4.3.9 实例讲解:茶杯模型

茶杯模型的制作主要基于圆柱体,利用桥、切片平面和网格平滑等方法完成。其制作步骤如下:

步骤1 新建一个圆柱体,高度分段和端面分段设为1,边数默认。将其转换为可编辑多边形。在"多边形"子模式下选择顶部的多边形,在右侧命令面板中单击"编辑多边形"→"插入"按钮,如图4-178所示。

步骤2 选择新生成的圆形,在右侧命令面板中单击"编辑多边形"→"挤出"按钮,同时在前视图观察杯子底部厚度,如图4-179所示。

图4-178 圆柱顶部插入多边形

步骤 3 在"顶点"子模式下,选中上表面的所有顶点将其均匀缩放,出现杯子上宽下窄的大致效果,如图4-180所示。

图4-179 插入的多边形向内挤出

图4-180 上表面顶点均匀缩放

步骤 4 在"边"子模式下,选中竖着的所有边(包括内部的所有垂直边),在右侧命令面板中单击"编辑边"→"连接"按钮,内外在中间部位各连接出一圈边并缩放。然后选择上部的所有竖边连接并缩放,下部的所有竖边再连接并缩放。进而做出杯子大概的形状,如图4-181所示。

步骤 5 在顶视图中找准侧面正中间位置的四个多边形,在右侧命令面板中单击"编辑多边形"→"插入"按钮,以确定茶杯把手的上边缘。下方也进行相同的操作,生成四个小四边形,以确定茶杯把手的下边缘,如图4-182所示。

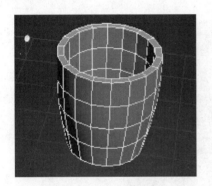

图4-181 杯身初步模型

图4-182 侧面下方插入多边形

步骤 6 对于新生成的两个四边形面上的顶点要进行移动,在右侧的命令面板中单击"编辑几何体"→"约束"→"面"按钮,这样顶点的调整就会约束在该面上,避免调整顶点时导致多边形面的轴向变形。对于边上的顶点需要设置"边"约束,调整后的茶杯把手位置的形状如图4-183所示。调整完毕后将约束关闭,设置为无,否则会影响后续操作。

步骤 7 在"多边形"子模式下选择要生成杯子把手的两个部位的多边形,在右侧命令面板中单击"编辑多边形"→"挤出"按钮,如图4-184所示。

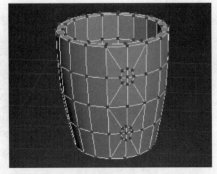

图4-183 调整侧面插入的多边形的形状

图4-184 挤出多边形

步骤 8 在物体模型中选中挤出之后的上部分的所有多边形，然后沿Z轴旋转，同理选择把手下边缘挤出后的四个多边形并沿Z轴旋转，如图4-185所示。

步骤 9 选择把手上边缘部分和下边缘部分的多边形，在右侧命令面板中单击"编辑多边形"→"桥"按钮后的"设置"按钮，可以设置平滑、分段、锥化、偏移、上扭曲和下扭曲、段数等，其参数设置如图4-186所示。

图4-185 旋转手柄边缘多边形

图4-186 "桥"封闭手柄

步骤 10 前视图中进入顶点子模式，调整茶杯把手部位的顶点，模拟出杯子手柄的大致形状，如图4-187所示。

步骤 11 选中杯底多边形，在右侧命令面板中单击"编辑多边形"→"插入"按钮。选择底部新生成的圆形，在右侧命令面板中单击"编辑多边形"→"挤出"按钮，将其向模型内部挤入，如图4-188所示。

图4-187 调整手柄形状

图4-188 底部多边形向内挤出

步骤 12 选中杯子里边的底部多边形，在右侧命令面板中单击"编辑多边形"→"插入"按钮，依次向内插入三个小圆形，如图4-189所示。

步骤 13 在"多边形"子模式下选中内部小圆形，右击后在弹出的快捷菜单中选择"转换到点"命令。在右侧命令面板中单击"编辑顶点"→"焊接"按钮后的"设置"按钮，调整焊接阈值完成焊接，即把所有选择的顶点焊接为一个顶点，如图4-190所示。

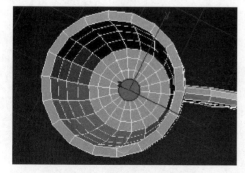
图4-189 杯底内部插入多边形

图4-190 焊接内部顶点

步骤14 对刚完成的杯子进行完善。选中上部的所有多边形，在右侧的命令面板中单击"编辑几何体"→"切片平面"按钮。然后将切片平面线框移动到多边形上方，在右侧的命令面板中单击"切片"按钮，切割完成后关闭切片，如图4-191所示。

图4-191 打开切片平面并切片

步骤15 选中杯口部位的边/环形/连接两条线，如图4-192所示。同理对杯底边缘也进行处理。

步骤16 在右侧命令面板中选择"修改器列表"，在其下拉列表中选择"网格平滑"，平滑后的茶杯如图4-193所示。

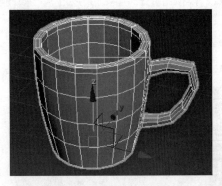

图4-192 杯口连接生成边

图4-193 网格平滑后的杯子

第5章 样条线建模

3ds Max中样条线建模是很重要的建模方法。其提供的样条线主要有：样条线、NURBS曲线、扩展样条线。其中样条线最常用，其次是扩展样条线。利用样条线进行建模时首先应创建基本的样条线，然后通过添加修改器和其他命令来修改样条线，从而制作三维物体模型。

5.1 创建样条线及实例

许多三维模型都来源于二维图形。二维图形是由一条或多条样条线构成的，而样条线又是由点和线段构成的。样条线建模方法适用于创建一些结构复杂的二维图形，而二维图形又可以生成三维模型。

在"创建"面板中单击"图形"按钮，设置"图形"类型为"样条线"。3ds Max中提供了13种类型的样条线，分别为线、矩形、圆、椭圆、弧、圆环、多边形、星形、文本、螺旋线、卵形、截面和徒手，如图5-1所示。

5.1.1 创建线

"线"是一种常用的二维模型，其使用非常灵活。通过"线"工具，可以绘制任意的封闭或开放的直线或曲线，并且有多种曲线弯曲方式，拐角处可以是尖锐的，也可以是平滑的。其顶点主要有四种类型，分别是：角点、平滑、Bezier点和Bezier角点。曲线绘制完成后可以在"修改"面板中进入线的"点""线段""样条线"几个子模式下，通过命令工具对"线"做修改。

图5-1 样条线类型

所有基础模型都可以先修改参数然后再创建模型，也可以先创建模型然后在"修改"面板中修改该模型的各个参数，以便修改原始模型。本书其他样条线或者扩展样条线等模型皆是如此。

"线"的参数主要包括5个卷展栏："名称和颜色""渲染""插值""创建方法""键盘输入"，如图5-2所示。

1. 名称和颜色

在"名称和颜色"卷展栏中，可以修改所创建完成的线的名称及其颜色。

2. 渲染

"渲染"卷展栏提供的参数较多，如图5-3所示。

（1）在渲染中启用

该复选框默认未启用。勾选该复选框后可以渲染出样条线。在透视图中绘制一个五边形，如图5-4所示。

图5-2 "线"的参数卷展栏

图5-3 卷展栏

勾选"在渲染中启用"复选框后,在渲染窗口中可以看到五边形是具有粗细效果的实体线,如图5-5所示。

图5-4 透视图绘制五边形

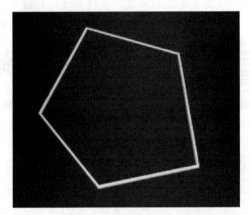

图5-5 勾选"在渲染中启用"的渲染效果

(2)在视口中启用

勾选该复选框后,样条线无须渲染即可在场景中以实体的形式显示在视图中。如图5-6所示,左侧为刚才创建的五边形在未勾选"在视口中启用"复选框时的效果,右侧为五边形在勾选"在视口中启用"复选框时的效果。

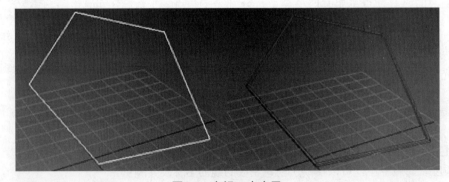

图5-6 在视口中启用

(3)径向

设置图形在渲染输出时线条的截面图形为圆形,即将二维线显示为圆柱形对象,其参数包含"厚度""边""角度",如图5-7所示。"厚度"用于指定视图中或渲染设置样条线实体形状的半径,其默认值为1。"边"用于在视图中或者渲染中设置样条线的边数。"角度"用于调整视图或渲染器中横截面的旋转角度。

对前面创建的五边形线,其"径向"厚度设置为3,边设置为3之后,在渲染窗口中会看到该五边形的边以圆柱形呈现，但渲染为棕色的只有其中的三条边，如图5-8所示。

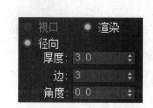

图5-7 "径向"选项组参数

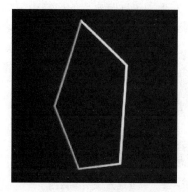

图5-8 设置"径向"参数后的渲染效果

（4）矩形

设置图形在渲染输出时线条的截面图形为矩形，将二维线显示为矩形实体线。其参数主要包括"长度""宽度""角度""纵横比"，如图5-9所示。"长度"设置沿着局部Y轴的横截面大小，"宽度"设置沿局部X轴的横截面大小，"角度"设置视图或渲染器中的横截面的旋转角度，"纵横比"设置矩形横截面的纵横比例。

图5-10所示为前面所创建的五边形线，设置为矩形并设置相应参数后在视图中的显示效果。

图5-9 "矩形"选项组

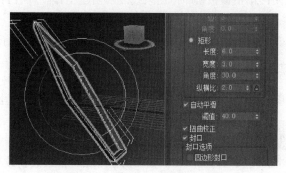

图5-10 "矩形"选项组设置效果

3. 插值

"插值"卷展栏中的参数用于控制样条线的生成方式。所有样条线曲线其实是由许多较小直线构成的，"插值"用于设置曲线的光滑程度。图5-11所示为"插值"卷展栏。

（1）步数

样条线上每两个顶点之间的划分数量称为"步数"，默认值为6。"步数"的值越大则曲线越光滑。但该值越大渲染越慢，因此根据需要设置合适的步数。

（2）优化

选中该复选框可以自动去除曲线上多余的步幅片段。

图5-11 "插值"卷展栏

（3）自适应

选中该复选框可以根据曲度的大小自动设置步幅数，弯曲度高的地方需要的步幅多，以产生光滑的曲线，直线的步幅将会设置为0。

4. 创建方法

"创建方法"卷展栏中的"初始类型"和"拖动类型"两个选项组中的单选按钮决定了创建曲线时鼠标第一次按下的开始点和拖动时生成点的类型，如图5-12所示。

（1）初始类型

设置单击鼠标后牵引出的曲线类型，包括"角点"和"平滑"两种，分别绘制出直线和曲线。

（2）拖动类型

设置单击并拖动鼠标时引出的曲线类型，包括"角点""平滑""Bezier"三种。图5-13所示为初始类型设置为角点，拖动类型依次设置为三种拖动类型的效果对比。

图5-12 "创建方法"参数组

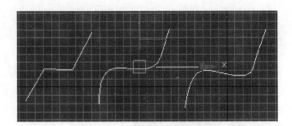

图5-13 不同拖动类型对比

5. 键盘输入

大多数样条线都可以使用键盘输入来创建，通过该方式可以精确创建二维图形。"键盘输入"卷展栏如图5-14所示。

➤ X、Y、Z微调框：设置线段端点的坐标值。

➤ "添加点"：单击该按钮，在视图中按照上面设置的坐标位置创建一个线段的端点。

➤ 关闭：单击该按钮即可结束线段的创建工作，并且封闭线段的开始点和结束点。

图5-14 "键盘输入"卷展栏

➤ 完成：单击该按钮即可结束线段的创建工作，线段的开始点和结束点不封闭。

5.1.2 实例讲解：金属吊灯模型的制作

创建图5-15所示的金属吊灯模型，该模型主要基于二维线，通过启用"在渲染中启用"和"在视口中启用"来完成。

步骤1 在四个视图中按【G】键去掉栅格，选择前视图，在右侧命令面板中单击"创建"→"几何体"→"平面"按钮，然后在前视图创建平面，修改其参数与目标图片大小一致。图5-16所示为平面的参数。

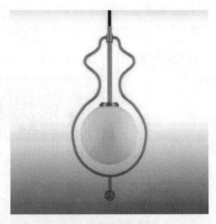

图5-15 金属吊灯模型

图5-16 修改平面参数

步骤2 找到目标图片，按住鼠标左键不松开选择图片，直至拖动到3ds Max中放置到平面上后释放鼠标，如图5-17所示。

步骤3 先创建上方黑色的柱形杆部分。在前视图中创建二维线，将"创建方法"中的"初始类型"设置为角点，"拖动类型"设置为平滑。单击确定起始点，按住【Shift】键的同时移动鼠标决定其高度，然后在合适的高度位置单击，再右击，如图5-18所示。

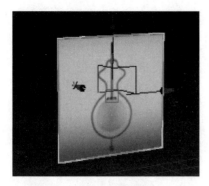

图5-17 为平面添加贴图

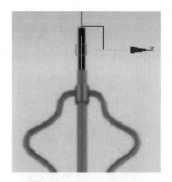

图5-18 创建黑色柱形杆的样条线

步骤 4 在右侧命令面板中修改其参数,选择"渲染",勾选"在渲染中启用"和"在视口中启用"两个复选框,调整其"径向"的厚度为9.6(默认值为3),并修改其颜色,如图5-19所示。

步骤 5 打开主工具栏中的"2.5捕捉"开关,在上一步选项不变的情况下,在黑色柱形杆底端单击,然后按住【Shift】键的同时移动鼠标,以确定下方柱形杆的高度,位置合适后单击,再右击结束创建操作。创建结束后及时关闭捕捉开关并修改其颜色为棕黄色。同理创建黑色吊杆和棕黄色吊杆中间的部分,如图5-20所示。

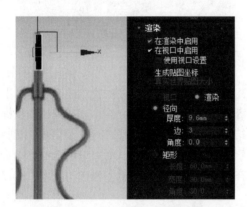

图5-19 修改"渲染"选项组

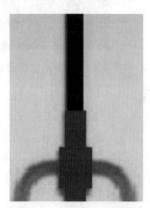

图5-20 中间方块模型

步骤 6 创建吊灯的外围吊杆。为了方便观察,在右侧命令面板中单击"创建"→"线"按钮,然后取消勾选"在渲染中启用"和"在视口中启用"复选框。在前视图中创建二维线,创建时全部单击生成角点。图5-21所示为创建右侧的吊杆二维线。

步骤 7 在右侧命令面板中选择"点"子模式,然后在前视图中选择该二维线中的所有顶点并右击,在弹出的快捷菜单中选择"平滑"命令,即把所有角点转化为平滑点。利用移动工具详细调整每个点的位置,以便使二维线的形状更接近右侧吊杆的形状,如图5-22所示。

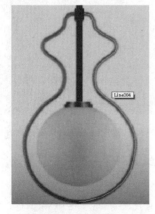

图5-21 吊灯外围二维线

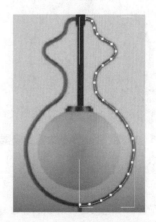

图5-22 调整顶点类型及位置

步骤 8 退出"点"子模式,回到线物体模式。单击主工具栏中的"镜像"工具,设置镜像轴为 X 轴,在"克隆当前选择"选项组中选择"复制"单选按钮,如图5-23所示。

步骤 9 复制完成后,新生成的二维线的位置如图5-24所示。

图5-23 镜像对话框设置参数

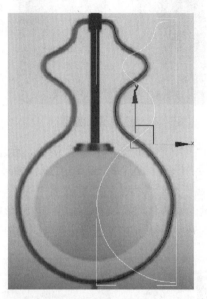

图5-24 镜像复制完成

步骤 10 调整新生成的二维线,打开"2.5捕捉"开关的同时移动,使之和右侧的二维线对齐,上下两个顶点的位置一致,操作完成后及时关闭捕捉开关。选择左侧或者右侧部分的样条线并右击,在弹出的快捷菜单中选择"附加"命令,然后单击另一侧的样条线,使两个样条线结合为一个整体。选择"点"子模式,选择两个线条中底部的两个顶点,然后在下方卷展栏中单击"编辑几何体"→"焊接"按钮,从而完成两个线条结合成为一个连续的线条。在右侧命令面板中勾选"在视口中启用"和"在渲染中启用"复选框。修改"径向"的厚度值,得到图5-25所示模型效果。

步骤 11 在外围模型完成后,对上方吊杆进行复制并对复制生成的部分进行缩放及移动操作,以完成其下方的一段吊杆,如图5-26所示。

图5-25 修改"径向"参数后的模型

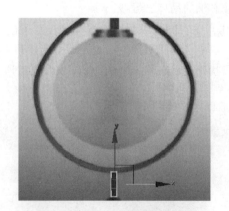

图5-26 绘制下方吊杆二维线

步骤 12 完成内部白色灯泡上方的金属部分制作。其制作与前述步骤类似,此处不再赘述,制作完成效果如图5-27所示。

步骤 13 制作灯泡部分。在右侧命令面板中单击"创建"→"几何体"→"标准基本体"→"球体"按钮,前视图中,在灯泡位置创建一个球体,如图5-28所示。

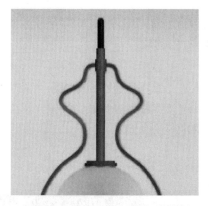
图5-27 白色灯泡上方金属模型

图5-28 创建球体

步骤 14 在主工具栏中打开"角度捕捉"开关,设置角度为90°。然后在左视图中,将球体顺时针旋转一次,并修改其颜色,得到图5-29所示模型。

步骤 15 制作吊灯底部的小球体模型,把上一步骤中的球体复制一份并向下移动,缩放调整大小,并修改颜色。从而得到最终的吊灯模型,在透视图中的显示效果如图5-30所示。

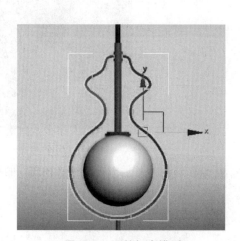
图5-29 调整灯泡模型

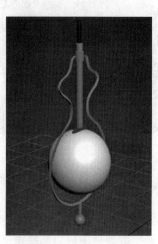
图5-30 金属吊灯模型

5.1.3 创建圆

"圆"工具是比较常用的二维图形建模工具,其创建过程及参数如下。

1. 创建圆形模型

单击"创建"面板中的"图形"按钮,在二维图形面板中单击"圆"按钮。在任意视图中拖动鼠标到适当的位置后释放鼠标,此时即可创建一个圆形。图5-31所示为前视图创建的圆形。

2. 修改参数

命令面板上圆的参数有:渲染、插值和参数。其中"渲染"和"插值"参数组与"线"的参数类似,此处不再赘述。"半径"用来设置圆形的半径大小,如图5-32所示。

图5-31 创建圆形

图5-32 圆形的参数

5.1.4 创建弧

利用"弧"工具可以创建各种圆弧曲线，包括封闭式圆弧和开放式圆弧。

1. 创建圆弧模型

单击"创建"面板中的"图形"按钮，显示二维图形面板，单击"弧"按钮。右侧显示"弧"卷展栏。在任意视图中按住鼠标左键，将其拖动到适当位置，拉出一条直线，这条直线代表弧长，即定义了弧线的两个端点。释放鼠标并移动鼠标到适当位置后单击，即可生成一段圆弧，如图5-33所示。

2. 修改参数

命令面板中"弧"的参数如图5-34所示。

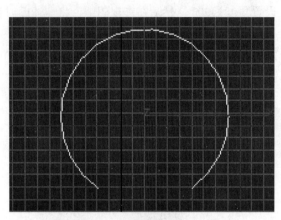
图5-33 创建圆弧

图5-34 弧的参数

其中"名称和颜色""渲染""插值"与"线"的参数类似，此处不再赘述，重点掌握"创建方法"和"参数"。

（1）"创建方法"

"创建方法"卷展栏中可以选择自己喜欢的创建方法，分别为"端点-端点-中央"（默认）和"中间-端点-端点"两种方法。

（2）"参数"

"参数"卷展栏中的参数如图5-35所示。

➢ 半径：圆弧形所在圆形的半径。
➢ 从：设置圆弧起点的角度值。
➢ 到：设置圆弧终点的角度值。
➢ 勾选"饼形切片"复选框后，在透视图中创建的"弧"形成的图形如图5-36所示，此时视图中的开放式圆弧图形会封闭，形成扇形。

图5-35 "参数"卷展栏

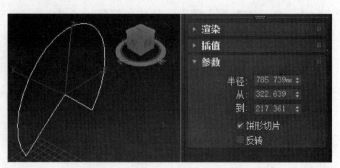
图5-36 "饼形切片"生成的扇形弧

5.1.5 创建多边形

"多边形"工具用来制作任意边数的正多边形，还可以产生圆角多边形。

1. 创建多边形模型

单击"创建"面板中的"图形"→"多边形"按钮，在任意视图中按下鼠标左键并移动鼠标，释放鼠标后即可绘制出一个多边形，默认的边数为6，即生成六边形，如图5-37所示。

2. 修改参数

命令面板中"多边形"的参数卷展栏如图5-38所示。

其中"名称和颜色""渲染""插值""键盘输入"与"线"图形的卷展栏类似，此处不再赘述。

"创建方法"：可以根据需要选择"边"或"中心"。

"内接""外接"：用于选择用外切圆半径还是内切圆半径作为多边形的半径。

"边数"：设置多边形的边数，最小值为3。

"角半径"：制作带圆角的多边形，设置圆角的半径大小。

"圆形"复选框：选中该复选框可以设置多边形为圆角。

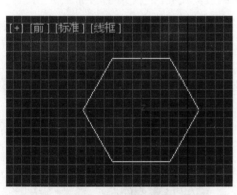

图5-37　创建多边形

图5-38　"多边形"的参数卷展栏

5.1.6 创建文本模型

"文本"工具用来制作文字图形，在中文版中可以直接产生各种字体的中文字型。字型的内容、大小和间距都可以调整。

1. 创建文本模型

单击"创建"面板中的"图形"→"文本"按钮，在任意视图中单击，生成"MAX文本"字样，如图5-39所示。

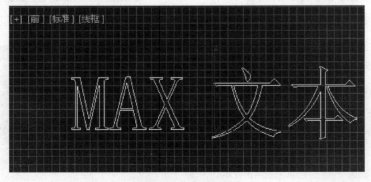

图5-39　MAX文本

2. 修改参数

命令面板中"文本"的参数卷展栏如图5-40所示。

其中"名称和颜色""渲染""插值"与其他二维图形的参数类似,此处不再赘述。

➢ 字体下拉列表中可以选择字体。

➢ 字体下面的6个按钮提供了简单的排版功能,可以设置斜体字、加下划线、左对齐、居中、右对齐和两端对齐。

➢ "大小":用于设置文字的大小。

➢ "字间距":用于设置文字的间隔距离。

➢ "行间距":用于设置文字行与行之间的距离。

➢ "文本":用来输入文本文字。

图5-40 "文本"的参数卷展栏

5.1.7 创建截面模型

截面是一种特殊类型的样条线,可以通过网格对象基于横截面切片生成图形。3ds Max提供的截面工具可以通过截取三维造型的剖面来获得二维图形。用此工具创建一个平面,可以对其进行移动、旋转操作,并可缩放其尺寸。当它穿过一个三维造型时,就会显示出截获物剖面。单击"创建图形"按钮即可将该剖面制作成一个新的样条曲线。

1. 创建截面

步骤 1 在透视图中创建一个圆柱体并转换为可编辑多边形,在"多边形"子模式下选择其顶部多边形,在右侧命令面板中单击"编辑多边形"→"挤出"按钮。对其进行多次挤出并缩放操作后,得到图5-41所示三维模型。

步骤 2 单击"创建"面板中的"图形"→"截面"按钮,在任意视图中单击并移动鼠标,拉出的剖面平面为图5-42所示的白色线框,而模型上出现的黄色线框即三维物体模型的剖面形状。

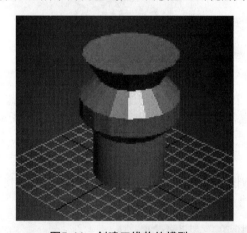

图5-41 创建三维物体模型

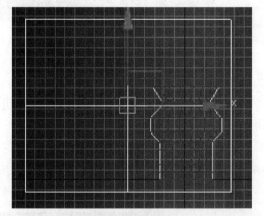

图5-42 创建截面

步骤 3 单击"修改"面板中的"创建图形"按钮,弹出"命名截面图形"对话框,输入截面图形的名称,如图5-43所示。

步骤 4 单击"确定"按钮即可得到一个二维剖面曲线。图5-44所示为透视图中观察原始三维物体及"截面"所获得三维物体的剖面二维曲线。

2. 修改参数

命令面板中"截面参数"卷展栏如图5-45所示。

图5-43 "命名截面图形"对话框

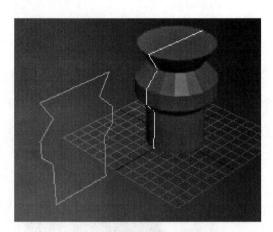

图5-44 三维物体的剖面二维曲线

图5-45 截面的参数

① "创建图形" 按钮：单击该按钮，弹出 "命名截面图形" 对话框，用来确定创建图形的名称。单击对话框中的 "确定" 按钮会生成一个剖面图形。如果当前没有剖面，该按钮不可用。

② "更新" 选项组：设置剖面物体改变时是否将结果及时更新。默认选择在 "移动截面时" 更新，也可以根据需要选择 "选择截面时" 更新或者 "手动" 更新。

③ "截面范围" 选项组：即剖面影响的范围，该选项组中包含 "无限" "截面边界" "禁用"。

➢ "无限"：凡是经过剖面的物体都被截取，与剖面的尺寸无关，为默认项。

➢ "截面边界"：以剖面所在的边界为限，凡是接触到边界的物体都被截取。

➢ "禁用"：关闭剖面的截取功能。

④ "截面大小"：长度和宽度可以设置剖面物体的尺寸。

5.1.8 创建矩形模型

矩形工具用来创建矩形，并且可以设置矩形的4个角为圆弧形状。

1. 创建矩形

单击 "创建" 面板中的 "图形" → "矩形" 按钮，在任意视图中单击，移动鼠标到适当位置释放鼠标，此时即可创建一个矩形框。图5-46所示为在透视图中创建一个矩形。

2. 修改参数

命令面板中的 "矩形" 参数比较简单，如图5-47所示。可以通过 "长度" "宽度" 设置矩形的长宽值。通过 "角半径" 设置矩形的4个角是直角还是有弧度的圆角，值为0时，创建的是直角矩形，默认值为0。

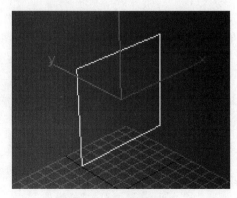

图5-46 创建矩形

图5-47 矩形的参数

5.1.9 创建椭圆模型

1. 创建椭圆

单击"创建"面板中的"图形"→"椭圆"按钮,在任意视图中单击后拖动鼠标到适当位置松开,此时即可创建一个椭圆,如图5-48所示。

2. 修改参数

命令面板中的"椭圆"参数比较简单,如图5-49所示。"长度"和"宽度"可以调整椭圆的长度值和宽度值。

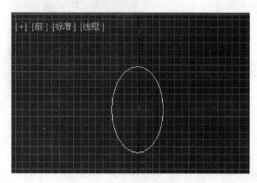
图5-48 创建椭圆

图5-49 椭圆的参数

勾选"轮廓"复选框,并设置"厚度"为90 mm以后,生成的模型如图5-50所示。

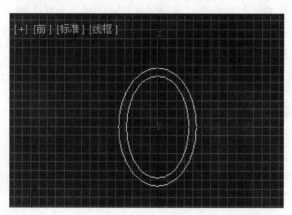
图5-50 勾选"轮廓"并设置"厚度"后的椭圆

5.1.10 创建星形

"星形"用来创建多角星形。尖角可以钝化为倒角,制作齿轮模型。尖角的方向可以扭曲,制作倒刺状锯齿。变换参数可以产生出许多奇特的图案,由于是可渲染的,所以即使交叉也可以用于一些特殊图案花纹的制作。

1. 创建星形

单击"创建"面板中的"图形"→"星形"按钮,在任意视图中单击并移动鼠标,接着释放鼠标,然后移动鼠标到适当位置再次单击,这样就完成了一个六角星形的创建,如图5-51所示。

2. 修改参数

命令面板中的"星形"参数如图5-52所示。

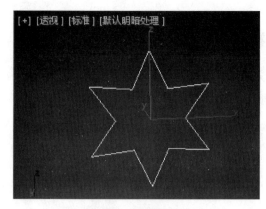

图5-51 创建星形

图5-52 星形的参数

① "半径1": 用来设置星形的外半径。
② "半径2": 用来设置星形的内半径。
③ "点": 用来设置星形的尖角个数。
④ "扭曲": 用来设置尖角的扭曲度。比如设置"扭曲"为30后的形状如图5-53所示。

图5-53 扭曲后的星形

5.1.11 创建螺旋线

"螺旋线"可以制作平面或空间的螺旋线，常用于快速制作弹簧、线轴等造型。

1. 创建螺旋线

单击"创建"面板中的"图形"→"螺旋线"按钮。在任意视图中单击并拖动以确定螺旋线的内径，单击后移动鼠标到适当位置，再次单击以确定螺旋线的高度。再移动鼠标到适当位置，单击确定螺旋线的外径，即完成螺旋线的创建。图5-54所示为在透视图中创建的螺旋线。

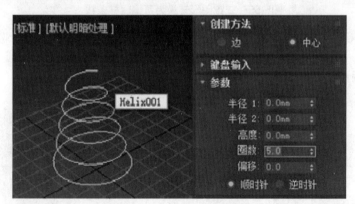

图5-54 螺旋线及其参数

2. 修改参数

命令面板中的"螺旋线"参数见图5-54，创建完成后可以通过修改各个参数再进行微调。
➤ "创建方法": 可以选择以"边"或者以"中心"为参考的方式创建螺旋线。
➤ "半径1": 用来设置螺旋线的内径。
➤ "半径2": 用来设置螺旋线的外径。
➤ "高度": 用来设置螺旋线的高度，该值为0时是一个平面螺旋线。
➤ "圈数": 用来设置螺旋线旋转的圈数。
➤ "偏移": 用来设置螺旋线顶部螺旋圈数的疏密程度。
➤ "顺时针""逆时针"单选按钮: 用来设置螺旋线两种不同的旋转方向。

5.2 样条线编辑及实例

虽然3ds Max提供了很多种现成的二维图形,但是也不能完全满足创建复杂模型的需求,因此需要对样条线的形状进行修改。通过修改其参数完成样条线的修改,所以需要先对二维图形进行编辑。

5.2.1 转换为可编辑样条线

对二维图形进行样条线编辑的方法有以下两种。

① 选择所创建的样条线并右击,在弹出的快捷菜单中选择"转换为"→"转换为可编辑样条线"命令,如图5-55所示。

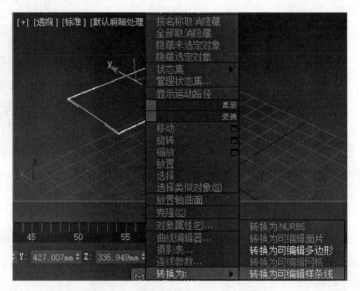

图5-55 二维图形转换为可编辑样条线

② 选择所创建的样条线,在"修改"面板中展开"修改器列表",在下拉列表中选择"编辑样条线",如图5-56所示。

加载"编辑样条线"修改器后如图5-57所示。

图5-56 添加"编辑样条线"编辑修改器

图5-57 加载"编辑样条线"修改器后

本节所介绍的样条线编辑方法主要是基于第一种方法,这两种方法中的参数面板是类似的,所以掌握一种样条线编辑方法即可。

5.2.2 编辑可编辑样条线

编辑可编辑样条线主要包括在"可编辑样条线"物体模式下和"顶点""边""样条线"三个子模式下分别进行编辑操作。

将二维图形对象转换为可编辑样条线后,右侧命令面板中的卷展栏如图5-58所示。"可编辑样条线"命令面板中的卷展栏分别为"渲染""插值""选择""软选择""几何体",其中"渲染"和"插值"卷展栏都和创建二维图形时所介绍的类似,此处不再赘述,因此本节重点介绍"选择"和"几何体"卷展栏中的相关命令。

1. "选择"卷展栏

可编辑样条线物体模式及其三个子模式下的"选择"卷展栏稍有不同,图5-59所示为物体模式下的"选择"卷展栏,下方会提示"选择了整个对象",其中某些命令显示为灰色,即不可用。

图5-58 "可编辑样条线"的参数卷展栏

图5-59 "选择"卷展栏

图5-60所示为"顶点"子模式下的"选择"卷展栏,下方会提示选择了某个或某些顶点,此时命令都是可用的。

(1)"选择"

其中3个绿色的符号分别代表"顶点""边""样条线"三个子模式,可以通过选择某个符号标志实现子模式的切换操作。

(2)"锁定控制柄"

在建模时可以根据需要选择对相似的顶点或所有顶点统一操作,该操作在建模时比较常用。

(3)"显示"

"显示"选项组中的"显示顶点编号"复选框默认没有勾选,启用该复选框后,软件将在所选样条线的顶点旁边显示顶点编号,这在建模中是比较常用的操作。

2. "几何体"卷展栏

物体模式及其三个子模式中所有命令都是统一显示的,并没有像多边形编辑一样详细区分开。只不过某些命令只在物体模式或对应的子模式下才有效。其中的命令较多,如图5-61所示,下面仅介绍一些常用命令。

图5-60 "顶点"子模式下的"选择"卷展栏

图5-61 "几何体"卷展栏

可编辑样条线物体模式下的主要命令如下:

(1) 新顶点类型

在3ds Max中有四种类型的顶点,分别为"角点""平滑""Bezier""Bezier角点"。图5-62所示为分别创建四个样条线,初始类型选择"角点"即单击生成角点。从左到右依次为这四种类型的顶点。每条样条线两端均为单击生成的角点,中间的顶点依次为"角点""平滑""Bezier""Bezier角点"。

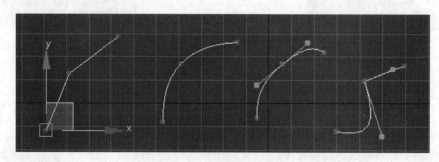

图5-62 四种顶点类型

➢ "角点":将顶点两侧的曲率设置为直线,使其产生一个转角,不产生任何光滑的曲线。

➢ "平滑":无调节手柄,自动地将线段切换为平滑连续的曲线。平滑顶点处的曲率由相邻两个顶点的间距决定。

➢ "Bezier":提供两个调节手柄,在顶点的两边产生带有控制柄的曲线,使曲线保持平滑。对切线方向和曲率所做的调整均匀地应用于顶点的两边,两侧控制柄不能单独调节。用于生成平滑曲线。

➢ "Bezier角点":提供两个调节手柄,分别调节各自一侧的曲线。每一边的方向和曲率都可自由调整,另一边不受影响。通过手柄的调节既可以产生尖角效果,也可以产生平滑效果。

(2) "创建线"

单击该按钮可在视图窗口中绘制新的曲线并把它加入到当前曲线中。

(3) "附加"

将场景中的另一个样条线附加到所选样条线。单击该按钮,然后在场景中单击选择要附加的样条线,即可完成附加操作。若勾选"重定向"复选框，则新加入的样条线会移动到原样条线的位置处。

（4）"附加多个"

单击该按钮后，弹出"附加多个"对话框。该对话框包含场景中所有被结合的曲线，选择要结合到当前可编辑样条线的曲线，单击"附加"按钮即可完成"附加多个"操作。

3. "顶点"子模式

顶点子模式是二维图形编辑中最基本的子模式类型，也是构成"边"和"样条线"子模式的基础。点与点相连就构成了线段，线段与线段相连就构成了样条线。将一个二维图形对象转换为可编辑样条线对象后，在"修改"命令面板中选择样条线对象的"顶点"选项，或者在"选择"卷展栏中单击"顶点"符号，即进入"顶点"子模式，如图5-63所示。

下面介绍该子模式下的常用命令，这些命令主要在"几何体"卷展栏中，如图5-64所示。

图5-63　选择顶点子模式

图5-64　顶点子模式的命令工具

（1）"优化"

在"修改"面板中进入"顶点"子模式，然后单击"几何体"→"优化"按钮，在样条线的任意位置单击，该位置就会生成一个新的顶点，而不更改样条线的曲率值。

（2）"焊接"

可将两个或多个顶点焊接在一起，转化为一个顶点。焊接操作能否成功取决于焊接阈值，即两个顶点之间的距离如果小于焊接阈值则会焊接成功。所以在焊接操作时，当要焊接的顶点之间距离较大时可以调整焊接阈值。

焊接的具体操作为选中所有待焊接的顶点，在"几何体"卷展栏中调整"焊接"按钮后面的焊接阈值，然后单击"焊接"按钮即可完成焊接操作，如图5-65所示，左侧为焊接前而右侧为焊接后的效果图。

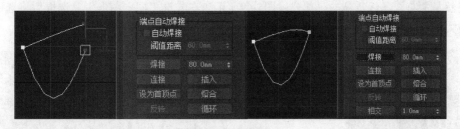
图5-65　焊接顶点

（3）"插入"

插入一个或多个顶点，以创建其他线段。单击样条线中的任意位置即可插入一个顶点，而拖动则可以创建一个Bezier顶点。

（4）"圆角"

用于在线段交汇处设置圆角效果，添加新的控制点。其具体操作是单击"圆角"按钮后，在想要设置圆角的顶点处拖动鼠标来设置圆角效果。或者先选择要设置圆角效果的顶点，然后在"圆角"后边的文本框中设置圆角数值来应用圆角效果。

(5)"切角"

用于在线段交汇处设置角部的倒角效果,其操作与"圆角"类似,此处不再赘述。

4."线段"子模式

"线段"即两个顶点中间的部分,一条或多条线段形成样条线。在"线段"子模式中,用户可以对线段进行复制、移动、旋转、缩放等操作,并可以使用该模式下的命令来修改线段。

将一个二维图形对象转换为可编辑样条线后,在"修改"面板中选择样条线对象的"线段"选项,或者在"选择"卷展栏中单击"线段"符号,都可以进入"线段"子模式,如图5-66所示。

下面介绍该子模式下的常用命令,这些命令主要在"几何体"卷展栏中,如图5-67所示。

图5-66 线段子模式

图5-67 线段子模式的常见命令工具

(1)"删除"

选择某条或某些线段后,在"修改"面板中单击"几何体"→"删除"按钮即可将所选择的线段删除。

(2)"拆分"

通过添加顶点数来细分所选线段。选择一条或多条线段,在"拆分"按钮右侧的文本框内输入数值设置拆分顶点数目,然后单击"拆分"按钮,即可完成将一条线段拆分为多条线段的操作。

(3)"分离"

将选择的线段拆分或复制,从而构成一个新的图形。"分离"选项组中有三个复选框,分别为"同一图形""重定向""复制"。

图5-68所示为在透视图中创建一个二维线模型。

"同一图形":勾选该复选框后,在对线段进行分离操作时,该线段变为"样条线"子模式中的一个独立的样条线,但仍然是原有样条线物体的一部分。图5-69所示为在勾选"同一图形"复选框后将选中线段分离,则"样条线"子模式下原有的线段变为样条线。

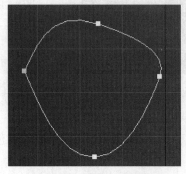

图5-68 创建二维线模型

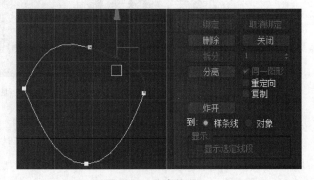

图5-69 分离线段

"重定向":勾选该复选框后,分离的线段会生成一个新的线段图形,并且会复制源对象的局部坐标系,在坐标原点位置放置新图形。选择某条线段后,勾选"重定向"复选框后单击"分离"按钮,弹出图5-70所示的对话框。

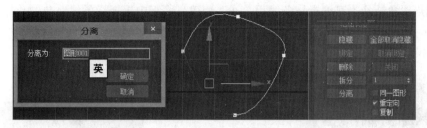

图5-70 勾选"重定向"复选框后再分离

单击"确定"按钮后，分离效果如图5-71所示。

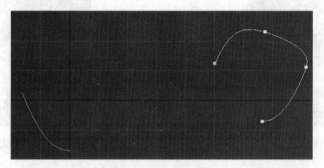

图5-71 分离结果

"复制"复选框：勾选该复选框后，对将要分离的线段进行复制。选择某条线段，勾选"复制"复选框后单击"分离"按钮，弹出图5-72所示的对话框。

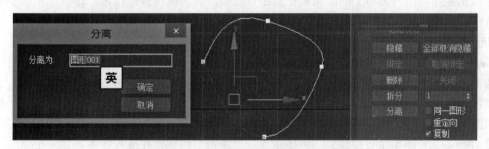

图5-72 勾选"复制"复选框后再分离

设置名称并确定后返回到物体模式下，所选择的线段原样复制一份并作为一个独立的样条线物体而存在。图5-73所示为将复制分离后的样条线物体移动开的结果。

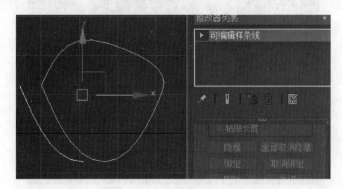

图5-73 分离并移动的结果

5. "样条线"子模式

"样条线"子模式是二维图形中独立的样条曲线对象，由线段构成，一个样条线物体中可以包含多个样条线。在"样条线"子模式下可以对样条线子对象进行复制、移动、缩放和旋转等操作。

将一个二维图形对象转换为可编辑样条线后,在"修改"面板中选择样条线对象的"样条线"选项,或者在"选择"卷展栏中单击"样条线"符号,都可以进入"样条线"子模式,如图5-74所示。

下面介绍该子模式下的常用命令,这些命令主要在"几何体"卷展栏中,如图5-75所示。

图5-74 样条线子模式

图5-75 样条线子模式的常见命令工具

（1）"反转"

反转所选样条线的方向,也就是顶点序号的顺序。

（2）"轮廓"

制作样条线的副本,所有侧边上的距离偏移量由该按钮右侧的微调按钮指定。选择一个或多个样条线,然后使用微调按钮动态调整轮廓位置,或单击"轮廓"按钮后在视图中拖动样条线。

（3）"布尔"

将两个或两个以上的样条线以并、交、差集的形式结合在一起。对样条线的布尔运算操作是：在视图中选择一个样条线图形,单击"并集"按钮■或"差集"按钮■或"交集"按钮■。选择某种布尔运算方式后,单击"布尔"按钮,然后在视图中单击另一个样条线图形,即可完成相应的布尔运算,从而得到新的样条线图形。下面以矩形和圆形为例说明布尔运算的操作。

步骤1 在命令面板中单击"创建"→"图形"→"矩形"按钮,在前视图中创建一个矩形,然后同理创建一个圆形,移动圆形使二者具有相交的部位,如图5-76所示。

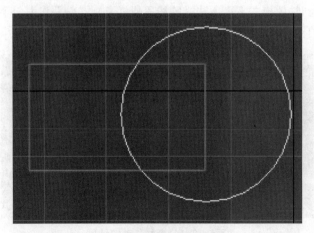

图5-76 创建矩形和圆形

步骤2 选择矩形并转换为可编辑样条线,在"修改"面板中单击"几何体"→"附加"按钮,然后在视图中单击圆形,使二者结合为一个样条线物体。在右侧命令面板中选择"可编辑样条线"下的"样条线"子模式，然后在视图中选择矩形样条线，单击"几何体"→"布尔"→"并集"按钮，然后单击"布尔"按钮，接着在场景视图中选择圆形样条线，即完成并集操作。图5-77所示为并集的结果。

步骤3 图5-78所示为差集的结果，步骤与上一步类似，此处不再赘述。交集操作请读者自行练习。

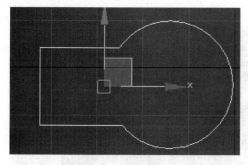

图5-77 并集运算

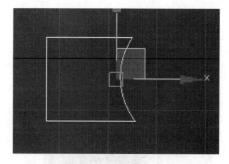

图5-78 差集运算

（4）"镜像"

沿水平、垂直或者对角方向镜像样条线。其操作步骤为：在视图中选择要镜像的样条线，单击"水平镜像"按钮或者"垂直镜像"按钮或者"双向镜像"按钮，然后单击"镜像"按钮，即可完成对样条线的镜像操作。在镜像操作时可以勾选"复制"复选框，则是将原有样条线复制一份并相应镜像，否则只是对原样条线自身的镜像。

（5）"修剪"

单击该按钮可以删除曲线交叉点。图5-79所示左侧所示为初始图形，单击"几何体"→"修剪"按钮，然后在矩形和圆形样条线的任意位置单击，如单击矩形与圆形不相交区域，则得到如右侧所示模型。

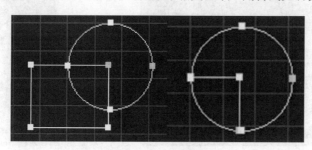

图5-79 修剪模型

（6）"延伸"

单击该按钮可以重新连接曲线交叉点。图5-80左侧所示为上述修剪后的图形和一个弧形的组合样条线，单击"延伸"按钮，然后在弧形和圆形相交的顶点处单击，则得到图5-80右侧所示图形。

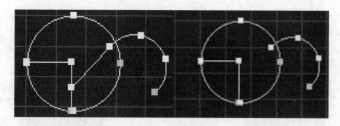

图5-80 延伸模型

5.2.3 实例讲解：鸟笼模型的制作

下面通过一个鸟笼模型的实例练习二维图形建模和样条线编辑的相关操作。

步骤1 在命令面板中单击"创建"→"图形"→"线"按钮，在前视图中绘制图5-81所示的鸟笼骨架图形。

步骤 2 在"修改"面板中展开"渲染"卷展栏，修改样条线的渲染参数，如图5-82所示。勾选"在渲染中启用"和"在视口中启用"复选框，选择"径向"方式并设置边数为30使之更加圆滑。得到图5-82所示的具有厚度的图形。

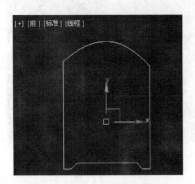

图5-81 绘制鸟笼截面样条线

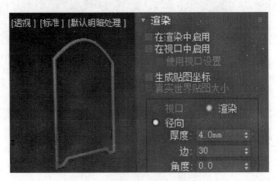

图5-82 修改样条线的参数

步骤 3 在顶视图中选择该图形，打开角度捕捉开关，并设置捕捉的角度为30°。单击主工具栏中的"选择并旋转"工具，按住【Shift】键的同时将其在顶视图中旋转，如图5-83所示。弹出"克隆选项"对话框，设置副本数为11，克隆方式选择"复制"。

步骤 4 得到图5-84所示的初步鸟笼模型。

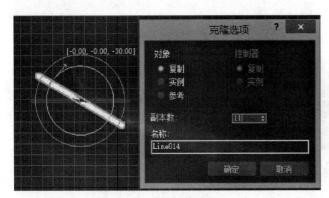

图5-83 旋转复制副本

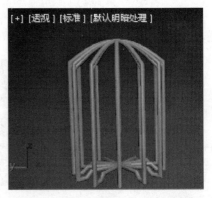

图5-84 旋转复制后的初步鸟笼模型

步骤 5 单击"创建"→"图形"→"圆形"按钮，在顶视图中绘制一个圆形，由于前面创建线时已经调整了渲染参数，这里创建的圆形就自动使用了该参数，效果如图5-85所示。

步骤 6 在前视图中选择圆形，按住【Shift】键沿着Y轴向下移动复制三个副本，如图5-86所示。

图5-85 创建圆形支架

图5-86 复制圆形支架

步骤 7 在透视图中创建两个不同的圆柱体分别作为底座和鸟笼顶部立杆,如图5-87所示。

步骤 8 在命令面板中单击"创建"→"图形"→"线"按钮,绘制鸟笼的提手,并修改其参数,得到图5-88所示的最终模型。

图5-87 创建底座和顶部立杆

图5-88 创建提手后的鸟笼模型

第6章 复合对象建模

利用多边形建模法和样条线建模法可以创建一些简单的物体模型，但是生活中有很多物体模型往往都很复杂，这远远超出了普通几何体和二维图形的创建能力，所以本章学习复合对象建模。复合对象是指由两个或两个以上的对象通过组合形成的各种复杂的对象模型。本章重点介绍布尔复合对象、放样复合对象、图形合并复合对象、连接复合对象等常用的复合对象。

6.1 复合对象类型

复合对象建模操作通过在菜单栏中选择"创建"→"复合"命令，或者在右侧命令面板中单击"创建"→"几何体"→"复合对象"实现。复合对象类型包括变形、散布、一致、连接、水滴网格、图形合并、地形、放样、网格化、ProBoolean、ProCutter、布尔共12种类型，如图6-1所示。下面将对常用复合对象及其实例进行详细介绍。

图6-1 复合对象类型

6.2 "散布"复合对象

6.2.1 "散布"基础知识

1. "散布"

将散布分子散布到目标对象的表面。在屏幕周围可以随机地散布原对象，还可以选定一个分布对象以定义散布对象分布的体积和表面。利用"散布"复合对象建模时通常选择用结构简单的对象作为散布分子，"散布"将它以一种覆盖的方式，分布到对象的表面，产生大量的复制品，如头发、胡须、草地、森林等。

2. 创建"散布"对象

通常执行以下操作创建散布对象。

① 创建一个对象作为源对象散布分子。
② 创建一个对象作为分布对象，即目标对象。
③ 单击"散布"按钮，然后单击"拾取分布对象"按钮拾取分布对象。

3. 参数

"散布"的参数较多，下面仅介绍一些常用参数。

（1）"拾取分布对象"卷展栏

"拾取分布对象"卷展栏中的选项如图6-2所示。

- 对象：显示使用拾取按钮选择的分布对象的名称。
- 拾取分布对象：单击该按钮，然后在场景中选择一个对象，将其指定为分布对象。
- 参考、复制、移动、实例：用于指定将分布对象转换为散布对象的方式。

（2）"散布对象"卷展栏

"散布对象"卷展栏中的选项如图6-3所示。

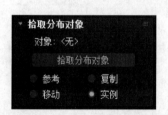

图6-2 "拾取分布对象"卷展栏

图6-3 "散布对象"卷展栏

①"分布"：通过以下两个单选按钮选择散布源对象的基本方式。

- 使用分布对象：根据分布对象的几何体散布源对象。
- 仅使用变换：如果选择该单选按钮，则无须分布对象，而是使用"变换"卷展栏中的偏移值定位源对象的重复项。

②"对象"：包含一个列表框，显示了构成散布对象的对象。在列表框中单击以选择对象，以便能在堆栈中访问对象。

- 源名：用于重命名散布复合对象中的源对象。
- 分布名：用于重命名分布对象。
- 提取运算对象：提取所选操作对象的副本或实例。在列表中选择操作对象使此按钮可用。
- 实例、复制：用于指定提取操作对象的方式。

③"源对象参数"：该选项组中的参数只对源对象有效。

- 重复数：指定散布的源对象的重复数目。
- 基础比例：改变源对象的比例，同样也影响到每个重复项。
- 顶点混乱度：对源对象的顶点应用随机扰动。
- 动画偏移：用于指定每个源对象重复项的动画偏移前一个重复项的帧数，可以用来生成波形动画。

6.2.2 实例讲解：森林模型

下面通过用一棵树"散布"生成森林的实例说明"散布"的操作步骤。

步骤 1 单击"创建"→"几何体"→"标准基本体"→"平面"按钮，在顶视图中创建一个平面。在

"创建"→"几何体"→"AEC扩展"→"植物"中选择"苏格兰松树",在透视图中创建一棵松树,如图6-4所示。

步骤 2 在场景视图中选择松树对象,然后在命令面板中单击"创建"→"复合对象"→"散布"按钮。图6-5所示为"散布"中的参数。

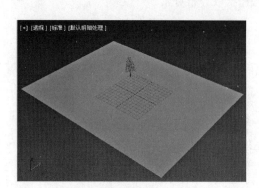 

图6-4 创建地面平面　　　　　　　　　图6-5 创建"散布"

步骤 3 单击"拾取分布对象"按钮,然后在场景视图中选择平面。如图6-6所示,在"源对象参数"中设置重复数为25,默认值为1。还可以根据需要设置分布方式等参数。

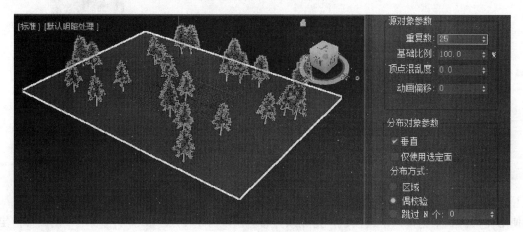

图6-6 散布结果

6.3 "一致"复合对象

6.3.1 "一致"基础知识

"一致"是指通过某个对象(即包裹器)的顶点投影于另一个对象(即包裹对象)的表面而创建的复合对象。也就是把一个对象的顶点包裹到另一个对象上,还可以使用这个选项模拟顶点数不同的对象之间的变形。

下面通过案例学习"一致"复合对象建模的基本操作。

步骤 1 在命令面板中单击"创建"→"几何体"→"标准基本体"→"平面"按钮,在顶视图中创建一个平面。单击"创建"→"几何体"→"标准基本体"→"圆柱体"按钮,在透视图中创建一个圆柱体,如图6-7所示。

步骤 2 选择一张图片,将其拖动到场景的平面上,如图6-8所示。

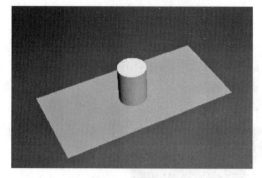

图6-7 创建平面

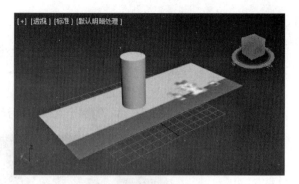

图6-8 为平面添加贴图

步骤 3 在场景中选择平面，然后在"创建"面板中单击"几何体"→"复合对象"→"一致"按钮，单击"拾取包裹对象"按钮，如图6-9所示。

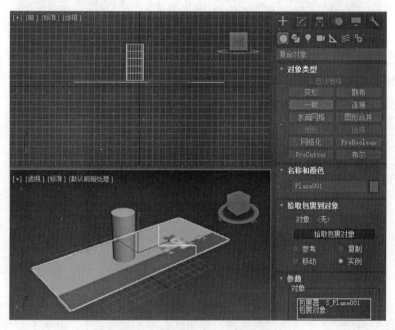

图6-9 创建"一致"复合对象

步骤 4 单击圆柱体，在右侧"顶点投影方向"参数中选择"沿顶点法线"单选按钮，如图6-10所示即实现了平面图形包裹在圆柱体上的效果。

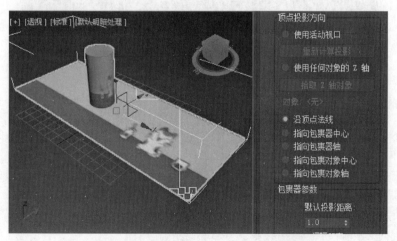

图6-10 修改参数及"一致"复合对象效果

6.3.2 实例讲解：山路模型

"一致"复合对象非常适用于制作山表面的道路模型，下面介绍其制作步骤。

步骤 1 在"创建"面板中单击"几何体"→"标准基本体"→"平面"按钮，在透视图中创建一个平面，设置其长度分段和宽度分段分别为20。在平面中右击，在弹出的快捷菜单中选择"转换为"→"转换为可编辑多边形"命令。在透视图左上角的第4个选项卡选择"边面"，如图6-11所示。

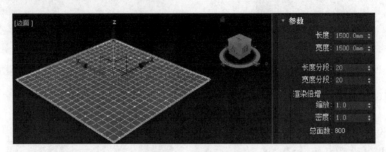

图6-11 创建平面

步骤 2 在"修改"面板中选择"顶点"子模式，选择平面的一部分顶点，在透视图中按自己的想法沿着Z轴向上移动，随意做出山坡效果。选择平面模型物体模式，进入"修改"面板，选择"修改器列表"中的"网格平滑"修改器，如图6-12所示。在视图中选择平面模型并右击，在弹出的快捷菜单中选择"转换为"→"转换为可编辑多边形"命令，即完成了山坡的创建。

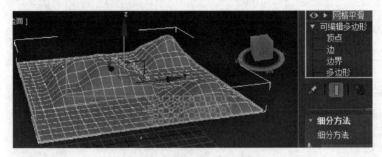

图6-12 添加"网格平滑"

步骤 3 在顶视图中再创建一个平面作为道路，调整其长度和宽度数值，并调整宽度分段，然后旋转该平面，如图6-13所示。

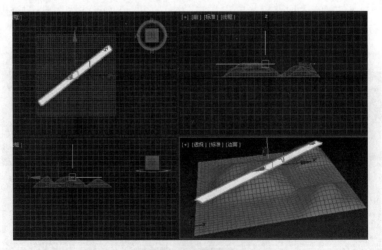

图6-13 创建平面

步骤 4 在"创建"面板中单击"复合对象"→"一致"按钮，单击"拾取包裹对象"按钮，然后单击山坡模型，如图6-14所示。

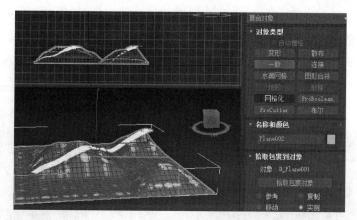

图6-14 创建"一致"复合对象

步骤5 参数中设置"顶点投影方向",选择"沿顶点法线"单选按钮。在"更新"选项组中勾选"隐藏包裹对象"复选框,如图6-15所示。

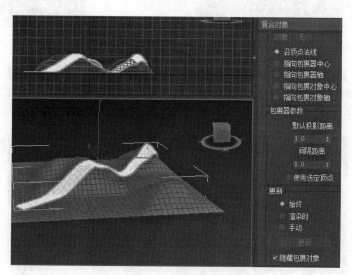

图6-15 修改参数

步骤6 进入"修改"面板,选择"修改器列表"中的"壳"修改器,设置其外部量参数值,这样道路就有了厚度,如图6-16所示。

步骤7 给山坡赋予材质贴图。在主工具栏中选择"渲染"→"材质编辑器"→"精简材质编辑器",在材质编辑器中单击"漫反射"后面的材质■按钮,如图6-17所示。

图6-16 添加"壳"修改器

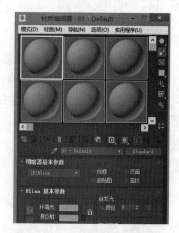

图6-17 "材质编辑器"窗口

步骤 8 在弹出的"材质/贴图浏览器"窗口中选择"贴图"→"通用"→"位图",如图6-18所示。

步骤 9 在弹出的浏览窗口中选择准备好的草地贴图,材质球就变为草地材质。图6-19所示为其贴图界面。

图6-18 "材质/贴图浏览器"窗口

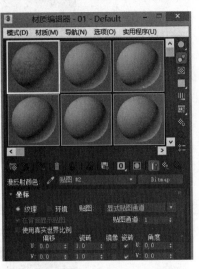

图6-19 设置草地材质贴图

步骤 10 单击该材质界面工具栏中的"转到父对象"工具■,返回到材质编辑器主界面。在该界面中拖动草地材质球到场景中的山坡上,然后在材质编辑器中单击材质球下方工具栏中的"在视图中显示明暗处理材质"按钮■即可完成山坡的贴图处理。依据山坡贴图步骤,完成道路贴图效果,如图6-20所示。

图6-20 完成道路贴图

6.4 "连接"复合对象

6.4.1 "连接"基础知识

1. "连接"

该操作是在两个以上对象对应的删除面之间创建封闭的表面,将它焊接在一起,并且产生光滑的过渡。该工具对于造型非常有用,可以消除硬性的接缝。主要用于解决多边形肌肉的变形动画。在进行"连接"操作前,通常需要先对要操作的对象进行处理,在对象的表面创建一定的缺口,将两个缺口相对准,然后单击"连接"按钮,它们即可合为一体。

2. 创建"连接"对象

创建"连接"对象的操作步骤如下:

① 创建两个网格对象。

② 删除每个对象上的相对面,从而在对象要架桥的位置创建孔洞。

③ 确定对象的位置,以使其中一个对象的已删除面的法线指向另一个对象已删除面的法线。

④ 选择其中一个对象。在"创建"面板上，几何体处于激活状态时，从下拉列表中选择"复合对象"，在"对象类型"卷展栏中启用"连接"。

⑤ 单击"拾取运算对象"按钮，然后选择另一个对象。生成连接两个对象的空洞的面，然后调整连接。

下面通过一个实例学习"连接"操作，该操作的模型效果类似于第3章中介绍的"桥"工具所制作的模型效果。

步骤 1 在场景视图中创建一个球体，并转换为可编辑多边形。进入"多边形"子模式，选择球体侧面中间的一个多边形，按【Delete】键删除，使之出现空洞，如图6-21所示。

步骤 2 在场景中创建一个圆环物体，并转换为可编辑多边形。在"多边形"子模式下，选择圆环侧面与球体空洞位置相对的一个多边形，按【Delete】键删除，使之也出现一个空洞，如图6-22所示。

图6-21 创建球体并删除面

图6-22 创建圆环并删除面

步骤 3 首先选择球体，在"创建"面板中单击"复合对象"→"连接"按钮。在下方参数面板中单击"拾取运算对象"按钮，然后单击圆环物体，如图6-23所示，即可实现两个带有空洞物体的连接操作。可以根据需要调整其中的参数。

3. 参数

"连接"复合对象的参数如图6-24所示，下面介绍其主要参数。

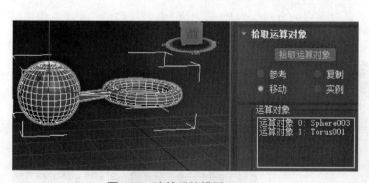

图6-23 连接后的模型

图6-24 "连接"复合对象的参数

（1）"拾取运算对象"

➤ 拾取运算对象：单击该按钮，将另一个操作对象与原始对象相连。

➤ 参考、复制、移动、实例：指定将操作对象转换为复合对象的方式，如图6-24所示。它可以作为参考、副本、实例或移动的对象从而进行转换。

（2）"运算对象"
- 运算对象：显示当前的操作对象。在列表中单击操作对象，即可对其重命名、删除或提取。
- 删除运算对象：将所选操作对象从列表中删除。
- 提取运算对象：提取选中操作对象的副本或者实例。在列表中选择运算对象后该按钮才可用。
- 实例/复制：指定如何提取运算对象，可以把运算对象作为实例或者副本进行提取。

（3）"插值"

"分段"用于设置连接桥中的分段数目。"张力"用于控制连接桥的曲率。值为0则表示无曲率，值越高则匹配连接桥两端的表面法线的曲线越平滑。但是当分段设置为0时，该选项的作用不明显。

（4）"平滑"

"桥"复选框是在连接桥的面之间应用平滑。"末端"复选框是在和连接桥新旧表面接连的面与原始对象之间应用平滑。

6.4.2 实例讲解：骨骼模型

下面通过图6-25所示骨骼模型实例学习"连接"复合对象建模。

步骤1 在前视图中分别创建两个球体并转换为可编辑多边形。选择上方球体，在"多边形"子模式下，在左视图中选择其中靠后的一些多边形，按【Delete】键删除。返回到物体模式后选择下方球体，在"多边形"子模式下在左视图中选择其中靠前的一些多边形，按【Delete】键删除，如图6-26所示。

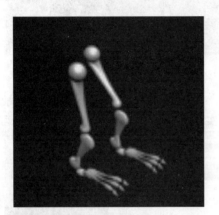

图6-25 骨骼模型

图6-26 删除面

步骤2 选择其中一个球体，在"创建"面板中单击"几何体"→"复合对象"→"连接"按钮。单击"拾取运算对象"按钮，然后在视图中单击另一个球体，得到图6-27所示结果。

步骤3 修改其参数。设置其"插值"选项组中的分段值为3，张力值为0.27，启用"平滑"组中的"桥"选项，如图6-28所示，即可完成大腿骨骼模型的创建。

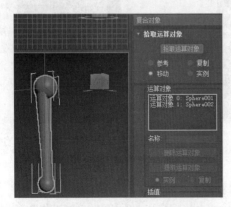

图6-27 创建"连接"复合对象

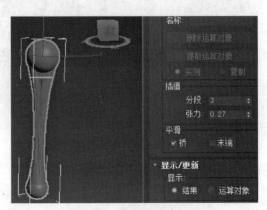

图6-28 修改参数

步骤 4 继续创建小腿骨骼模型。在前视图中创建两个球体，图6-29所示为四个视图中观察的模型。

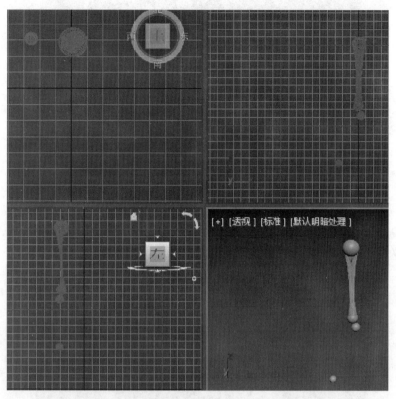

图6-29 创建球体

步骤 5 将两个球体缩放压扁，并转换为可编辑多边形，如图6-30所示。

步骤 6 选择上方球体，在"多边形"子模式下，在左视图中选择其下方的一些多边形，按【Delete】键删除。返回到物体模式后选择下方球体，在"多边形"子模式下，在左视图中选择其上方的一些多边形，按【Delete】键删除。图6-31所示为左视图和透视图中的模型。

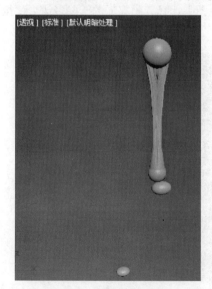

图6-30 缩放压扁球体

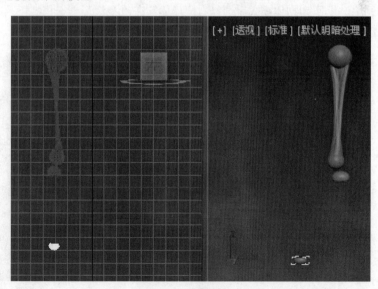

图6-31 删除面

步骤 7 重复步骤2的操作，完成两个部位之间的连接，并调整其参数，如图6-32所示，即完成了小腿骨骼模型的创建。

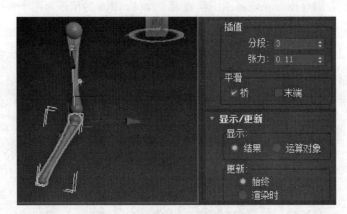

图6-32 创建"连接"复合对象

步骤 8 创建脚趾骨骼模型。在场景中创建两个球体，将两个球体分别沿着Z轴和X轴缩放压扁，并调整其在透视图和左视图中的位置，如图6-33所示。

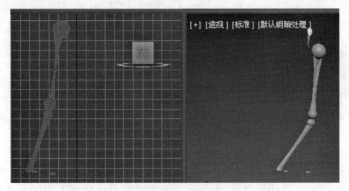

图6-33 创建球体并调整位置

步骤 9 选择左侧小球体，在"多边形"子模式下，在左视图中选择其中靠前的一些多边形，按【Delete】键删除。返回到物体模式后选择右侧球体，在"多边形"子模式下，在左视图中选择其中靠后的一些多边形，按【Delete】键删除。图6-34所示为透视图中的效果。

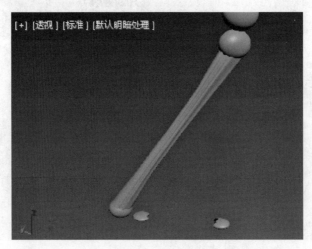

图6-34 删除面

步骤 10 重复步骤2的操作，完成两个部位之间的连接，并调整其参数，如图6-35所示，即完成了一根脚趾骨骼模型的创建。移动脚趾模型至合适位置。

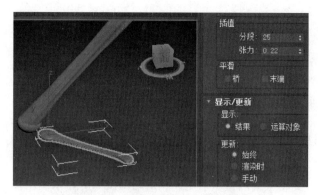

图6-35 创建"连接"复合对象

步骤⓫ 选择上一步完成的脚趾模型,在主工具栏中选择"选择并旋转"工具,按住【Shift】键的同时旋转复制两次。图6-36所示为完成了骨骼初始模型的创建。读者可将其全部转换为可编辑多边形后,利用多边形建模法对模型进行细节调整,此处不再赘述。

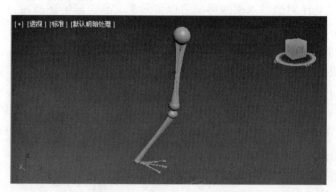

图6-36 旋转复制完成脚趾模型

6.5 "水滴网格"复合对象

6.5.1 "水滴网格"基础知识

1. "水滴网格"

水滴网格复合对象是通过一些具有黏性的球体,相互堆积融合生成模型的一种建模方法。该建模方法适用于表现黏稠的液体或者是胶质的物体等。该建模方法可以通过几何体或粒子创建一组球体,还可以将球体连接起来,就好像这些球体是由柔软的液体物质构成的一样。如果球体在另外一个球体的一定范围内移动,它们就会连接在一起。

采用这种方式操作的球体一般称为变形球。水滴网格复合对象可以根据场景中的指定对象生成变形球。然后这些变形球会形成一种网格效果,即水滴网格。该建模方法通常用于制作水滴或瀑布流水的效果,蛋糕上的奶油、乳胶漆效果等。

2. 创建"水滴网格"对象

通过几何体或辅助对象创建水滴网格,具体操作步骤如下:

① 创建一个或多个几何体或者辅助对象。

② 单击"水滴网格",然后在屏幕的任意位置处单击,以创建初始变形球。

③ 选择"修改"面板,在"水滴对象"组中单击"添加"按钮,选择要用于变形球的对象。此时变形球会显示在每个选定对象的每个顶点处或辅助对象的中心。

④ 在"参数"卷展栏中,根据需要设置大小等参数,以便于连接变形球。

3. 参数

图6-37所示为"水滴网格"的参数卷展栏,下面介绍其常用参数。

① "大小":对象的每个变形球的半径。

② "张力":用于确定曲面的松紧程度。该值越小,曲面就越松。取值范围为0.01~1.0。默认设置为1.0。

③ "计算粗糙度":设置生成水滴网格的粗糙度或密度。禁用"相对粗糙度"时可以使用"渲染"和"视口"值设置水滴网格面的绝对高度和宽度,还可以使用较小的值创建更平滑、更密集的网格。启用"相对粗糙度"时,水滴网格面的高度和宽度由变形球大小与该值的比来确定。在这种情况下,值越高,则创建的网格越密集。取值范围为0.001~1000.0。"渲染"默认值为3,"视图"默认值为6。

④ "相对粗糙度":确定如何使用粗糙度值。如果禁用该选项,则"渲染粗糙度"和"查看粗糙度"值是绝对值,水滴网格面将保留固定大小,即使变形球的大小发生变化也是如此。如果启用该选项,每个水滴网格面的大小由变形球大小与粗糙度的比来确定。因此,随着变形球变大或变小,水滴网格面的大小会随之变化。默认设置为禁用状态。

⑤ "最小大小":启用"使用软选择"时设置衰减范围内变形球的最小大小,默认设置为10.0。

⑥ "水滴对象"。

- 拾取:允许从屏幕中拾取对象以添加到水滴网格。
- 添加:显示选择对话框。可以在其中选择要添加到水滴网格中的对象或粒子
- 移除:从水滴网格中删除对象。

图6-37 "水滴网格"的参数

6.5.2 实例讲解:倒牛奶效果模型

下面通过制作图6-38所示的倒牛奶效果的模型来学习水滴网格复合对象建模。

步骤1 创建杯子模型。在命令面板中单击"创建"→"几何体"→"标准基本体"→"圆柱体"按钮,在透视图中创建一个圆柱体,其高度分段设置为1,并转换为可编辑多边形。进入"顶点"子模式,选择圆柱体顶部的所有顶点,在主工具栏中选择"选择并缩放"工具对其进行等比例缩放,如图6-39所示。

图6-38 倒牛奶效果的模型

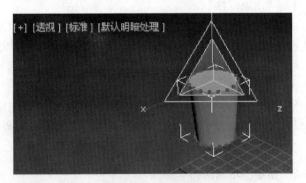

图6-39 缩放顶点

步骤2 进入"多边形"子模式,选择圆柱体顶部的圆形多边形,按【Delete】键删除,如图6-40所示。

步骤3 返回到物体模式下,在"修改器列表"中选择"壳"修改器,然后修改其参数,如图6-41所示,即可完成杯子模型的制作。

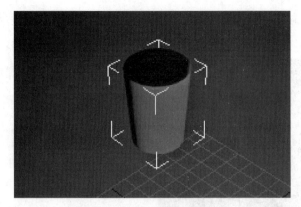

图6-40　删除顶面

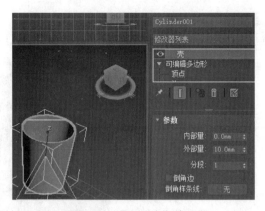

图6-41　添加"壳"修改器

步骤 4 在透视图中选择杯子模型，按住【Shift】键的同时沿着Z轴向上移动复制一个杯子。将刚复制的杯子向上方移动，然后利用"选择并旋转"工具将其旋转到图6-42所示位置。

图6-42　旋转上方杯子模型

步骤 5 在右侧命令面板中单击"创建"→"图形"→"线"按钮，在前视图中沿着杯子的走向创建二维线，其在四个视图中的位置如图6-43所示。

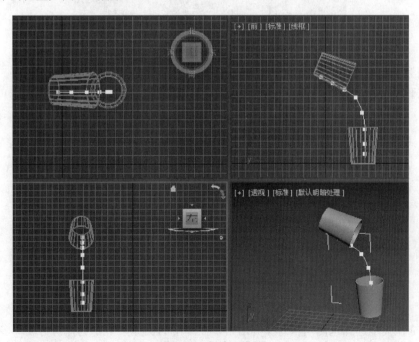

图6-43　创建二维线

步骤 6 在右侧命令面板中单击"创建"→"几何体"→"复合对象"→"水滴网格"按钮,在透视图的任意位置处单击,以创建初始变形球,将该变形球缩小,如图6-44所示。

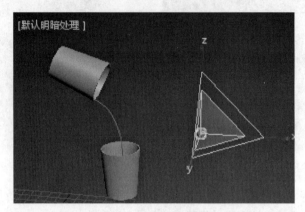

图6-44 创建"水滴网格"复合对象

步骤 7 在"修改"面板的参数中单击"拾取"按钮,然后在透视图中单击二维线,得到图6-45所示的模型效果。

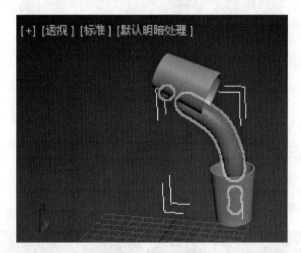

图6-45 拾取二维线

步骤 8 对生成的形状进行移动及缩放的调整,具体操作步骤略,得到图6-46所示效果。当效果不满意时,可以选择二维线,调整其顶点,这样水滴网格对象就会随着发生变化。

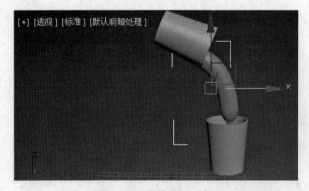

图6-46 调整复合对象

步骤 9 在命令面板中选择水滴网格对象并右击,在弹出的快捷菜单中选择"可编辑多边形"命令,将水滴网格对象转换为可编辑多边形,在顶点模式下调整其顶点,使其更加自然一些。还可以将其颜色修改为白色。最后,在视图中创建一个圆锥体并调整其参数,作为杯中的牛奶液体,得到图6-47所示效果。

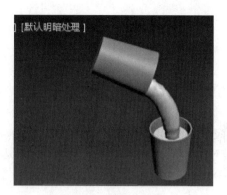

图6-47　倒牛奶模型

6.6　"图形合并"复合对象

6.6.1　"图形合并"基础知识

1. "图形合并"

将一个二维图形投影到一个三维对象的表面,从而产生相交或相减的效果,通常用于制作镶嵌效果的模型。单击"复合对象"面板中的"图形合并"按钮即可执行图形合并命令,如图6-48所示。

2. 创建"图形合并"对象

创建"图形合并"对象的操作步骤如下:

① 创建一个网格对象和一个或多个二维图形。
② 在视图中对齐图形,使它们朝网格对象的曲面方向进行投射。
③ 选择网格对象,然后单击"图形合并"按钮。
④ 单击"拾取图形"按钮,然后单击图形。修改网格对象曲面的几何体以嵌入与选定图形匹配的图案。

3. 参数

图6-49所示为"图形合并"卷展栏,下面介绍其常用参数。

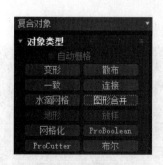

图6-48　图形合并

图6-49　"图形合并"卷展栏

(1) "拾取运算对象"

➢ 拾取图形:单击该按钮,然后单击要嵌入网格对象中的图形。此图形沿图形局部的Z轴方向投射到网格对象上。

➢ 参考、复制、移动、实例：指定将二维图形传输到复合对象中的方法。它可以作为参考、副本、实例或移动的对象从而进行转换。

（2）"运算对象"

➢ 运算对象：在复合对象中列出所有操作对象。第一个运算对象是网格对象，以下是任意数目的基于二维图形的运算对象。

➢ 删除图形：从复合对象中删除选中图形。

➢ 提取运算对象：提取选中操作对象的副本或者实例。在列表中选择运算对象后该按钮才可用。

➢ 实例/复制：指定如何提取运算对象，可以把运算对象作为实例或者副本进行提取。

（3）"操作"

此选项决定如何将图形应用于网格中。

➢ 饼切：切去网格对象曲面外部的图形。

➢ 合并：将图形与网格对象曲面合并。

➢ 反转：反转"饼切"或"合并"效果。使用"饼切"按钮时效果比较明显。禁用该选项时，图形在网格对象中是一个孔洞。启用该选项时，图形是实心的而网格消失。

6.6.2 实例讲解：象棋模型

下面利用"图形合并"复合对象建模方法制作象棋模型，具体操作步骤如下。

步骤 1 在右侧命令面板中单击"创建"→"几何体"→"扩展基本体"→"切角圆柱体"按钮，在场景中创建一个切角圆柱体，修改其参数，如图6-50所示。

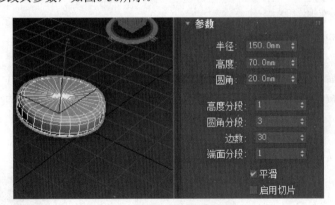

图6-50 创建切角圆柱体

步骤 2 进入"修改"面板，选择"修改器列表"中的"FFD×4×4"修改器。将"FFD×4×4"修改器左侧的小三角图标展开，选择"控制点"选项，如图6-51所示。

步骤 3 在左视图中使用移动工具调整模型上的控制点，使其更加逼真，如图6-52所示。

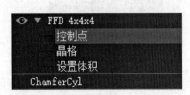

图6-51 选择"控制点"子选项

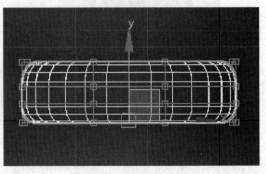

图6-52 调整控制点

步骤 4 在右侧命令面板中单击"创建"→"图形"→"样条线"→"圆环"按钮，在顶视图中创建一个圆环。在圆环的参数中设置半径如图6-53所示。

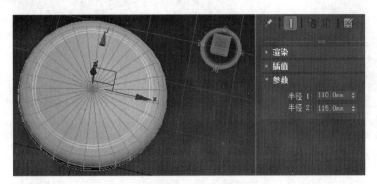

图6-53 修改参数

步骤 5 在右侧命令面板中单击"创建"→"图形"→"样条线"→"文本"按钮，设置其参数如图6-54所示，然后在顶视图中创建文本。

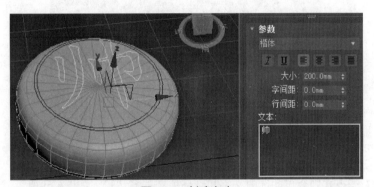

图6-54 创建文本

步骤 6 在场景视图中选择文本，单击主工具栏中的"对齐"工具，然后再单击圆环，在弹出的对话框中设置参数，如图6-55所示，实现二者的对齐效果。

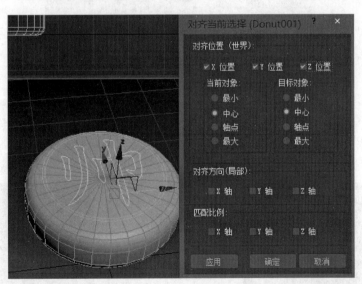

图6-55 对齐文本和圆环

步骤 7 在场景中选择切角圆柱体，在右侧面板中单击"创建"→"几何体"→"复合对象"→"图形合并"按钮，在"拾取操作对象"卷展栏中单击"拾取图形"按钮，如图6-56所示。

步骤 8 在场景视图中单击圆环和文本，即拾取这两个图形，得到图6-57所示效果。

 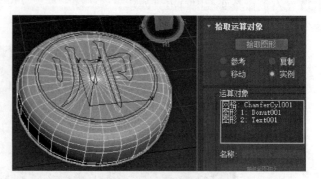

图6-56 创建"图形合并"复合对象　　　　　图6-57 拾取图形

步骤9 选择"显示"面板,在"按类别隐藏"卷展栏中勾选"图形"复选框,如图6-58所示。

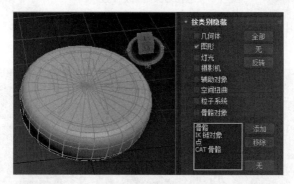

图6-58 在"显示"面板中勾选"图形"复选框

步骤10 在视图中选择象棋模型并右击,在弹出的快捷菜单中选择"转换为"→"转换为可编辑多边形"命令,然后进入"元素"子模式则会自动选中文字和圆环所在的多边形,如图6-59所示。

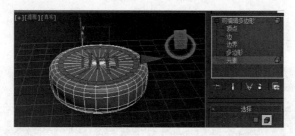

图6-59 转换为可编辑多边形

步骤11 在右侧命令面板中单击"编辑多边形"→"倒角"按钮后面的"设置"按钮,在弹出的对话框中设置相应参数,如图6-60所示。

步骤12 确定后即完成了象棋模型的制作,如图6-61所示。

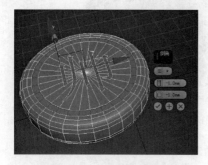 

图6-60 设置倒角及参数　　　　　　　图6-61 完成的象棋模型

6.7 "布尔"复合对象

6.7.1 "布尔"基础知识

1. "布尔"运算

"布尔"即布尔运算,是对两个或更多的交叠对象执行布尔运算,运算包括并集、差集、交集等。选择两个交叠对象中的任意一个对象,单击"复合对象"面板中的"布尔"按钮后即可进行布尔运算,如图6-62所示。

2. 参数

布尔运算包含3个卷展栏,分别为"名称和颜色""布尔参数""运算对象参数"。

(1)"名称和颜色"

显示当前选择对象的名称和颜色,可以对其进行修改。

图6-62 "布尔"复合对象

(2)"布尔参数"

"布尔参数"卷展栏中主要包括"添加运算对象""移除运算对象"按钮,分别用于添加和移除布尔运算对象,已选择的布尔运算对象将出现在下方的"运算对象"列表框中,如图6-63所示。

(3)"运算对象参数"

"运算对象参数"卷展栏中主要包括布尔运算的六种类型,分别是并集、交集、差集、合并、附加和插入。在运算时可以选择保留原始材质或应用运算对象材质。还可以选择显示方式,如图6-64所示。

图6-63 "布尔参数"卷展栏

图6-64 "运算对象参数"卷展栏

6.7.2 "布尔"复合对象的主要类型

在实际的建模过程中,常用的布尔运算类型主要是并集、交集、差集,下面介绍这三种类型的操作。

1. 并集操作

并集运算是把两个具有重叠部分的对象组合成为一个对象。若要合并两个对象,可选定一个对象并单击"布尔"按钮。在"参数"卷展栏中,选定的对象被指定为操作对象A。选择"并集"后单击"布尔参数"卷展栏中的"添加运算对象"按钮,然后在视图中选择第二个对象。具体操作步骤如下。

步骤1 在透视图中创建一个球体和一个长方体,移动使之相交,图6-65所示左图为左视图中的线框显示,右图为透视图中的三维物体显示。

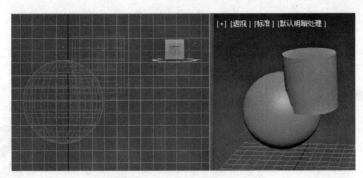

图6-65 创建球体和长方体

步骤 2 选择视图中的球体,在右侧命令面板中单击"创建"→"几何体"→"复合对象"→"布尔"按钮。在"运算对象参数"中选择"并集"(默认即为该选项)。在"布尔参数"卷展栏中单击"添加运算对象"按钮,然后在视图中单击圆柱体,得到图6-66所示结果。观察该图中左侧线框显示结果,对比上图能够发现明显变化,即为并集的结果。

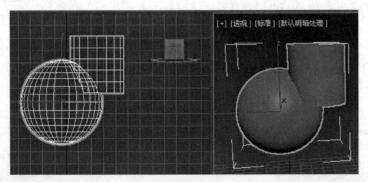

图6-66 并集运算结果

2. 交集操作

交集运算是将相交物体间不相交的部分去除,只保留其相交的部分。由两个对象交叠的部分创建一个对象。在这个运算中,对于A、B对象的认定并不重要。其操作过程与并集类似,图6-67所示为上述两个对象进行交集操作的结果。

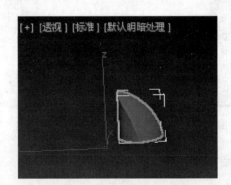

图6-67 交集运算结果

3. 差集操作

差集运算可以对相交的物体进行相减运算,从一个对象中减去另一个对象与之交叠的部分,得到相减剩下的部分,从而得到新的物体模型。对于这种操作,从对象A中减去对象B与从对象B中减去对象A生成的模型可能截然不同,所以在建模时尤其要注意选定对象的次序。

其操作过程同并集类似,图6-68所示左图为上述案例中先选择球体再选择圆柱体,进行差集操作的结果;右图为先选择圆柱体再选择球体,进行差集操作的结果。

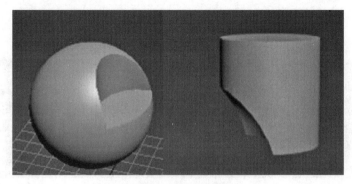

图6-68 差集运算结果

6.7.3 实例讲解：齿轮模型

下面通过一个齿轮模型学习布尔复合对象建模方法。具体操作步骤如下：

步骤1 单击"创建"→"图形"→"样条线"按钮，在二维图形面板中选择"星形"。在顶视图中创建星形，然后在右侧命令面板中选择"修改"面板，修改其参数。图6-69所示为透视图中观察的形状及其参数设置。

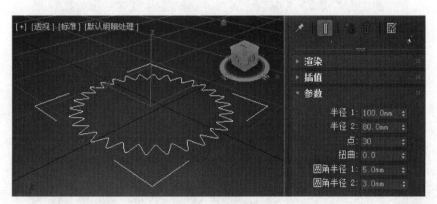

图6-69 创建星形

步骤2 在场景中选择所创建的星形，单击"创建"面板中的"修改"按钮，选择"修改器列表"中的"倒角"修改器。设置"倒角"参数，如图6-70所示。

步骤3 在右侧命令面板中单击"创建"→"几何体"→"标准基本体"按钮，在其类型中单击"圆柱体"按钮，在顶视图中创建一个圆柱体，设置其半径为60，高度为5，边数为30，如图6-71所示。

图6-70 修改"倒角"参数

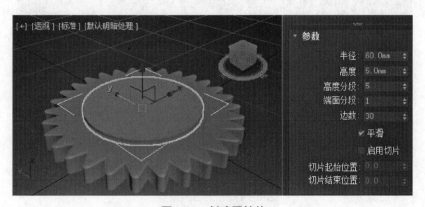

图6-71 创建圆柱体

步骤 4 将该圆柱体复制一份并移动到星形的下方位置，图6-72所示为复制后左视图中观察到的三个物体的线框显示结果。

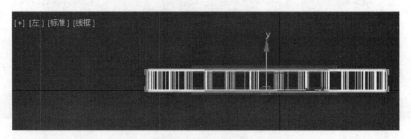

图6-72 移动圆柱体

步骤 5 在透视图中选择星形，单击主工具栏中的"对齐"工具，然后在场景中单击上方的圆柱体。在弹出的对话框中做如图6-73所示的设置并确定。确定后选择星形再选择下方圆柱体做同样的对齐操作，如图6-73所示。

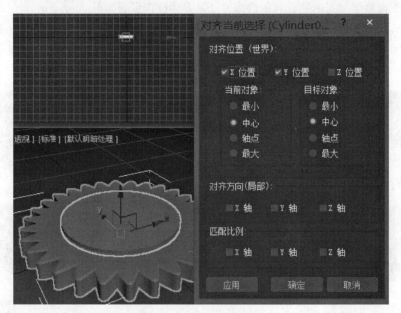

图6-73 对齐圆柱体和星形

步骤 6 在场景中选择星形，在右侧命令面板中单击"创建"→"几何体"→"复合对象"→"布尔"按钮。在其"运算对象参数"中选择"差集"，然后单击"布尔参数"中的"添加运算对象"按钮，并在视图中分别单击上方和下方的圆柱体，得到图6-74所示的模型效果。

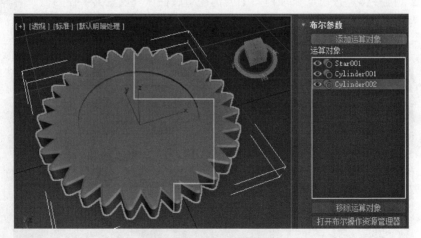

图6-74 差集后的模型

步骤 7 单击"创建"→"几何体"→"标准基本体"→"圆柱体"按钮,在顶视图中创建圆柱体。选择场景中星形所在的物体,单击主工具栏中的"对齐"工具,在场景中选择圆柱体,然后在弹出的对话框中做图6-75所示设置,确定后即实现了二者的对齐。

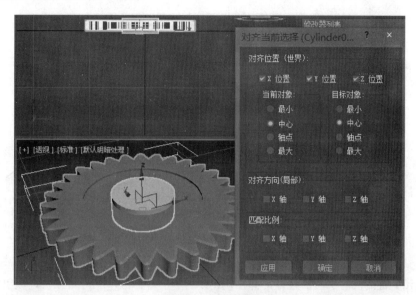

图6-75 对齐设置

步骤 8 选择星形所在的物体,在右侧命令面板中单击"创建"→"几何体"→"复合对象"→"布尔"按钮。在其"运算对象参数"中选择"差集",然后单击"布尔参数"中的"添加运算对象"按钮,并在视图中单击圆柱体,得到图6-76所示的模型效果。

图6-76 差集后的效果

步骤 9 单击"创建"→"几何体"→"标准基本体"→"圆柱体"按钮,在顶视图中创建圆柱体,设置其参数如图6-77所示。

图6-77 修改圆柱体的参数

步骤10 选择刚创建的小圆柱体,选择"层次"面板,单击"仅影响轴"按钮,然后单击主工具栏中的"对齐"按钮,在场景中选择星形所在的物体,在弹出的对话框中做图6-78所示的设置,确定后再次单击"仅影响轴"按钮结束对圆柱体轴心的调整。

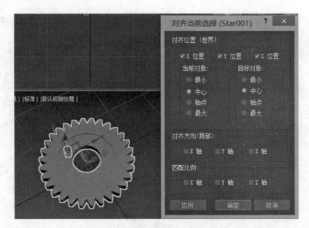

图6-78 调整小圆柱体的轴心

步骤11 在顶视图中选择小圆柱体,在主工具栏中选择"角度捕捉"并设置角度为60°。单击"选择并旋转"工具,按住【Shift】键的同时旋转圆柱体,弹出图6-79所示的对话框,在"对象"选项组中选择"复制"单选按钮,并设置"副本数"为5。

图6-79 复制小圆柱体

步骤12 单击"确定"按钮,得到6个小圆柱体,如图6-80所示。

图6-80 复制得到6个圆柱体

步骤 13 选择星形,在右侧命令面板中单击"创建"→"几何体"→"复合对象",在类型中单击"布尔"按钮,在其"运算对象参数"中选择"差集",然后单击"布尔参数"中的"添加运算对象"按钮,并在视图中分别单击6个圆柱体,得到图6-81所示的齿轮模型效果。

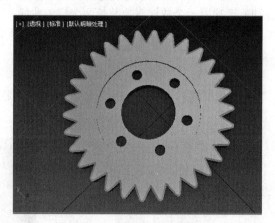

图6-81 差集后的齿轮模型

6.8 "放样"复合对象

放样是来自造船工业的术语。古希腊工匠在造船时,为了确保船体的大小,通常是先制作出主要船体的横截面,再利用支架将船体固定进行装配。横截面在支架中逐层搭高,船体的外壳则蒙在横截面的外边缘平滑过渡。一般将横截面逐渐升高的过程称为"放样"。

放样建模需要两个二维曲线:一个是用于定义放样物体深度的放样路径;另一个是用于定义放样形状的放样截面。在放样过程中通过截面和路径的变化可以生成复杂的模型。放样建模方法通常是创建一个二维曲线作为放样路径,同时再创建一个或几个二维图形作为放样截面,然后使截面沿着指定的路径逐渐展开从而生成一个三维模型。

根据放样过程中截面图形数量的不同,放样分为单截面放样和多截面放样。单截面放样即截面图形只有一个,而多截面放样即截面图形具有多个。在放样过程中,路径曲线只能有一条。同一路径中的不同位置可以放置不同的截面图形,路径曲线可以是开放的曲线或闭合的图形。

6.8.1 基本放样及实例

1. 放样的步骤

① 用户若要创建放样对象,需要绘制至少两个样条曲线形状,一个用于定义放样的路径,另一个用于定义其横截面。

② 创建了形状后,在场景中选定一个二维图形,然后单击"创建"→"几何体"→"复合对象"→"放样"按钮。

③ 在"创建方法"中单击"获取路径"或者"获取图形"按钮。

④ 在场景中选择另一条曲线,这样就会生成一个三维物体,即放样复合对象。

2. 放样的参数

放样的命令面板如图6-82所示。其包括5个卷展栏,分别为"名称和颜色""创建方法""曲面参数""路径参数""蒙皮参数",下面介绍其主要卷展栏。

(1)"创建方法"

在"创建方法"卷展栏中显示"获取路径"和"获取图形"两个按钮,如图6-83所示。选定一个样条曲线,然后单击二者中的任一按钮即可指定样条曲线路径或样条曲线横截面。

图6-82 放样的命令面板

➤ 获取路径:单击该按钮,那么选定的样条曲线就作为放样的路径,下一个选定的样条曲线形状就作为横截面。

➢ 获取图形：单击该按钮，那么选定的样条曲线就作为横截面形状，下一个选定的样条曲线形状就作为放样的路径。

➢ 移动、复制、实例：使用"获取路径"和"获取图形"按钮创建放样对象时，可以指定移动样条曲线或创建样条曲线的副本、实例。"移动"选项用一个放样对象替换两个样条曲线。"复制"选项保留视图中的两个样条曲线并创建一个新的放样对象。"实例"保持样条曲线和放样对象之间的关联，使用这个关联可以修改原样条曲线，放样对象可以自动更新。

（2）"曲面参数"

所有放样对象都包含"曲面参数"卷展栏，如图6-84所示。通过该卷展栏可以用两种不同的选项设置放样对象的平滑度。

图6-83　"创建方法"卷展栏

图6-84　"曲面参数"卷展栏

➢ "平滑"：平滑长度和平滑宽度是将放样物体的长度方向或宽度方向进行平滑处理，默认启用。

➢ "贴图"：该选项可以控制纹理贴图，通过设置贴图沿放样对象的长度方向或宽度方向重复的次数就可以实现贴图。勾选"规格化"复选框可以使贴图沿表面均匀分布或者根据形状的顶点间距成比例分布。

➢ "材质"：可以把放样对象设置为自动"生成材质ID"和"使用图形ID"。

➢ "输出"：可以把放样的输出指定为"面片"或"网格"物体。

（3）"路径参数"

使用"路径参数"卷展栏可以沿放样路径的不同位置定位几个不同的横截面图形，如图6-85所示。

➢ "路径"：该值是根据"距离"或者"百分比"确定新形状插入的位置。

➢ "捕捉"：勾选该选项中的"启用"复选框可以打开捕捉，此时可以沿路径的固定距离进行捕捉。

➢ "路径步数"：选中该单选按钮可以沿顶点定位的路径以一定的步幅数定位新形状，每个路径根据其不同的复杂度有不同的步幅数。

（4）"蒙皮参数"

"蒙皮参数"卷展栏包含许多确定放样蒙皮复杂度的选项，如图6-86所示。

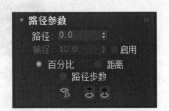

图6-85　"路径参数"卷展栏

图6-86　"蒙皮参数"卷展栏

➤ "封口"：使用"封口始端"和"封口末端"复选框可以指定是否给放样任何一端添加端面，端面可以是变形类型或栅格类型。
➤ "选项"：包含一些控制蒙皮外观的选项。
● 图形步数：控制路径上图形的顶点与顶点之间的步数。该值越大，图形表面越光滑。
● 路径步数：控制放样路径。该值越大，路径方向的分段越多，表面越光滑。
● 优化图形、优化路径：用于对图形进行优化，即删除不需要的边或顶点以降低放样复杂度。
● 自适应路径步数：用于自动确定路径使用的步幅数，默认启用。
● 轮廓：用于确定横截面图形如何与路径排列。如果勾选该复选框，横截面在放样时会自动更正自身的角度和垂直路径，总是调整为与路径垂直。如果不勾选，则路径改变方向时，横截面图形仍然保持方向不变。该选项默认启用。
● 倾斜：勾选该复选框，横截面在放样时会随着路径角度的改变而倾斜。该选项默认启用。
● 恒定横截面：勾选该复选框，则按比例变换横截面，使得它们沿路径保持一定的宽度。如果不勾选，则横截面图形会沿路径以任意锐角保持原始尺寸。该选项默认启用。
● 线性插值：勾选该复选框，则使用每个图形之间的直边生成放样蒙皮。如果不勾选，则使用每个图形之间的平滑曲线生成放样蒙皮。该选项默认不启用。
● 翻转法线：用于纠正法线出现的问题，因为创建放样对象时，物体模型的法线经常会意外翻转。
● 四边形的边：勾选该复选框，可以创建四边形以连接相邻的边数相同的横截面图形。该选项默认启用。
● 变换降级：勾选该复选框，使放样蒙皮在子对象图形或路径变换过程中消失，在横截面移动时可以使横截面区域看起来更直观。如果禁用则在子对象变换过程中会看到蒙皮，默认为禁用状态。
● "显示"：取消勾选该选项组中的两个复选框时，视图中只会显示放样对象的路径和截面。启用这两个复选框可以决定在所有视图中显示蒙皮造型，或者是只在打开阴影的视图中显示蒙皮造型。

3. 放样复合对象实例：相框模型

下面通过一个相框模型的制作来说明放样复合对象建模操作及其优势。比较复杂的相框截面如果利用多边形建模或者二维图形样条线建模会比较困难，但是利用放样复合对象建模就很容易。其制作步骤如下：

步骤1 在命令面板中单击"创建"→"图形"→"样条线"按钮，在类型中单击"线"按钮，在顶视图中绘制图6-87所示的样条线作为相框的横截面。

步骤2 在命令面板中单击"创建"→"图形"→"样条线"按钮，在类型中单击"矩形"按钮，在前视图中绘制一个矩形作为相框的路径，如图6-88所示。

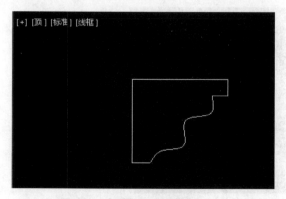

图6-87 创建相框的横截面

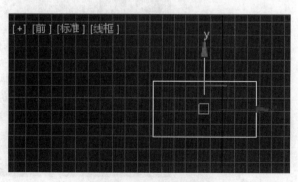

图6-88 创建矩形框路径

步骤3 在场景中选择横截面图形，在右侧命令面板中单击"创建"→"几何体"→"复合对象"→"放样"按钮，在其"创建方法"卷展栏中选择"获取路径"，然后在场景视图中单击矩形，得到图6-89所示相框模型。

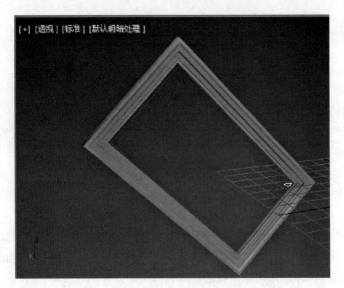

图6-89 创建"放样"复合对象得到的相框

6.8.2 多截面放样及实例

1. 多截面放样

在路径上放置多个截面，从而创建更加复杂的模型。放置多个截面是通过设定"路径参数"卷展栏的"路径"数值，然后单击"创建方法"卷展栏中的"获取图形"按钮，最后在场景中选定截面图形实现。

2. 多截面放样实例操作：牙膏模型

下面通过一个牙膏模型来说明多截面放样复合对象建模的操作。具体操作步骤如下：

步骤1 在命令面板中单击"创建"→"图形"→"线"按钮，然后在前视图中创建一条直线作为放样的路径。在前视图中再创建一个矩形，设置长度为8 mm，宽度为150 mm。选择"圆形"类型后在前视图中分别创建一个大圆形和一个小圆形，如图6-90所示。

> 注意：
> 小圆形也需要重新创建，不能通过对大圆形复制缩放获得，否则后续放样会发生错误。

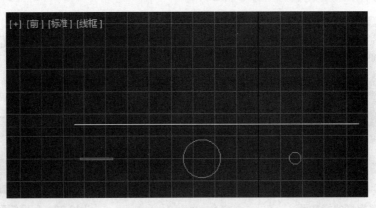

图6-90 创建两个圆形

步骤2 在场景中选择直线，在右侧命令面板中单击"创建"→"几何体"→"复合对象"→"放样"按钮，在"创建方法"卷展栏中单击"获取图形"按钮，然后在场景中单击矩形。这样就将直线作为放样路径，将矩形作为横截面图形，得到图6-91所示效果。此步操作即为单截面放样。

第6章 复合对象建模 143

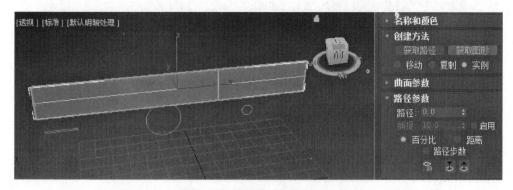

图6-91 单截面放样获取图形

步骤 3 右击结束该放样操作。场景中选择刚放样完成的物体模型，选择"修改"面板，在"路径参数"中设置路径值为40，然后单击"获取图形"按钮后在场景中选择大圆形，得到图6-92所示效果。即在路径的40%处开始按照圆形横截面进行放样。这一步是在上一次放样基础上再次进行放样，即为多截面放样。

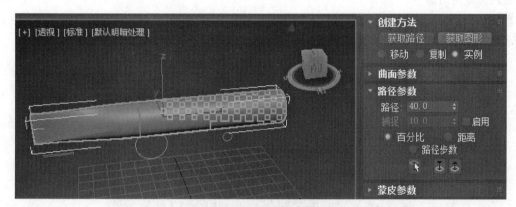

图6-92 多截面放样获取图形

步骤 4 再次右击结束该放样操作。在场景中选择刚放样完成的物体模型，选择"修改"面板，在"路径参数"中设置路径值为90，然后单击"获取图形"按钮后在场景中选择大圆形。即在路径的90%处开始按照圆形横截面进行放样。该步操作在模型效果上看似没有变化，但实际上在模型路径的90%处多了一圈绿色的边，如图6-93所示。

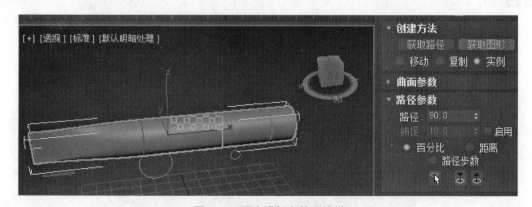

图6-93 再次进行多截面放样

步骤 5 再次右击结束该放样操作。在场景中选择刚放样完成的物体模型，选择"修改"面板，在"路径参数"中设置路径值为95，然后单击"获取图形"按钮后在场景中选择小圆形，得到图6-94所示的牙膏模型。

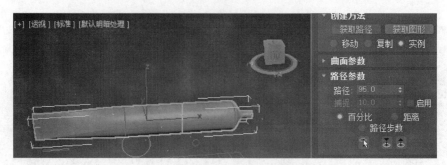

图6-94　最后放样得到的牙膏模型

6.8.3　调整放样对象

放样物体有时需要对细节进行调整，最终才能得到理想的、逼真的造型效果。放样对象的调整主要包括调整截面和调整路径。

下面通过一个实例来说明如何调整放样对象。

1．创建放样复合对象

步骤 1　在"创建"面板中单击"图形"→"样条线"→"螺旋线"按钮，在透视图中创建一条螺旋线作为放样的路径，其参数设置如图6-95所示。

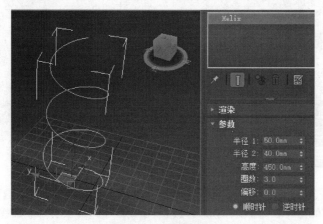

图6-95　创建螺旋线

步骤 2　单击"创建"→"图形"→"样条线"→"星形"按钮，在前视图中创建一个星形作为放样的横截面图形，如图6-96所示。

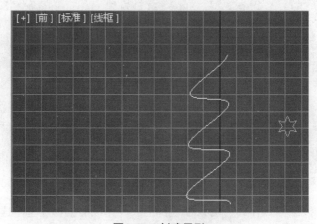

图6-96　创建星形

步骤3 在场景中选择螺旋线,在"创建"面板中单击"几何体"→"复合对象"→"放样"按钮,在"创建方法"中单击"获取图形"按钮,然后在场景中选择星形,得到图6-97所示模型。

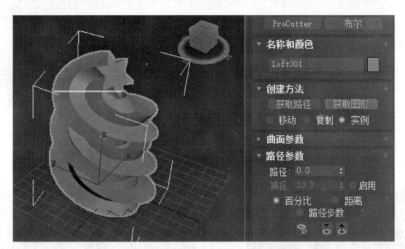

图6-97 创建"放样"复合对象

2. 放样物体的变形

放样物体口径比较粗,可以对其加以变形。关于变形的具体内容将在后续内容中介绍。

步骤1 选择"修改"面板,选择"变形"卷展栏,单击"缩放"按钮,弹出图6-98所示的对话框。

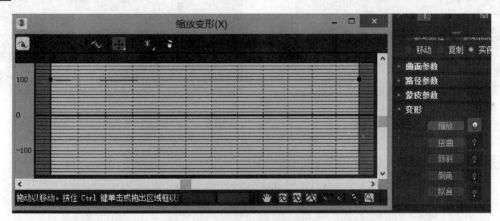

图6-98 缩放变形对话框

步骤2 在该对话框中调整缩放变形的曲线的位置。图6-99所示为调整曲线及得到的模型效果。

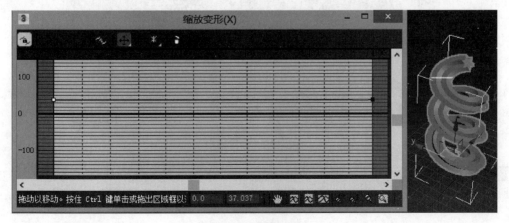

图6-99 调整曲线

3. 调整截面

在放样路径上，用户可以对作为放样对象子物体的截面图形进行移动、缩放、旋转、复制等操作，这些调整将影响放样对象的最终效果。

（1）移动截面图形

步骤 1 在视图中选择放样物体，选择"修改"面板，在修改器堆栈中选择"Loft"→"图形"子模式，如图6-100所示。

步骤 2 单击主工具栏中的"选择并移动"工具，在场景中的放样物体路径上选择星形截面图形，如图6-101所示。

步骤 3 沿着 X 轴或 Y 轴移动星形，会发现放样物体的形状也会发生变化，如图6-102所示。也可以对截面图形进行旋转或缩放操作。

图6-100 选择"Loft"→"图形"子模式

图6-101 选择截面图形

图6-102 移动截面图形

（2）复制截面图形

步骤 1 在前视图中绘制一个圆形，如图6-103所示。

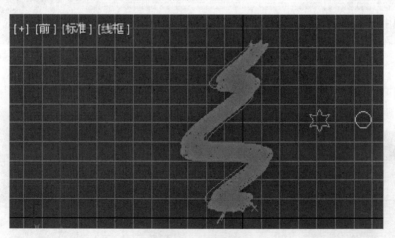

图6-103 创建圆形

步骤 2 在场景中选择放样对象，选择"修改"面板，在其"路径参数"中设置"路径"值为90，然后单击"获取图形"按钮，在视图中选择圆形，完成多截面放样，得到图6-104所示模型。

第6章 复合对象建模 147

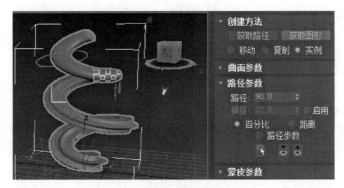

图6-104 多截面放样获取图形

步骤3 在视图中选择放样后的物体，进入"修改"面板，在修改器堆栈中选择"Loft"→"图形"子模式。在放样路径上选择圆形截面图形，然后按住【Shift】键的同时移动该圆形截面到适当位置，释放鼠标后弹出图6-105所示的对话框，选择复制方式实现对圆形截面的移动复制操作，放样复合对象的形状也随之发生变化，即增加了圆形区域。

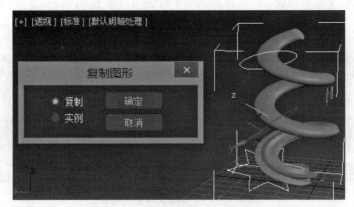

图6-105 复制截面图形

4. 调整路径

对于创建完成的放样对象，不仅可以调整截面图形，还可以调整放样的路径，以满足不同建模的需求。

步骤1 在视图中选择放样后的物体，进入"修改"面板，在修改器堆栈中选择"Loft"→"路径"子模式，如图6-106所示，在修改器堆栈中会多出一个"Helix"层级。

步骤2 选择"Heliex"，在其参数卷展栏中修改参数即可改变路径的形状，放样复合对象模型也即随之更改变形，如图6-107所示。

图6-106 选择"Loft"→"路径"子模式

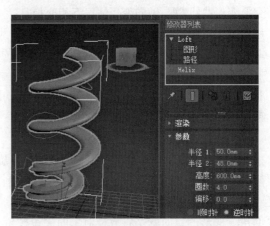

图6-107 选择"Heliex"并修改参数

6.8.4 放样物体的变形及实例

在场景中，除了可通过调整截面图形或者放样路径来修改放样物体以外，还可以对放样物体的剖面图进行变形控制，这样会产生更加复杂的对象。

在创建放样对象时是没有"变形"卷展栏的。在执行放样命令创建完放样复合对象后进入"修改"面板，此时在该命令面板下方就多出一个"变形"卷展栏。3ds Max中对于放样物体的变形操作包括"缩放""扭曲""倾斜""倒角""拟合"等5种，如图6-108所示。

图6-108　"变形"卷展栏

1. "缩放"变形

"缩放"变形是最常用的一种变形方式，下面介绍缩放变形工具，其他工具的操作与之类似不再赘述，读者可在建模时根据需要选择操作。

"缩放"变形的缩放功能不是主工具栏上的同名按钮所能实现的。使用缩放变形工具可以使放样的截面图形在X轴和Y轴方向上进行缩放变形。

在"变形"卷展栏中单击"缩放"按钮，弹出"缩放变形"对话框，如图6-109所示。在该对话框中，最上方的是操作按钮，中间的是变形曲线视窗，红色的是水平控制线，最下方的是视窗调整按钮。

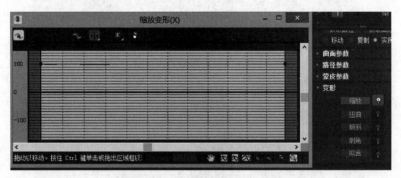

图6-109　"缩放变形"对话框

"缩放变形"对话框中主要操作对象即是红色变形曲线，它代表放样对象的路径，可以通过插入控制点，然后利用操作按钮操作控制点，从而调整曲线，使之弯曲、变形等。

视窗中的操作按钮的含义如下：

➤ 均衡■：变形曲线将被锁定，在X和Y轴上对称。

➤ 显示X轴■：使控制X轴的曲线是可见的。

➤ 显示Y轴■：使控制Y轴的曲线是可见的。

➤ 显示XY轴■：使两个轴向同时显示出来。

➤ 交换变形曲线■：轴向变形情况互相交换。

➤ 移动控制点■：单击该按钮，即可移动变形曲线上的控制点。

➤ 缩放控制点■：按比例缩放控制点，改变曲线的形状。

➤ 插入角点■：单击该按钮，可以在变形曲线上添加控制点。

➤ 删除控制点■：单击该按钮，即可删除当前选中的控制点。

➤ 重置曲线■：将曲线恢复到未变化时的形状。

2. 其他变形

"扭曲"变形工具可以围绕放样路径将截面图形旋转一定角度，以便产生扭曲的模型效果。

"倾斜"变形操作就是将放样对象的横截面围绕它的局部X轴或Y轴进行旋转，以改变模型在路径始末端的倾斜度。

"倒角"变形的目的就是将放样对象的尖锐棱角变得圆滑。该工具可以将一个截面从它的原始位置切入或者拉出一定的距离，类似于倒角制作的过程。

"倒角"变形提供了三种不同的倒角类型，可以从窗口倒角操作按钮右下角的弹出按钮中进行选择。
- 法线倒角：该种方式是不管路径角度如何，都生成带有平行边的标准倾斜角，默认启用该方式。
- 自适应（线性）：根据路径角度，线性的改变倾斜角。
- 自适应（立方）：根据路径角度，用立方体样条曲线改变倾斜角。

"拟合"变形工具与前四种变形操作的原理和操作方法都不相同，其原理是使一个放样物体在X轴与Y轴平面上同时受到两个图形的限制，最终压制成模型。它不是利用变形曲线来控制变形的程度，而是利用对象的顶视图和侧视图来描述对象的外表形状。

3. 实例讲解：香蕉模型

下面通过香蕉模型的创建练习放样复合对象建模中缩放变形方法的使用。具体操作步骤如下：

步骤1 在命令面板中单击"创建"→"图形"按钮，在类型中单击"线"按钮。在顶视图中绘制香蕉的横截面曲线，如图6-110所示。

步骤2 在前视图中绘制一条直线作为放样的路径，如图6-111所示。

> **注意：**
> 放样路径的样条曲线其末端的控制点不能是Bezier或Bezier角点，应该设置成角点或者平滑点，否则放样生成的三维物体末端会出现倾斜或收缩等现象。

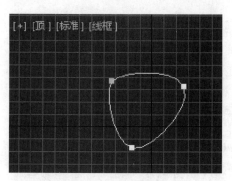
图6-110 创建二维线

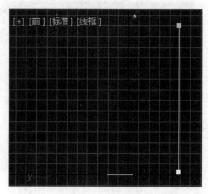
图6-111 创建直线

步骤3 在场景中选择步骤1创建的横截面，在右侧命令面板中单击"创建"→"几何体"→"复合对象"→"放样"按钮，然后在其"创建方法"中单击"获取路径"按钮，如图6-112所示。

步骤4 在场景中选择直线作为放样的路径，得到图6-113所示的放样复合对象初始模型。

图6-112 创建放样复合对象

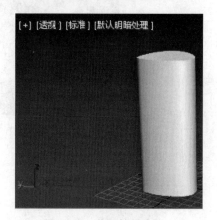
图6-113 获取放样路径

步骤5 在场景中选择放样物体，在右侧命令面板中选择"修改"面板，单击"变形"→"缩放"按钮，如图6-114所示。

步骤6 弹出"缩放变形"对话框,通过其工具栏中的 工具可以在曲线上插入控制点,顶点类型可以通过按住鼠标左键不动,在其中选择角点或者Bezier平滑或者Bezier角点,然后通过移动工具 移动各个顶点,从而调节该对话框中的曲线,如图6-115所示。

图6-114 "变形"选项卡

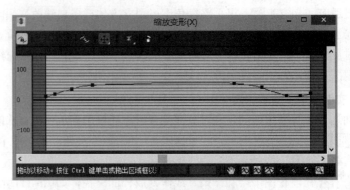

图6-115 调整缩放变形曲线

步骤7 通过调整"缩放变形"对话框中的曲线得到的香蕉模型如图6-116所示。

步骤8 在场景中选择香蕉模型,选择"修改"面板,在"修改器列表"中选择"弯曲"修改器,如图6-117所示。

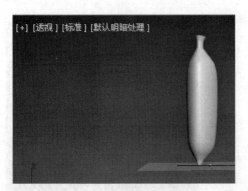

图6-116 香蕉模型初步

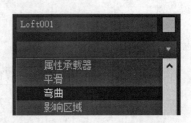

图6-117 添加"弯曲"修改器

步骤9 设置"弯曲"的角度参数值为100,弯曲轴选择Y轴。图6-118所示为透视图中的香蕉模型。

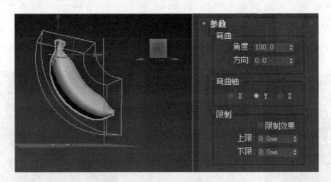

图6-118 创建完成的香蕉模型

第7章 编辑修改器

如果想利用3ds Max软件创建更为复杂的模型，还需要在对系统提供的基本体进行建模的基础上，对于细节进行更为细致的修改和编辑操作。为此，3ds Max中提供了多种编辑修改器，利用它们可以创建更加丰富多样、造型更加逼真的三维模型。

3ds Max中的"修改"面板非常重要，它是对模型进行修改、编辑的地方，是三维建模的核心部分。3ds Max 2020自带了大量的编辑修改器，这些编辑修改器以堆栈方式记录着所有的修改器命令，每个编辑修改器都有自身的参数集合和功能。可以对一个或多个模型添加一种或多种编辑修改器，并且能够进入模型的子物体级别对其内部结构进行操作，从而得到最终所需要的造型。

7.1 编辑修改器概述

7.1.1 编辑修改器面板

修改器命令面板包括"名称和颜色""修改器列表""修改器堆栈""当前编辑修改器参数"四个区域，如图7-1所示。

图7-1 编辑修改器面板

1. 名称和颜色

在创建模型时，系统会自动为每个对象命名并指定一种颜色。用户可以在命令面板左侧的文本框中输入文字修改当前模型的名称。单击文本框右侧的颜色框，弹出"对象颜色"对话框，在其中可以修改模型的颜色。

2. 修改器列表

此处提供软件中全部修改器的列表项。在修改模型时，单击列表框右侧的下拉按钮，即可打开全部编辑修改器的列表。在下拉列表中可以选择相应的修改器。

3. 修改器堆栈

修改器堆栈中包含所选对象和所有作用于该对象的编辑修改器。通过修改器堆栈可以对相关参数进行设置。

在修改器堆栈下方有5个按钮，通过它们可以对堆栈进行相应的操作。

① 锁定堆栈：单击该按钮可以将修改器堆栈锁定在当前选择的模型上。即使在场景中选择了其他模型，修改器仍只对锁定模型有效。

② 显示最终结果开/关切换：单击该按钮即可显示模型修改的最终结果。当修改器堆栈中存在多个修改器时，单击该按钮将只显示当前及其下方的修改器对模型产生的作用，再次单击该按钮才会显示最终结果。

③ 使唯一：用于取消当前模型与其他模型之间的关联关系，将修改器独立出来。当对多个对象施加了同一个编辑修改器后，选择其中一个对象单击该按钮，然后再调整编辑修改器的参数，此时就只有选中的对象会受到编辑修改器的影响，其余对象不受影响。

④ 从堆栈中移除修改器：单击该按钮可以将选中的编辑修改器从修改器堆栈中删除。即将模型上所应用的某一修改器效果删除。

⑤ 配置修改器集：可以通过该工具配置自己需要的编辑修改器集。单击该按钮将弹出一个修改器的设定菜单，可以在此设置是否显示修改器按钮及改变按钮组的配置。

4. 当前编辑修改器参数

在修改器堆栈中选择一个编辑修改器后，可以在当前编辑修改器参数区域对该修改器的参数进行更加细致的调整。

7.1.2 编辑修改器的公用属性

大多数编辑修改器都有一些相同的基本属性。一个典型的编辑修改器除了包含基本的参数设置外，还包含下一级的编辑修改项，如Gizmo和中心。图7-2所示为圆柱体模型添加了"锥化"编辑修改器后的Gizmo和中心。

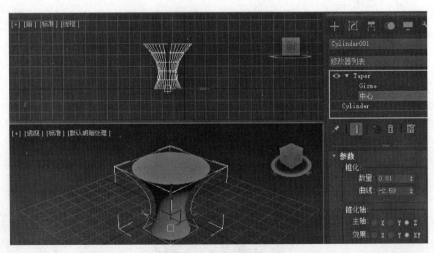

图7-2　Gizmo和中心

Gizmo是一种黄色的线框，在视图中该线框包围着被选择对象。可以像操作其他对象一样来操作Gizmo，如移动、旋转和缩放等操作。这些操作都会影响编辑修改器作用于对象的效果。

中心是作为场景中对象的三维几何中心出现的，同时也是编辑修改器作用的中心。通过改变中心的位置，也可以大大影响编辑修改器作用于对象的效果。

1. 移动Gizmo和中心

利用移动工具沿着Z轴向上移动图7-2中模型的Gizmo之后的模型如图7-3所示。

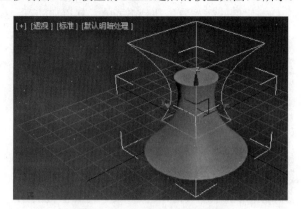

图7-3 移动Gizmo后的模型

一般情况下,移动Gizmo和移动中心的效果是相同的。不同的是移动Gizmo将使其与所匹配的对象分离,这样可能使后续建模产生某些混乱,而移动中心只会改变中心的位置,不会对Gizmo的位置产生影响,Gizmo仍然作用于对象上。图7-4所示为移动中心后的效果。

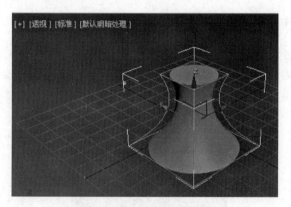

图7-4 移动中心后的模型

2. 旋转Gizmo

除了可以对Gizmo使用移动操作外,还可以对它使用旋转和缩放操作,而对"中心"只能使用移动操作。图7-5所示为对锥化后的圆柱体模型的Gizmo执行旋转操作后的效果。

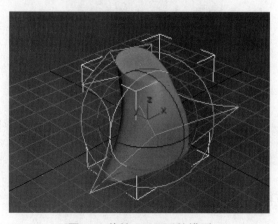

图7-5 旋转Gizmo后的模型

一般情况下,许多编辑修改器都提供了控制旋转效果的参数,使用这些参数能够更加精确地控制旋转的效果。而对于没有旋转参数的编辑修改器,只能通过旋转Gizmo完成某些特殊效果。

3. 缩放Gizmo

缩放Gizmo可以放大编辑修改器的效果。一般情况下，执行均匀等比例的缩放与增加编辑修改器的强度产生的效果相同，但是对Gizmo使用非均匀比例的缩放效果却是不同的，其更加随意，如图7-6所示。

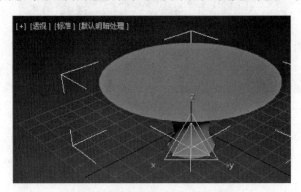

图7-6 非均匀比例的缩放Gizmo

7.2 "横截面"编辑修改器

7.2.1 "横截面"编辑修改器基础知识

"横截面"编辑修改器是针对二维图形建模来使用的。在多边形建模中是无法看到该修改器的。横截面的作用是在两个二维图形的相对应顶点之间创建二维线，从而建立两个二维图形的联系。

"横截面"编辑修改器的参数非常简单，只有一个样条线选项，其中四个单选按钮决定横截面中的顶点类型，如图7-7所示。

图7-7 "横截面"编辑修改器的参数

7.2.2 "横截面"编辑修改器的操作步骤

步骤1 在前视图中创建两个样条线，选择其中一条样条线，进入"修改"面板中，选择"样条线"子模式，单击"几何体"→"附加"按钮，在视图中单击另一条样条线，使两个样条线结合为一个样条线物体，如图7-8所示。

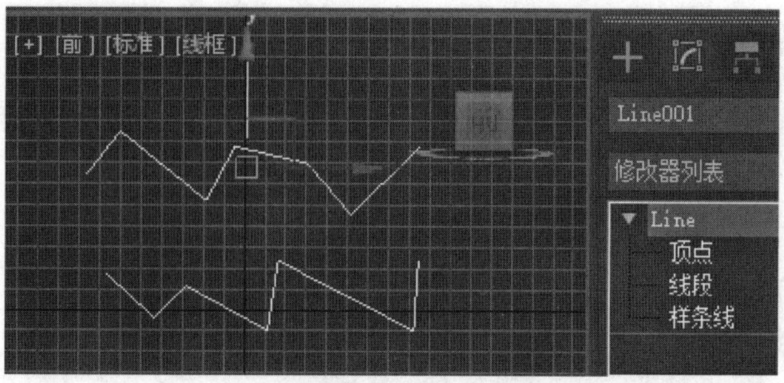

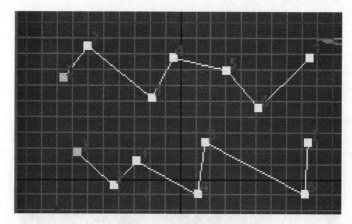

图7-8 附加样条线

步骤2 选择"顶点"子模式,在其下方面板中选择"选择"卷展栏并打开,勾选"显示/显示顶点编号"复选框,能看到该样条线物体中两个子样条线上顶点的编号,如图7-9所示。其顶点编号顺序的方向是一致的。

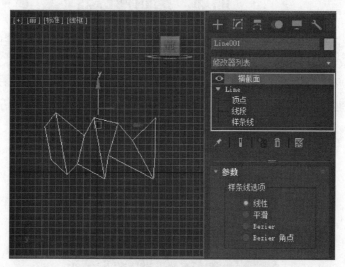

图7-9 显示顶点编号

步骤3 返回到样条线的物体模式。在"修改"面板中,选择"修改器列表"中的"横截面"编辑修改器,这时就完成了在两个子样条线之间创建横截面线条的操作,如图7-10所示。

图7-10 添加"横截面"编辑修改器

步骤4 在添加"横截面"编辑修改器之前,也可以选择某个子样条线,设置其另外一端的顶点为首顶点。非闭合曲线中间的点是不能作为首顶点的。闭合曲线中任意一个点都可以作为首顶点。如图7-11所示,在步骤2进入"顶点"子模式中选择上方样条线的7号点,单击"几何体"→"设为首顶点"按钮,这样7号点的编号就变为了1,整个子样条线的顶点编号顺序都随之变化。

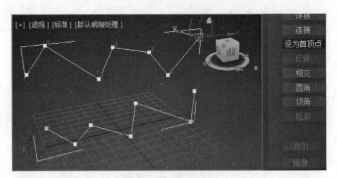

图7-11 修改首顶点

步骤 5 再次添加"横截面"编辑修改器后连接形成的就是交叉线了,如图7-12所示。所以在应用"横截面"编辑修改器时要特别注意样条线的顶点编号。

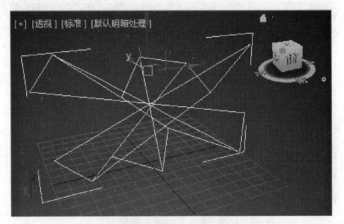

图7-12 "横截面"编辑修改器连接形成交叉线

7.3 "曲面"编辑修改器

"曲面"编辑修改器往往配合着"横截面"编辑修改器一起应用来完成物体模型的建模。下面通过一个实例来说明"曲面"编辑修改器的作用。

步骤 1 新建一个矩形,按住【Shift】键的同时缩放在其内部再生成一个小矩形。选择外部矩形然后转换为可编辑样条线。将内外两个矩形附加为一个整体,形成一级包围结构,如图7-13所示。

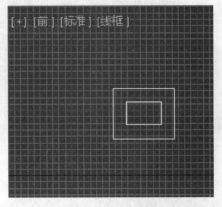

图7-13 初始二维图形

步骤 2 选择二维图形,进入命令面板,选择"修改器列表"中的"横截面"编辑修改器,即在两个矩形之间创建了四条对角线,如图7-14所示。

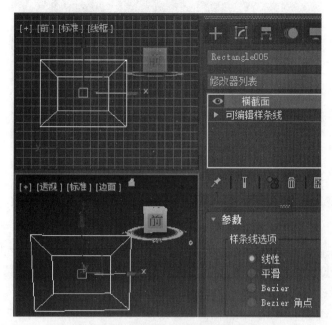

图7-14 添加"横截面"编辑修改器生成对角线

步骤 3 在"修改"面板中,选择"修改器列表"中的"曲面"编辑修改器,得到图7-15所示图形。该命令不会判断线条的连续性,"曲面"编辑修改器转换后生成面片物体,而不是多边形物体。

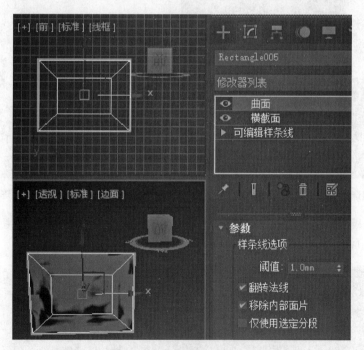

图7-15 添加"曲面"编辑修改器生成三维物体

7.4 "横截面"和"曲面"建模实例讲解:可乐瓶模型

下面利用"横截面"和"曲面"编辑修改器完成可乐瓶模型的创建。具体操作步骤如下:

步骤 1 制作参考背景图,方便定位可乐瓶大小。单击"创建"→"几何体"→"标准基本体"→"平面"按钮,在前视图中创建一个平面,设置长度分段和宽度分段均为1,其长度和宽度设置为610,如图7-16所示。

图7-16 创建平面

步骤 2 选择一张可乐瓶图片,拖动到3ds Max 2020中并放置在平面上。在前视图的选项卡中选择"默认明暗处理",并按【G】键去掉栅格,将平面参考图向后移动。进入"显示"面板,展开"显示属性"卷展栏,在其中取消勾选"以灰色显示冻结对象"复选框,如图7-17所示。

步骤 3 在视图中选择平面并右击,在弹出的快捷菜单中选择"冻结当前选择"命令,如图7-18所示,平面冻结的作用是防止误操作移动平面对后续建模产生影响。

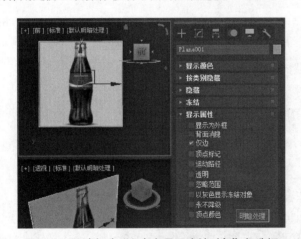

图7-17 取消勾选"以灰色显示冻结对象"复选框

图7-18 冻结背景参考图

步骤 4 在命令面板中单击"创建"→"图形"→"样条线"→"多边形"按钮,在顶视图中创建一个十二边形,并在前视图中将其移动到可乐瓶瓶口的位置,视图中的位置如图7-19所示。

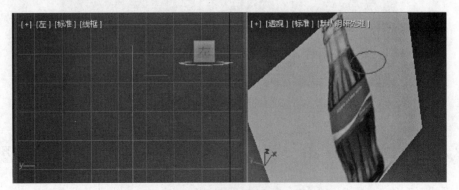

图7-19 创建十二边形

步骤 5 在前视图中选择创建的多边形沿着Y轴复制一份多边形2,如图7-20所示。

图7-20 复制多边形

步骤 6 将多边形2向下移动到图7-21所示位置,并改变颜色。右击后,在弹出的快捷菜单中选择"转换为"→"转换为可编辑样条线"命令。

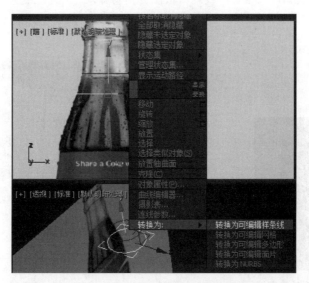

图7-21 将多边形2转换为可编辑样条线

步骤 7 进入多边形2的"顶点"模式,在顶视图中,选择所有顶点转换为Bezier角点,如图7-22所示。

图7-22 顶点转换为Bezier角点

步骤 8 选择"修改"面板,展开"选择"卷展栏,勾选"锁定控制柄"复选框,选中下方的"相似"单选按钮,如图7-23所示。

步骤 9 进入"顶点"子模式,在顶视图中选择所有顶点,利用移动工具调整顶点得到图7-24所示形状。

图7-23 锁定相似控制柄

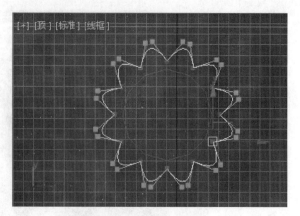
图7-24 调整顶点形状

步骤10 返回到样条线物体模式，选择最初创建的十二边形，在右侧命令面板的"参数"卷展栏中勾选"圆形"复选框，使得十二边形以圆形显示，如图7-25所示。

步骤11 在前视图中，根据可乐瓶表面纹理，依次复制出可乐瓶几个关键位置并利用等比例缩放工具调整大小。在要表现光滑效果的位置复制圆形，在要表现纹理凸起效果的位置复制花形。图7-26所示为透视图中观察的各个图形。

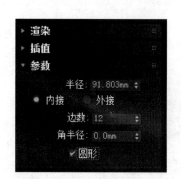
图7-25 原始十二边形转为圆形

图7-26 复制完成的二维图形

步骤12 在场景中选择最上方的多边形并右击，在弹出的快捷菜单中选择"转换为"→"转换为可编辑样条线"命令。进入"修改"面板，单击"几何体"→"附加"按钮，从上到下依次附加每一个，使之结合成为一个样条线物体，如图7-27所示。这就是可乐瓶模型的横截面图形。

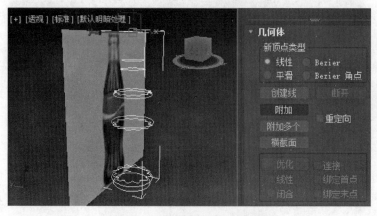
图7-27 所有图形附加为一体

注意：
一定要依次附加，因为下一步添加的"横截面"编辑修改器后的模型形状取决于二维图形的附加顺序。

步骤13 进入"修改"面板，选择"修改器列表"中的"横截面"编辑修改器，在其参数中选择"平滑"样条线选项，如图7-28所示，在各个横截面图形之间产生了连接线。

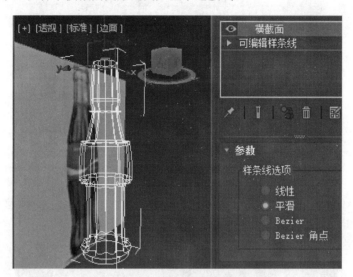

图7-28 添加"横截面"编辑修改器

步骤14 进入"修改"面板，选择"修改器列表"中的"曲面"编辑修改器。注意如果添加"曲面"后场景中模型为黑色，则勾选"翻转法线"复选框，因为"曲面"编辑修改器默认生成面片物体，其存在正反面，黑色则为反面，翻转法线即实现翻转正反面。默认"面片拓扑"步数为5，这样模型转化为多边形后边数太多不利于多边形建模的操作，所以在保证模型纹理效果的前提下，适当修改其数值。图7-29所示为"曲面"参数及模型效果。

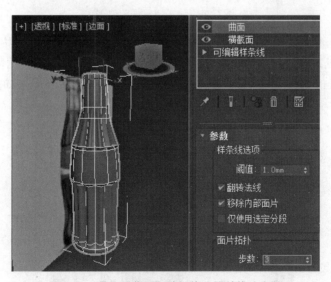

图7-29 添加"曲面"编辑修改器并修改参数

步骤15 在透视图中放大物体能看到纹理效果过渡处存在变形，接下来处理该变形。在视图中选择物体并右击，将该物体转换为可编辑多边形，如图7-30所示。

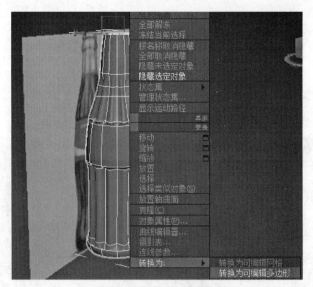

图7-30 转换为可编辑多边形

步骤16 在"修改"面板中选择"边"子模式,选择变形位置的所有边,利用移动工具进行调整以取消变形,如图7-31所示。

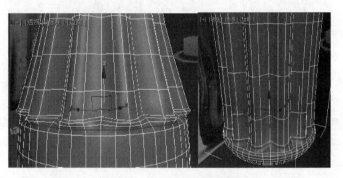

图7-31 移动边以调整变形

步骤17 在前视图左上角的第四个选项卡中勾选"边面"选项。选择该物体,按快捷键【Ctrl+X】使其透明显示。然后进行边的细节处理。双击每一圈的边进行缩放处理。在瓶口上边再根据需要连接边,进行缩放等操作。对瓶身处的边也做同样的调整,从而调整可乐瓶模型与背景参考图形状一致,如图7-32所示。

图7-32 调整细节

步骤18 图7-33所示为调整完毕后的可乐瓶模型。也可根据需要利用多边形建模法继续完成可乐瓶内部模型效果,该部分操作略。

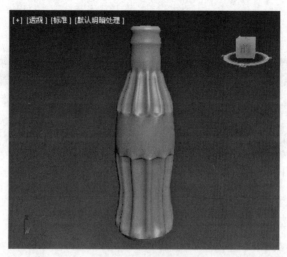

图7-33 可乐瓶模型

7.5 "挤出"编辑修改器

7.5.1 "挤出"编辑修改器基础知识

"挤出"编辑修改器是通过给二维图形添加一个深度将其转换为三维模型,可以通过设置参数来调整挤出的效果。

"挤出"编辑修改器的参数面板如图7-34所示。

➢ "数量":设置挤出的深度。

➢ "分段":指定要在挤出对象中创建的线段数目。"封口始端"是在挤出对象的初始端面生成一个平面。"封口末端"是在挤出对象的末端生成一个平面。

➢ "封口":用来设置挤出对象的封口。

➢ "输出":指定挤出对象的输出方式,分别为面片、网格和NURBS。

图7-34 "挤出"编辑修改器的参数面板

7.5.2 实例讲解:花朵吊灯模型

下面通过一个花朵吊灯模型练习使用"挤出"编辑修改器,其创建步骤如下:

步骤1 在顶视图中创建一个星形,并修改其参数。参数设置及效果如图7-35所示。

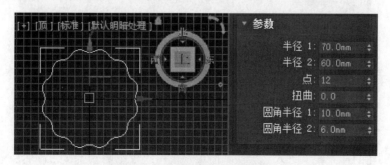

图7-35 创建星形并设置参数

步骤 2 选择星形,在其参数面板中展开"渲染"卷展栏,勾选"在渲染中启用"和"在视口中启用"复选框,设置"径向"的"厚度"为2.5。图7-36所示为参数设置及模型效果。

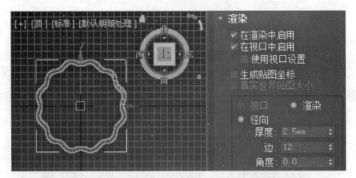

图7-36　勾选"在渲染中启用"和"在视口中启用"复选框

步骤 3 进入"修改"面板,选择"修改器列表"中的"挤出"编辑修改器,并设置参数中"数量"为38,取消勾选"封口始端"复选框,如图7-37所示。

图7-37　添加"挤出"编辑修改器并设置参数

步骤 4 单击"创建"→"图形"→"样条线"→"线"按钮,在前视图中创建一条直线,并调整位置,设置参数。在其参数面板中展开"渲染"卷展栏,勾选"在渲染中启用"和"在视口中启用"复选框,设置"径向"的"厚度"为2.5。图7-38所示为模型效果。

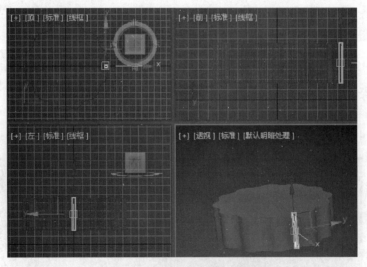

图7-38　创建直线并修改参数

步骤 5 选择刚创建的样条线。进入"层次"面板,单击"仅影响轴"按钮,然后单击主工具栏中的"对齐"按钮,再单击花朵灯罩模型,在弹出的对话框中进行图7-39所示设置。这样就使得该样条线的轴心和花朵灯罩模型的轴心一致。确定后再次单击"仅影响轴"按钮将其关闭。

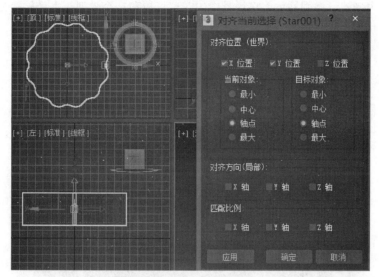

图7-39　对齐模型

步骤 6 选择直线型样条线,在菜单栏中选择"工具"→"阵列"命令,在弹出的对话框中进行图7-40所示设置。设置"旋转"的Z轴数值为30°,设置"阵列维度"中1D的数量为12。

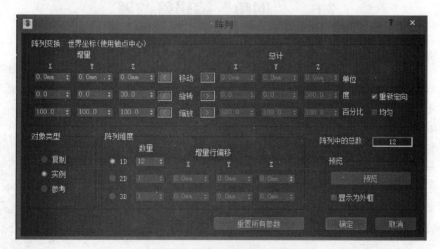

图7-40　样条线模型阵列复制

步骤 7 阵列后在花朵灯罩周围有12个支架,如图7-41所示。

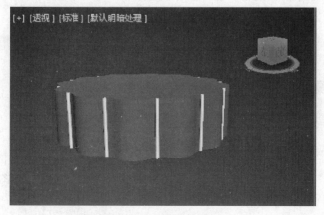

图7-41　阵列复制结果

步骤8 在顶视图中创建一个圆柱体。将场景中的花朵灯罩和12个骨架模型都转换为可编辑多边形,将场景中所有物体模型都附加成为一个物体,最终得到的花朵灯罩模型如图7-42所示。

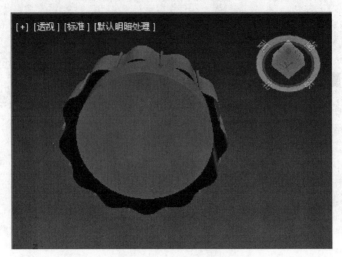

图7-42 花朵灯罩模型

7.6 "倒角"编辑修改器

7.6.1 "倒角"编辑修改器基础知识

"倒角"编辑修改器可以将图形挤出为三维对象,并在边缘应用平滑的倒角效果。其操作结果相当于对一个二维图形添加三次"挤出"并缩放。其参数设置面板包含"参数"和"倒角值"两个卷展栏,如图7-43所示。

其主要参数说明如下。

"封口":指定倒角对象是否要在始端或者末端进行封口生成平面。

"起始轮廓":设置轮廓从原始图形的偏移距离,非零设置会改变原始图形的大小。

"级别1":包含"高度"和"轮廓"两个参数。"高度"用于设置级别1在起始之上的距离;"轮廓"设置级别1的轮廓到起始轮廓的偏移距离。

"级别2":在"级别1"之后添加一个级别。"高度"设置级别1之上的距离;"轮廓"设置级别2的轮廓到级别1的轮廓之间的偏移距离。

"级别3":在前一个级别之后添加一个级别。如果未启用级别2,则级别3添加于级别1之后。"高度"设置到前一个级别之上的距离;"轮廓"设置级别到前一个级别的轮廓的偏移距离。

图7-43 "倒角"的参数

7.6.2 实例讲解:齿轮模型

下面通过一个齿轮模型的制作练习使用"倒角"编辑修改器,其创建步骤如下。

步骤1 单击"创建"→"图形"→"样条线"→"圆形"按钮,在顶视图中创建一个圆形。单击"创建"→"图形"→"样条线"→"星形"按钮,在顶视图中再创建一个星形,如图7-44所示。设置参数中的"点"为36,并调整其半径。

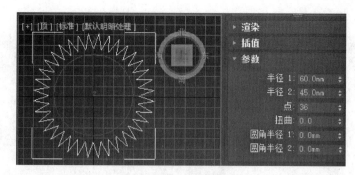

图7-44 创建星形

步骤 2 将星形转换为可编辑样条线，将所有顶点转换为角点，并对内部和外部所有顶点做切角处理，得到图7-45所示图形。

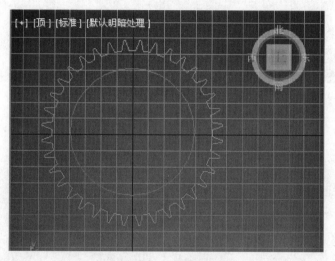

图7-45 修改星形

步骤 3 在视图中选择星形后单击主工具栏中的"对齐"工具，再单击圆形，然后设置"对齐"对话框中的参数，如图7-46所示，实现星形和圆形的中心对齐。

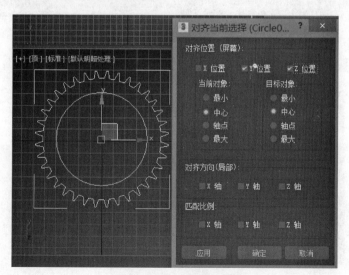

图7-46 对齐星形和圆形

步骤 4 单击"创建"→"图形"→"样条线"→"矩形"按钮，在顶视图中再建立一个矩形，设置宽度，并像上一步一样设置矩形与圆形的中心对齐效果，如图7-47所示。

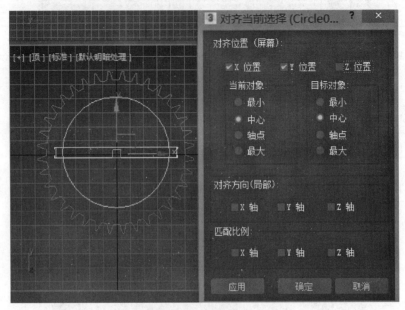

图7-47 创建矩形

步骤 5 打开角度捕捉，设置角度为90°，将矩形旋转复制一份，如图7-48所示。

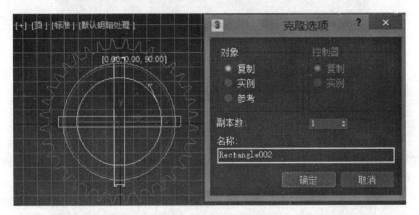

图7-48 旋转复制矩形

步骤 6 选择最外侧的星形，单击命令面板中的"几何体"→"附加多个"按钮，选择其他几个图形，如图7-49所示。

图7-49 附加为一体

步骤 7 选择"样条线"子模式，选择圆形子样条线，然后单击参数面板中的"几何体"→"轮廓"按钮，在内部生成两条圆形样条线，如图7-50所示。

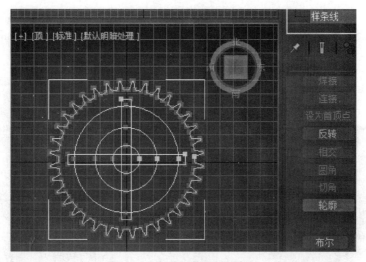

图7-50 生成两条圆形样条线

步骤 8 选择三个圆形中间的那个圆形和两个矩形间进行布尔并运算。即先选择第二个圆形,然后在其参数面板中选择"布尔"(并集),再顺次选择两个矩形,得到图7-51所示模型。

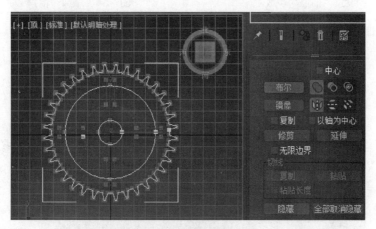

图7-51 并集运算结果

步骤 9 首先选择外侧大圆形,单击"布尔"后的"差集"按钮,然后单击"布尔"按钮,再选择上一步并集布尔运算得到的图形,运算后得到图7-52所示的模型效果。

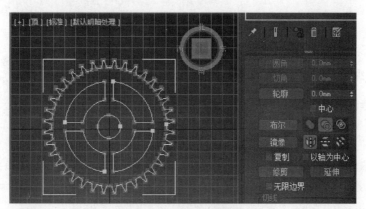

图7-52 差集运算结果

步骤 10 返回到可编辑样条线的物体模式下,在右侧面板中选择"插值",设置"步数"为15,如图7-53所示,这样模型曲线就变得更加平滑。

步骤11 选择"修改器列表"中的"倒角"编辑修改器。倒角命令可以有三个级别，相当于三次挤出。图7-54所示参数设置三个级别——级别1：高度1 mm，轮廓0.5 mm；级别2：高度4 mm，轮廓0；级别3：高度1 mm，轮廓–0.5 mm。

图7-53 设置"插值"步数

图7-54 添加"倒角"并修改参数

步骤12 最终完成的齿轮模型如图7-55所示。

图7-55 齿轮模型

7.7 "倒角剖面"编辑修改器

7.7.1 "倒角剖面"编辑修改器基础知识

"倒角剖面"编辑修改器也是一种用样条线来生成对象的重要方式。从某种程度上讲，它与放样对象的原理类似。在使用该功能之前，必须事先创建好一个类似路径的样条线和一个截面样条线。所不同的是运用倒角剖面生成的实体是拉伸出来的，而不是放样出来的。

使用"倒角剖面"编辑修改器的步骤是：首先选择将作为横截面的样条线，然后单击"拾取剖面"按钮拾取视图中作为路径的样条线，这样就可以完成操作。

> **注意：**
> 完成操作后，作为倒角剖面的路径的样条线是不能删除的，否则会导致制作失败，这点不同于放样复合对象建模。

7.7.2 实例讲解：茶杯模型

下面通过一个茶杯模型的创建来熟悉"倒角剖面"编辑修改器的应用。具体操作步骤如下：

步骤1 单击"创建"→"图形"→"样条线"→"多边形"按钮，在顶视图中创建一个多边形，默认即为六边形。将其转换为可编辑样条线，进入"顶点"子模式，在顶视图中选中所有顶点转化为角点，如图7-56所示。

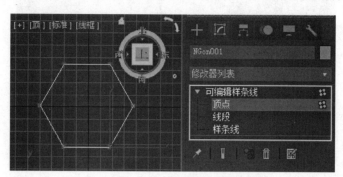

图7-56 创建六边形并修改顶点

步骤2 在"顶点"子模式下，选择所有顶点，在右侧参数面板中单击"几何体"→"切角"按钮，将光标放置在顶点上按住左键并移动鼠标以控制切角大小，也可以在"切角"按钮后输入数值，然后按【Enter】键完成切角操作，如图7-57所示。

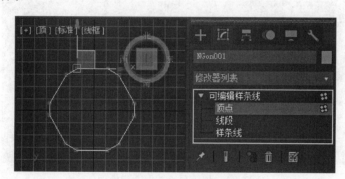

图7-57 对顶点进行切角

步骤3 进入"线段"子模式，选择一条垂直和倾斜的线段，按快捷键【Ctrl+I】反选其余线段，按【Delete】键删除，如图7-58所示，只保留一条垂直线段和一条倾斜线段。

步骤4 在顶视图中选择垂直线段，在右侧参数面板中单击"几何体"→"拆分"按钮。进入"顶点"子模式，选择拆分后新产生的中间点向右侧移动，如图7-59所示。

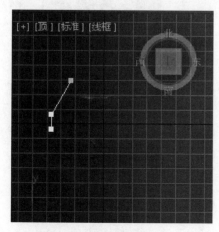

图7-58 保留两条线段

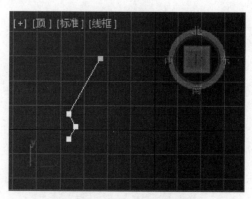

图7-59 拆分线段并移动顶点

步骤 5 返回到样条线的物体模式，打开角度捕捉，角度设置为60°。在顶视图中选择二维图形，按住【Shift】键的同时进行旋转复制，每60°复制一个，共复制5个，如图7-60所示。

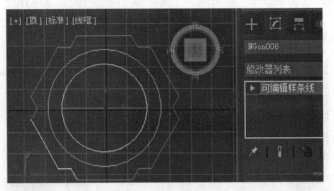

图7-60 旋转复制

步骤 6 选择最初的原始样条线，在右侧参数面板中单击"几何体"→"附加多个"按钮，选择所有二维图形并单击"附加"按钮，使所有二维图形附加为一个样条线物体。在完成附加操作以后，这几条样条线并不是连续的，因此进入"顶点"子模式，选择所有顶点，然后在右侧的参数面板中单击"几何体"→"焊接"按钮。焊接后选择所有顶点转换为角点，并作圆角处理，如图7-61所示。

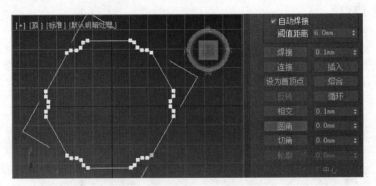

图7-61 焊接顶点并作圆角处理

步骤 7 在前视图中创建一条如图7-62所示的二维线，作为茶杯的路径。

步骤 8 在场景中选择刚才调整好的六边形，进入"修改"面板，选择"修改器列表"中的"倒角剖面"编辑修改器。在其下方的参数面板中选中"经典"单选按钮，参数面板会发生变化，如图7-63所示。

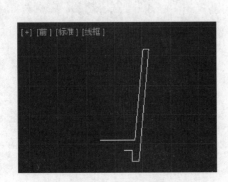

图7-62 创建二维线

图7-63 添加"倒角剖面"编辑修改器

步骤 9 在参数面板中单击"拾取剖面"按钮,然后在视图中单击所创建的二维线,就形成了初级模型,如图7-64所示。

步骤 10 调整茶杯的细节,可以通过调节作为路径的样条线完成,图7-65所示为调整完的样条线,读者可以通过"优化"添加点,并为某些顶点添加"圆角"操作完成,该部分操作在第5章编辑样条线部分有所介绍,在此不再赘述。

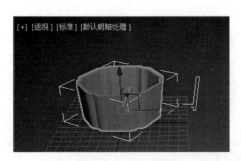 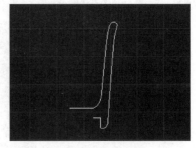

图7-64 拾取剖面　　　　　　　　　　图7-65 修改二维线

步骤 11 茶杯模型创建完成后,可以转换为可编辑多边形,此时可删除二维曲线图形。创建完成的茶杯模型如图7-66所示。

图7-66 完成的茶杯模型

7.8 "车削"编辑修改器

7.8.1 "车削"编辑修改器基础知识

"车削"编辑修改器可以通过围绕坐标轴旋转一个图形来生成三维物体,其参数设置面板如图7-67所示。

➢ "度数":设置对象围绕坐标轴旋转的角度,范围为0°～360°,默认值为360°。

➢ "焊接内核":通过焊接旋转轴中的顶点来简化网格。

➢ "翻转法线":使物体的法线翻转,翻转后物体的内部会外翻。

➢ "分段":在起始点之间设置在曲面上创建的插补线段的数量。

➢ "封口":如果设置的车削对象的度数小于360°,则该参数用来控制是否在车削对象的内部创建封口。"封口始端"用于在车削的起点设置封口;"封口末端"用于在车削的终点设置封口。

➢ "方向":设置轴的旋转方向,有X、Y、Z三个轴向可以选择。

➢ "对齐":设置对齐的方式。有"最小""中心""最大"三种方式。

➢ "输出":指定车削对象的输出方式,有"面片""网格""NURBS"三

图7-67 "车削"编辑修改器的参数

种方式。

7.8.2 实例讲解：高脚杯模型

车削非常适合做酒杯、酒瓶、易拉罐、碗等物体模型。下面通过一个高脚杯模型的制作练习使用"车削"编辑修改器。具体操作步骤如下：

步骤 1 创建图7-68所示的二维线，作为高脚杯边缘的轮廓线。

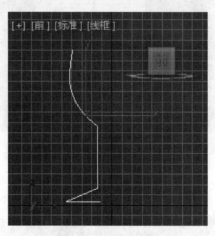

图7-68 创建二维线

步骤 2 进入"样条线"子模式，在视图中选择刚创建的子样条线。在下方的参数面板中单击"几何体"→"轮廓"按钮，然后在视图中按住鼠标左键在二维线上拖动为其增加一条轮廓线，如图7-69所示。

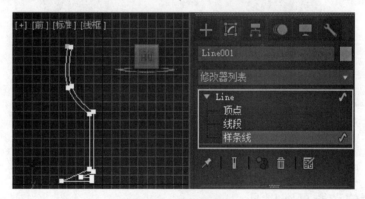

图7-69 添加轮廓线

步骤 3 进入样条线的"顶点"子模式，删除一些多余的点，得到图7-70所示的图形。

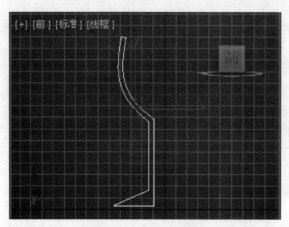

图7-70 调整二维线

步骤 4 返回到样条线的物体模式下。进入"修改"面板,选择"修改器列表"中的"车削"编辑修改器。在"方向"选项组中选择Y轴,在"对齐"选项组中单击"最大"按钮。就出现了酒杯的形状,如图7-71所示。

图7-71 添加"车削"编辑修改器

步骤 5 观察酒杯内部发现有一点变形。进入"修改"面板,在修改器堆栈下方的参数面板中勾选"焊接内核"复选框,并调整"分段"值为36,如图7-72所示。这样酒杯内部的变形就消失了,酒杯边缘也变得更加圆滑了。

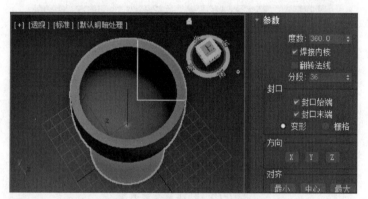

图7-72 焊接内核并调整参数

步骤 6 返回到样条线的"顶点"子模式,将边缘的两个顶点转化为角点并添加圆角。再将其余需要圆滑的顶点加圆角效果做调整,如图7-73所示。

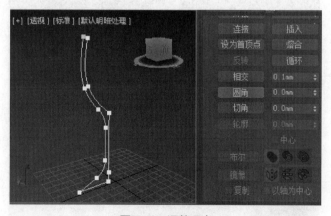

图7-73 调整顶点

步骤 7 最终完成的高脚杯模型如图7-74所示。

图7-74 最终的酒杯模型

7.8.3 实例讲解：牛奶壶模型

下面通过一个牛奶壶模型的制作进一步熟悉"车削"编辑修改器的使用。

步骤1 创建平面，然后修改平面的大小，把牛奶壶图片作为贴图赋予给平面，如图7-75所示。该过程前面章节的案例中已经有所应用，在此不再赘述。

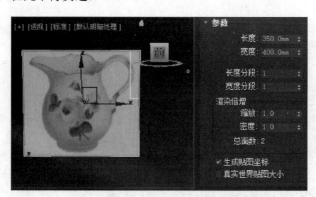

图7-75 制作背景参考图

步骤2 在前视图中按【G】键去掉栅格。将背景参考图冻结。然后在前视图中创建图7-76所示的二维线，由于后边需要转换为可编辑多边形做壶嘴和壶把手，所以这里尽量用角点。

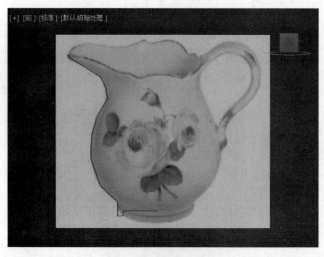

图7-76 创建二维线

步骤3 为该二维线添加轮廓线作为牛奶壶的厚度。去掉内侧底部多余的几个点。然后选择所有顶点,将其转换为角点。进一步调整二维图形顶点的位置,如图7-77所示。

图7-77 调整顶点

步骤4 进入"修改"面板,选择"修改器列表"中的"车削"编辑修改器,修改参数,将"分段"值设置为24,"方向"选择Y轴,"对齐"选择"最大",得到图7-78所示模型效果。

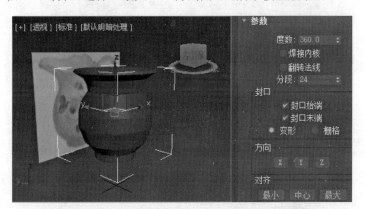

图7-78 添加"车削"编辑修改器并修改参数

步骤5 在场景中选择模型并右击,在弹出的快捷菜单中选择"转换为"→"转换为可编辑多边形"命令。按快捷键【Alt+X】使物体透明显示。进入"顶点"子模式,调整顶点位置如图7-79所示。

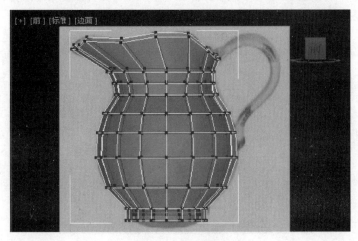

图7-79 调整顶点

步骤 6 按快捷键【Alt+X】取消透明显示。调整要制作牛奶壶把手位置的顶点。进入"边"子模式，选择顶部壶把手位置对应的两组边，然后单击参数面板中的"编辑边"→"连接"按钮后的"设置"按钮，生成新的边，如图7-80所示。

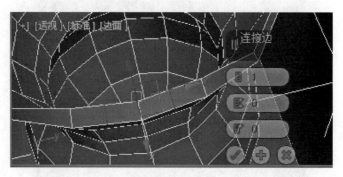

图7-80 连接边

步骤 7 进入"多边形"子模式，选择要制作把手位置的两个多边形，单击其参数面板中的"编辑多边形"→"挤出"按钮，在视图中选择的多边形上按住左键并移动，挤出一点距离，如图7-81所示。

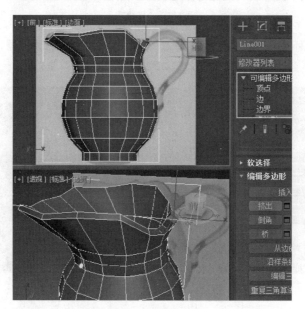

图7-81 挤出多边形

步骤 8 在前视图中，将挤出后的两个顶部多边形旋转并移动位置，使其法线方向沿着壶把手的走向。在透视图中选择刚才牛奶壶物体顶部的两个多边形，沿着Y轴缩小，如图7-82所示。

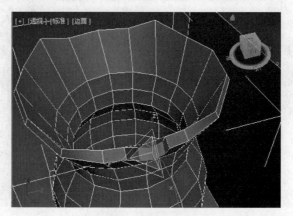

图7-82 旋转多边形

步骤 9 在前视图中，沿着壶把手的位置创建二维线，如图7-83所示。

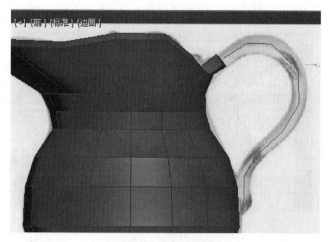

图7-83　创建二维线

步骤 10 在"多边形"子模式下，单击参数面板中的"编辑多边形"→"沿样条线挤出"按钮后的"设置"按钮，弹出图7-84所示的参数设置对话框。

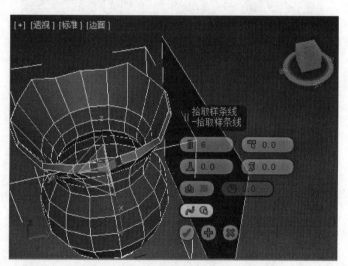

图7-84　"沿样条线挤出"对话框

步骤 11 在该参数设置中单击"拾取样条线"按钮，然后在视图中单击刚才创建的二维线，使得多边形沿着样条线的形状挤出。图7-85所示为挤出后的模型。

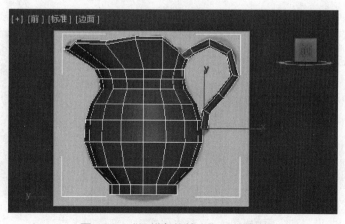

图7-85　"沿样条线挤出"后的模型

步骤12 选择挤出的把手部位最底部的多边形进行移动。在"多边形"子模式下选择牛奶壶和把手位置相对的四个多边形，然后在右侧参数面板中单击"编辑多边形"→"桥"按钮，如图7-86所示。

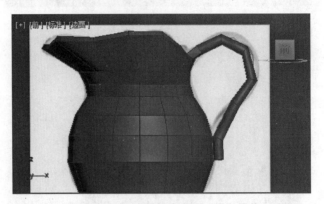

图7-86 把手位置多边形的"桥"操作

步骤13 进入"修改"面板，选择"修改器列表"中的"网格平滑"编辑修改器，设置"细分量"选项组中的"迭代"值为2，完成最终的牛奶壶模型，如图7-87所示。

图7-87 添加"网格平滑"修改器后的模型

7.9 "弯曲"（Bend）编辑修改器

7.9.1 "弯曲"编辑修改器基础知识

"弯曲"编辑修改器可以对选择的物体进行弯曲变形操作，在弯曲操作中可以调节弯曲的角度和方向、调节弯曲依据的坐标方向，还可以限制弯曲在一定的坐标区域内。

1. "弯曲"的参数面板（见图7-88）

（1）"弯曲"组合框

➢ "角度"：微调框中数值可以决定物体弯曲的角度。

➢ "方向"：微调框中数值决定物体沿着自身Z轴方向弯曲的角度。

（2）"弯曲轴"组合框

此选项组中有3个轴向，分别为X、Y、Z，指定弯曲所在的轴向。

（3）"限制"组合框

该组合框用于将弯曲效果限制在中心轴以上或以下的某一部分。勾选"限制效果"复选框后，可以设置弯曲上限和下限的数值，可对物体实现局部弯曲操作。

图7-88 "弯曲"的参数面板

> 上限：弯曲的上限，将弯曲限制在中心轴以上，此限度以外的区域不会受到弯曲修改。
> 下限：弯曲的下限，将弯曲限制在中心轴以下，此限度以外的区域不会受到弯曲修改。

2. "弯曲"的操作步骤

步骤 1 在场景视图中创建三维物体模型，如创建一个圆柱体，如图7-89所示。

步骤 2 在场景中选择圆柱体，进入"修改"面板，选择"修改器列表"中的"弯曲"编辑修改器，如图7-90所示。

图7-89 创建圆柱体

图7-90 添加"弯曲"编辑修改器

步骤 3 修改参数。如设置"弯曲"角度为90°，方向为30°，勾选"限制效果"复选框，将"上限"设置为50 mm，如图7-91所示。

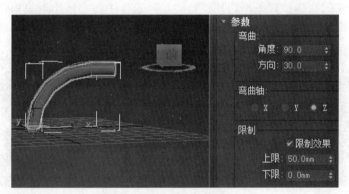
图7-91 修改参数

步骤 4 单击"bend"编辑修改器前面的三角图标 ▶ Bend，选择"中心"，然后在场景中移动中心，如图7-92所示，可以改变物体的弯曲效果。

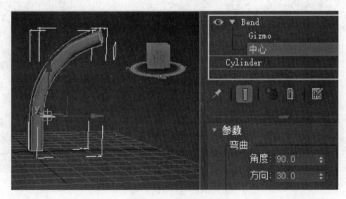
图7-92 移动中心

7.9.2 实例讲解：纸扇模型

折扇艺术历史悠久，有史料记载起源于魏晋南北朝时期，盛行于明清时代。折扇艺术体现了我国古代人民具有较高的艺术修养。本例制作一个经典纸扇模型。纸扇打开之后有一个弯曲的弧度效果，这个弯曲的弧度可以使用"弯曲"编辑修改器完成。下面通过纸扇模型的建模来说明"弯曲"编辑修改器的使用。

步骤 1 在右侧命令面板中单击"创建"→"图形"→"样条线"→"线"按钮，在顶视图中创建一条折线，如图7-93所示。

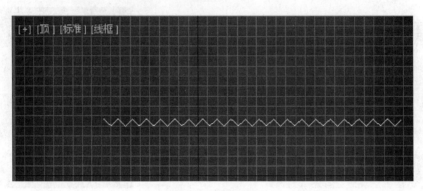

图7-93 创建折线

步骤 2 在场景中选择折线，选择"修改"面板，进入"样条线"子模式，在"几何体"卷展栏中设置"轮廓"值为1，按【Enter】键确定后将折线修改为宽度为1的封闭线框效果，如图7-94所示。

步骤 3 返回到样条线的物体模式下，选择"修改器列表"中的"挤出"编辑修改器，设置其参数"数量"为180。图7-95所示为其参数及挤出后在透视图中的效果。

图7-94 添加轮廓

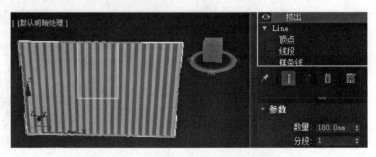

图7-95 添加"挤出"编辑修改器并修改参数

步骤 4 创建一个长方体，作为扇子的骨架，其参数设置如图7-96所示，并将其移动到适当位置。

图7-96 创建长方体

步骤 5 在顶视图中选择长方体，在主工具栏中选择"镜像"工具，在顶视图中镜像复制另外一个长方体，并将其移动到适当位置，如图7-97所示。

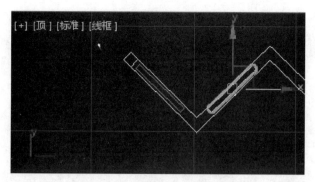

图7-97 镜像复制并移动位置

步骤 6 复制出其他扇骨模型，如图7-98所示。

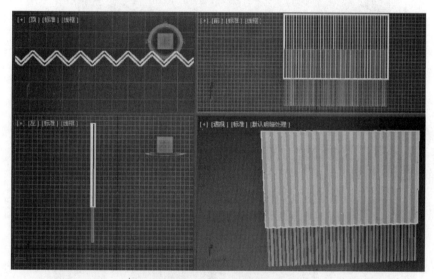

图7-98 复制所有扇骨

步骤 7 选择场景中的扇子物体，将其转换为可编辑多边形。将所有的扇骨长方体附加进来结合成为一个物体，如图7-99所示。

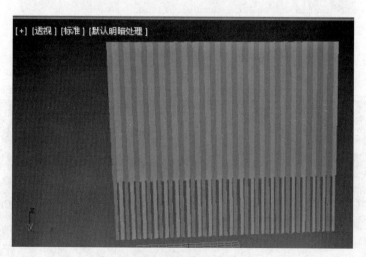

图7-99 所有附加为一体

步骤 8 进入"修改"面板，选择"修改器列表"中的"弯曲"编辑修改器。在"参数"卷展栏中修改参数，设置角度为165°，轴向选择X轴，如图7-100所示。

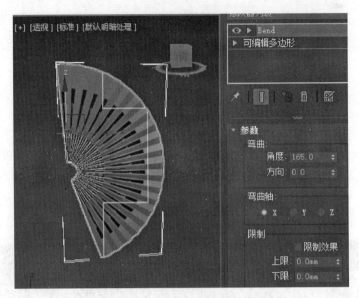

图7-100　添加"弯曲"修改器并修改参数

步骤❾ 单击修改器堆栈中"弯曲"左侧的小三角符号展开修改器,选择"Gizmo",然后在前视图中沿着 Y 轴方向移动Gizmo到适当位置,即完成了纸扇模型的创建,如图7-101所示。

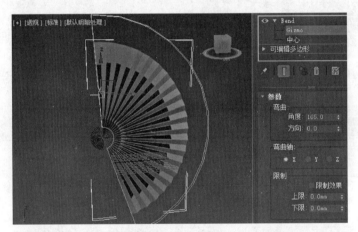

图7-101　移动Gizmo

步骤❿ 单击修改器堆栈中"弯曲"编辑修改器属性"中心",然后在透视图中沿着 X 轴方向移动中心到适当位置,最终的纸扇模型如图7-102所示。

图7-102　移动中心得到最终纸扇模型

7.10 "锥化"(Taper)编辑修改器

7.10.1 "锥化"编辑修改器基础知识

"锥化"编辑修改器是通过缩放对象的两端而产生锥形轮廓来修改物体,使得物体模型的一端放大而另一端缩小,同时可以加入光滑的曲线轮廓。在进行锥化操作时可以控制锥化的倾斜度、曲线轮廓的曲度或者限制模型局部的锥化效果。

给一个物体模型添加"锥化"编辑修改器后,其参数面板如图7-103所示。

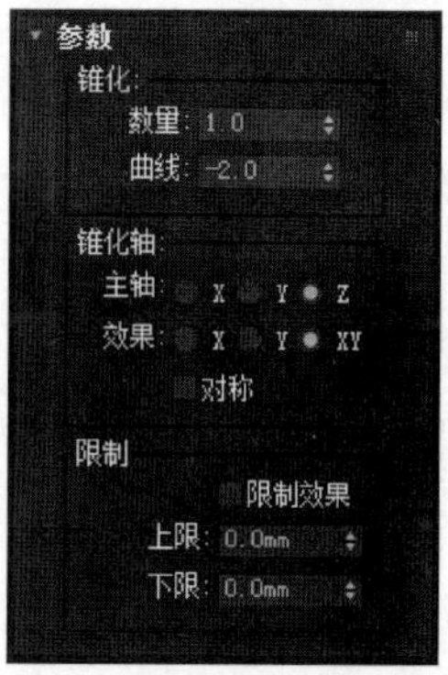

(1)"锥化"组合框

➢ 数量:用于设定锥化倾斜的角度。正值代表向外倾斜,负值代表向内倾斜。
➢ 曲线:用于设定锥化轮廓的弯曲程度。正值向外弯曲,负值向内弯曲。

(2)"锥化轴"组合框

该组合框用于指定锥化所在的轴向。

➢ 主轴:用于设定三维对象依据的轴向,共有X、Y、Z三个轴向。
➢ 效果:设定影响锥化效果的轴向变化,共有X、Y、XY三个方向。
➢ "对称"复选框:设定一个三维对象是否产生对称锥化的效果。

(3)"限制"组合框

图7-103 "锥化"编辑修改器的参数面板

该组合框用于将锥化效果限定在中心轴以上或以下的一部分。通过这种控制实现物体的局部锥化。

➢ 上限:将锥化限制在中心轴以上,在限制区域外不会受到锥化的影响。
➢ 下限:将锥化限制在中心轴以下,在限制区域外不会受到锥化的影响。

7.10.2 实例讲解:雨伞模型

下面通过一个雨伞的模型来熟悉"锥化"编辑修改器的使用,其创建步骤如下。

步骤1 单击"创建"→"图形"→"样条线"→"星形"按钮,在顶视图中创建一个星形。在命令面板中修改其参数,如图7-104所示。

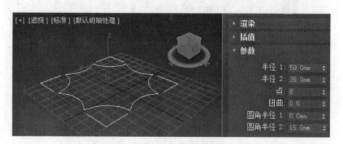

图7-104 创建星形并修改参数

步骤2 在场景中选择刚创建的星形,进入"修改"面板,选择"修改器列表"中的"挤出"编辑修改器,其参数设置及挤出后的模型如图7-105所示。

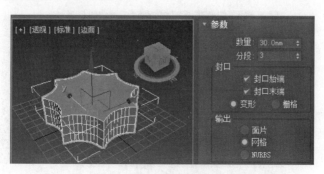

图7-105 添加"挤出"编辑修改器并修改参数

步骤3 在步骤2的基础上，选择"修改器列表"中的"锥化"编辑修改器，设置锥化"参数"中的"数量"值为–0.9，"曲线"值为0.56。其参数修改及效果如图7-106所示。

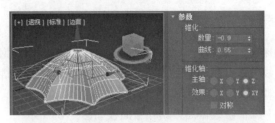

图7-106　添加"锥化"编辑修改器并设置参数

步骤4 在场景中选择该模型并右击，在弹出的快捷菜单中选择"转换为"→"转换为可编辑多边形"命令，然后在"多边形"子模式下，选择雨伞底部的多边形，按【Delete】键删除，如图7-107所示。

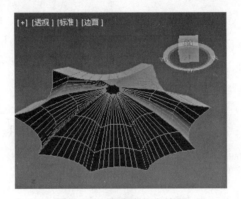

图7-107　删除底面多边形

步骤5 在场景中选择雨伞模型，进入"修改"面板，选择"修改器列表"中的"壳"编辑修改器，为雨伞增加厚度，其参数如图7-108所示。

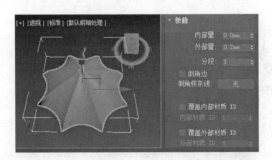

图7-108　添加"壳"编辑修改器并修改参数

步骤6 单击"创建"→"图形"→"样条线"→"线"按钮，然后在前视图中分别创建伞柄和把手形状的两条样条线，如图7-109所示。

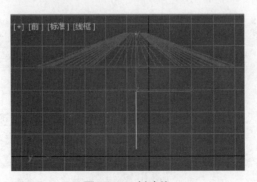

图7-109　创建线

步骤7 选择用于制作伞柄的直线,在右侧命令面板中展开"渲染"卷展栏,勾选"在渲染中启用"和"在视口中启用"复选框,并设置"径向"的"厚度"值为2,边为12,如图7-110所示。

图7-110 修改参数

步骤8 同理修改用于制作伞的把手的曲线,其参数设置及模型效果如图7-111所示。

图7-111 创建把手曲线并修改参数

步骤9 将场景中的三个物体模型都转换为可编辑多边形,然后选择其中一个,将另外两个附加结合为一个物体并进行旋转。最终的雨伞模型如图7-112所示。

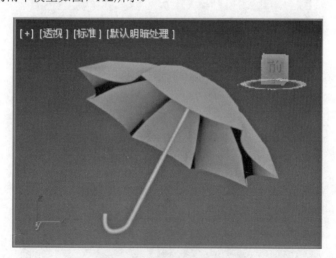

图7-112 最终的雨伞模型

7.11 "扭曲"(Twist)编辑修改器

7.11.1 "扭曲"编辑修改器基础知识

"扭曲"编辑修改器是依据指定的轴向和扭曲角度为物体施加扭曲变形,在对象几何体中产生一个旋转效果。扭曲操作时可以控制任意三个轴上扭曲的角度,并设置偏移来压缩扭曲相对于轴点的效果,也可以对几何体的一部分限制扭曲。

"扭曲"参数设置面板的结构如图7-113所示,其与"弯曲"修改器是类似的。只是"扭曲"组合框中的参数有所不同。"角度"数值决定物体扭曲的角度。正值产生顺时针扭曲,负值产生逆时针扭曲,360°会产生完全旋转。其正值会将扭曲向远离轴点的末端方向压缩,而负值会向着轴点方向压缩。

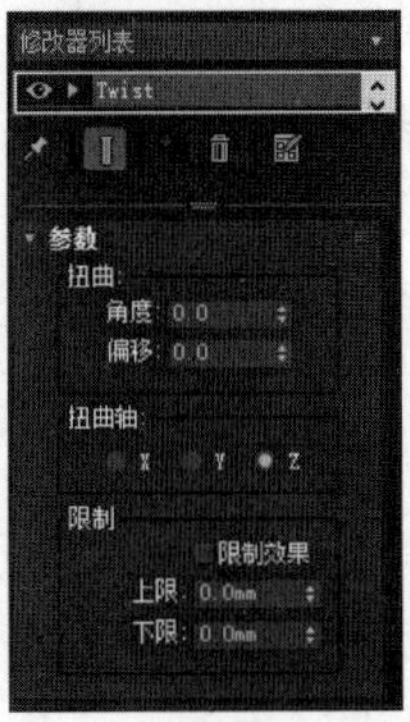

7.11.2 实例讲解:花瓶模型

本例制作一个花瓶模型并为之添加青花瓷贴图效果。青花瓷工艺于唐宋时期已见端倪,成熟于元朝,盛行于明清。该模型制作具体操作步骤如下:

步骤1 单击"创建"→"图形"→"样条线"→"多边形"按钮,在视图中创建一个多边形并修改参数,如图7-114所示。

图7-113 "扭曲"参数设置面板

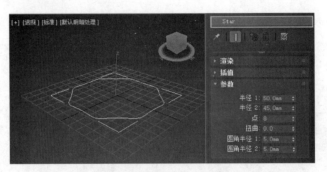

图7-114 创建多边形并修改参数

步骤2 选择"修改器列表"中的"挤出"编辑修改器。设置挤出的参数"数量"为300,"分段"为20。在"封口"选项组中取消勾选"封口末端"复选框。挤出的参数设置及挤出后的模型如图7-115所示。

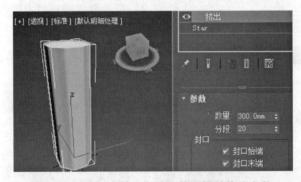

图7-115 添加"挤出"编辑修改器并修改参数

步骤3 在挤出的模型上添加"锥化"编辑修改器。设置锥化的参数"数量"为1,"曲线"为-2,锥化参数及锥化后的模型如图7-116所示。

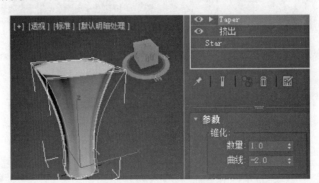

图7-116 添加"锥化"编辑修改器并修改参数

步骤 4 在锥化后的模型上添加"扭曲"编辑修改器。设置扭曲的"角度"值为180,"偏移"值为25。扭曲后的模型如图7-117所示。

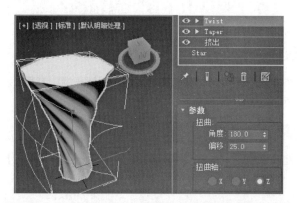

图7-117 添加"扭曲"编辑修改器并设置参数后的花瓶

步骤 5 在场景中选择该模型并右击,在弹出的快捷菜单中选择"转换为可编辑多边形"命令,进入"多边形"子模式,选择模型上表面多边形并按【Delete】键删除。在修改器列表选择"壳"修改器,参数设置如图7-118所示。

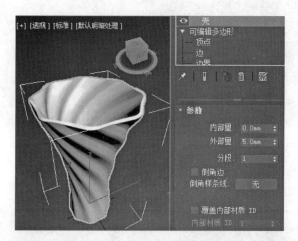

图7-118 添加"扭曲"编辑修改器并设置参数后的花瓶

步骤 6 为该模型添加青花瓷贴图,最终得到的青花瓷花瓶,如图7-119所示。

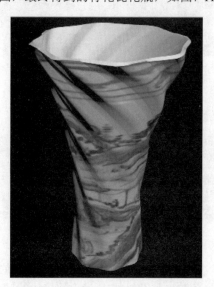

图7-119 添加"扭曲"编辑修改器并设置参数后的花瓶

7.12 "FFD"编辑修改器

7.12.1 "FFD"编辑修改器基础知识

FFD代表"自由形式变形",其主要用于构建类似椅子或者雕塑等圆状图形。FFD修改器使用晶格框包围选中的几何体,通过调整晶格的控制点改变封闭几何体的形状。

7.12.2 实例讲解:椅子模型

下面通过一个椅子模型的建模实例学习"FFD"编辑修改器的应用。具体操作步骤如下:

步骤1 单击"创建"→"几何体"→"标准基本体"→"长方体"按钮,在透视图中创建一个长方体,然后修改其参数,如图7-120所示。

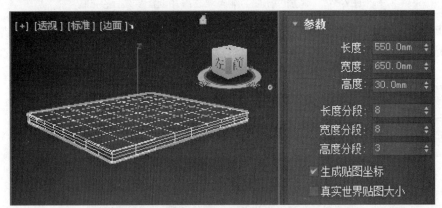

图7-120 创建长方体并修改参数

步骤2 将该长方体转换为可编辑多边形,然后进入"边"子模式,选择上平面左右的8条边,如图7-121所示。

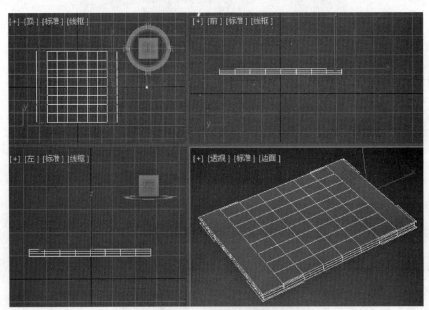

图7-121 选择上平面左右的8条边

步骤3 进入"修改"面板,单击"编辑边"→"连接"按钮后面的"设置"按钮,连接两条边。连接完成后,再选择两侧的边,然后连接成一条边,如图7-122所示。连接边的目的是添加FFD编辑后的扭曲变形。

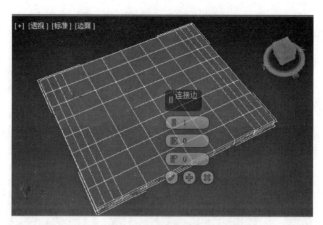

图7-122　再次连接边

步骤 4 进入"修改"面板,选择"修改器列表"中的"FFD 3×3×3"编辑修改器,选择其"控制点"子模式,如图7-123所示。

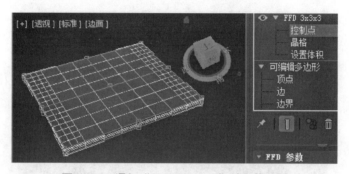

图7-123　添加"FFD 3×3×3"编辑修改器

步骤 5 对控制点进行移动,其在四个视图中的效果如图7-124所示。

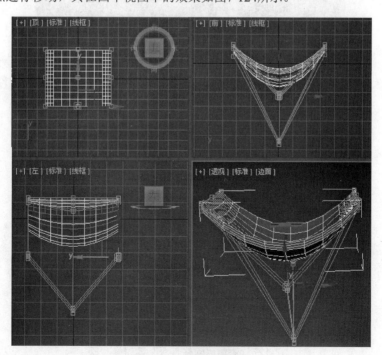

图7-124　调整控制点

步骤 6 调整合适后,单击"FFD 3×3×3"编辑修改器,退出子模式。在前视图中选择物体模型,利用"选择并旋转"工具对其进行旋转操作,如图7-125所示。

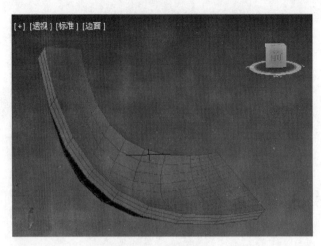

图7-125 旋转模型

步骤 7 将场景中的物体模型转换为可编辑多边形。然后对四周的边进行切角处理，如图7-126所示。

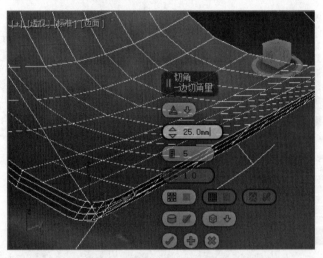

图7-126 对四周的边进行切角处理

步骤 8 进入"修改"面板，选择"修改器列表"中的"网格平滑"编辑修改器。图7-127所示为添加网格平滑后的椅面效果。

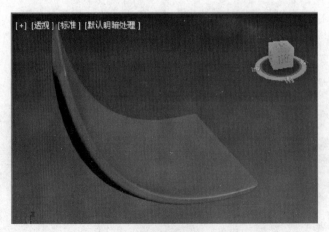

图7-127 添加"网格平滑"编辑修改器

步骤 9 在视图中创建圆柱体，为其添加椅子支架和底座，如图7-128所示。

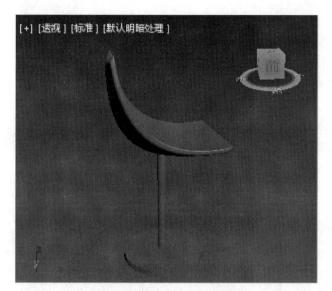

图7-128 最终完成椅子模型

7.13 "晶格"编辑修改器

7.13.1 "晶格"编辑修改器基础知识

1. "晶格"编辑修改器及参数

使用"晶格"编辑修改器可以把一个二维形状或一个三维几何实体对象的边转换成可渲染和编辑的圆柱实体，同时还可以把对象上的节点转换成球状的关节。该编辑修改器可以作用在整个对象上，也可以作用在堆栈中所选择的对象的子模式上。

"晶格"编辑修改器的参数面板中主要包含如下三个常用的选项组。

（1）"几何体"选项组

"几何体"选项组用于控制几何体的应用范围，如图7-129所示。

➢ 应用于整个对象：选中该复选框，则应用"晶格"编辑修改器到所选对象的所有边上。取消选择该复选框，则应用晶格到堆栈中所选择物体的子对象上。

➢ 仅来自顶点的节点：选择该单选按钮，则只显示由网格的节点生成的各种形状的关节。

➢ 仅来自边的支柱：选择该单选按钮，只显示由网格的边所生成的圆柱形结构。

➢ 二者：选择该单选按钮，则所选对象的节点和支柱都会显示出来。

（2）"支柱"选项组

"支柱"选项组用于控制圆柱形几何体的参数，如图7-130所示。

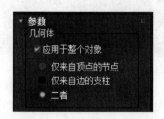

图7-129 "几何体"选项组

图7-130 "支柱"选项组

➢ 半径：用于设定圆柱形几何体的半径。

➢ 分段：用于设定圆柱形几何体高度上的分段数。
➢ 边数：用于设定圆柱形几何体周长上的分段数。
➢ 材质ID：用于设定圆柱形几何体的材质ID号，默认的号码为1。
➢ 忽略隐藏边：忽略隐藏的边，默认启用该选项。

（3）"节点"选项组

"节点"选项组用于控制球状关节的参数，如图7-131所示。

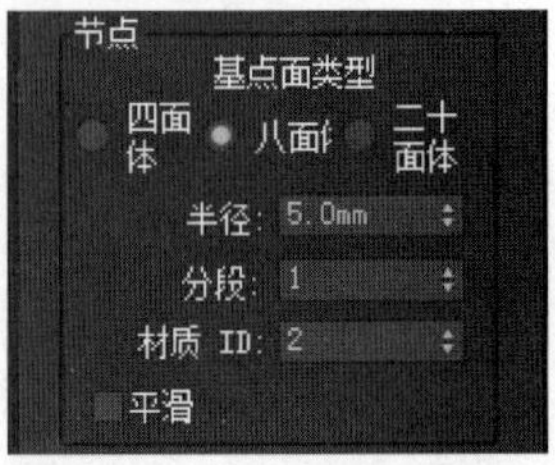

➢ 基点面类型：用于设定球状关节多面体的类型，其可选值分别为四面体、八面体和二十面体。

图7-131 "节点"选项组

➢ 半径：用于设定球状关节的半径。
➢ 分段：用于设定球状关节的分段数。段数越多，生成的关节越接近光滑的球体。
➢ 材质ID：用于设定球状关节的ID号，默认号码为2。

2．"晶格"编辑修改器的操作步骤

步骤1 在视图中分别创建两个长方体，其长宽高的分段数分别为1和2，如图7-132所示。

步骤2 进入"修改"面板，选择"修改器列表"中的"晶格"编辑修改器，分别为这两个物体添加"晶格"编辑修改器，如图7-133所示。"晶格"编辑修改器使得长方体转变成了具有支柱和节点的空心物体模型。

图7-132 创建长方体

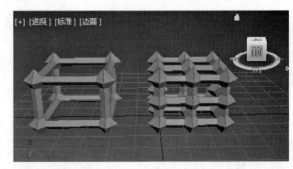

图7-133 添加"晶格"编辑修改器

步骤3 选择第一个晶格物体模型，其默认参数如图7-134所示。支柱圆柱体默认的半径为2，分段为1，边数为4。各支柱间的节点默认半径为5，分段为1。

步骤4 根据需要修改其参数，如图7-135所示。

图7-134 "晶格"默认参数

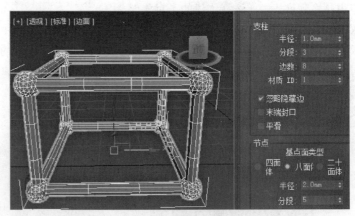

图7-135 修改参数

7.13.2 实例讲解：垃圾桶模型

下面通过创建一个垃圾桶模型进一步学习在建模时如何应用"晶格"编辑修改器。具体操作步骤如下：

步骤1 单击"创建"→"几何体"→"标准基本体"→"圆锥"按钮，在透视图中创建一个圆锥体。

图7-136所示为其参数和模型效果。

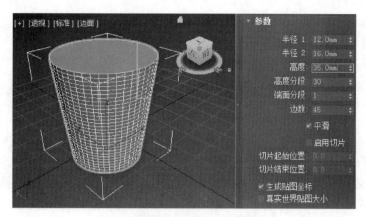

图7-136　创建圆锥并修改参数

步骤 2 将该圆锥体转换为可编辑多边形。进入"多边形"子模式，选择上表面圆形多边形，按【Delete】键删除，如图7-137所示。

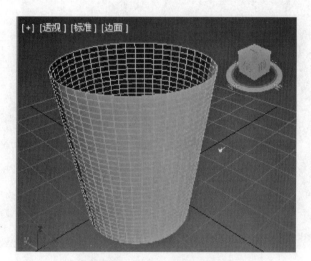

图7-137　删除上表面多边形

步骤 3 在"多边形"子模式下，在前视图中选择模型上方和下方作为垃圾桶边缘的多边形，如图7-138所示。

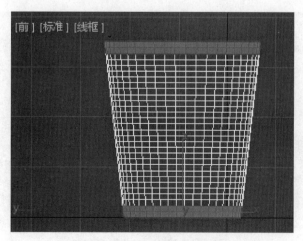

图7-138　选择部分多边形

步骤 4 在右侧参数面板中单击"编辑几何体"→"分离"按钮，弹出图7-139所示对话框，保持默认设置，直接将选中的部分作为独立的物体对象分离。

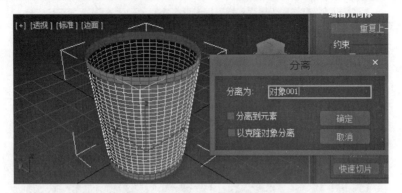

图7-139 将多边形分离为独立物体

步骤 5 分离操作完成后，回到物体模式下。在视图中选择分离之后剩下的中间部分物体，进入"修改"面板，选择"修改器列表"中的"晶格"编辑修改器，默认效果如图7-140所示。

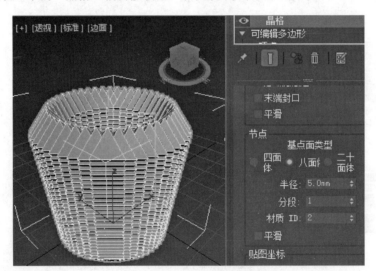

图7-140 添加"晶格"编辑修改器

步骤 6 修改"晶格"编辑修改器中"支柱"和"节点"两个选项组中的"半径"参数，其参数及模型效果如图7-141所示。

图7-141 修改"晶格"的参数

步骤 7 调整完成后，在视图中选择被分离出来作为垃圾桶上下边缘的物体对象，进入"修改"面板，选择"修改器列表"中的"壳"编辑修改器，调整其"内部量"和"外部量"参数，如图7-142所示。

步骤 8 最终完成的模型如图7-143所示。

图7-142 垃圾桶上下边缘添加"壳"编辑修改器

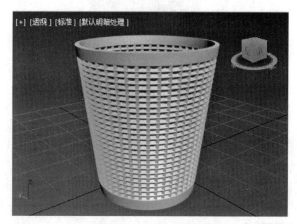

图7-143 垃圾桶模型

7.14 "Cloth"（布料）编辑修改器

在越来越流行的中式装修风格中，经常需要用到一些布艺、花枝、陶瓷和木椅等极具中国风的装饰物品，针对这些类型的设计，布料系统和动力学系统工具可以很好地帮助用户快速制作出效果逼真的模型。比如在室内装潢设计时，经常利用"Cloth"编辑修改器制作床单、枕头、抱枕、桌布等布料的模型效果。

7.14.1 "Cloth"编辑修改器基础知识

通过"Cloth"编辑修改器可以指定场景中哪些对象参与布料模拟的计算，并分别设置各个对象的属性，也可以为布料对象指定各种约束方式，比如受到风等空间扭曲力场的影响，甚至还可以通过鼠标的拖动从而交互式地调整布料的形态等。

1. "Cloth"编辑修改器主层级"修改"面板

"Cloth"编辑修改器包括主层级"修改"面板和4个子对象层级"修改"面板："组""面板""接缝""面"，如图7-144所示。其中比较常用的是"组"子对象级别。

2. 主层级的参数面板

主层级"修改"面板下有"对象""选定对象""模拟参数"3个卷展栏。通过这些卷展栏可以设定布料性质、指定参与布料模拟的对象和作用力，最终完成布料形态或动画的计算工作。

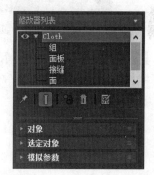

图7-144 "Cloth"布料编辑修改器层级

（1）"对象"卷展栏

通过该卷展栏，可以指定参与布料模拟计算的对象，其中包含了大部分控制布料模拟计算的进程和状态的工具。图7-145所示为"对象"卷展栏的部分常用参数。

（2）"模拟参数"卷展栏

"模拟参数"卷展栏中可以设置模拟计算的基本参数，如单位换算、重力、模拟计算的开始和结束帧等，这些设置对本模拟集合中的所有对象有效。图7-146所示为"模拟参数"卷展栏。

图7-145 "对象"卷展栏

图7-146 "模拟参数"卷展栏

7.14.2 实例讲解：抱枕模型

下面通过一个抱枕模型的制作学习"Cloth"编辑修改器的使用。具体操作步骤如下：

步骤 1 在前视图中创建长方体，设置其长度和宽度分别为500，高度为20，长度分段和宽度分段均为50，参数如图7-147所示。

步骤 2 进入"修改"面板，选择"修改器列表"中的"Cloth"编辑修改器。在其参数面板中单击"对象"中的"对象属性"按钮，如图7-148所示。

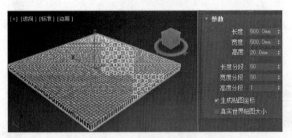
图7-147 创建长方体并修改参数

图7-148 添加"Cloth"修改器

步骤 3 弹出图7-149所示的"对象属性"对话框，在左侧选择物体对象，在右侧选择"布料"单选按钮。设置阻尼值和压力值均为50，设置完成后单击"确定"按钮关闭当前对话框。

图7-149 设置布料属性和参数

步骤4 在"Cloth"参数面板中单击"模拟"选项组中的"模拟局部"按钮,软件会自动运算,当物体内部充气效果达到满意时再次单击"模拟局部"按钮停止运算,如图7-150所示。

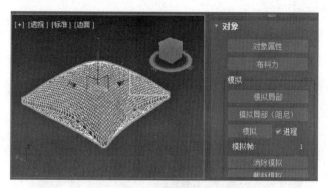

图7-150 "模拟局部"运算

步骤5 进入"修改"面板,选择"修改器列表"中的"FFD长方体"编辑修改器。单击"FFD长方体"编辑修改器前面的小三角符号将其展开,进入"控制点"子层级。在前视图中选择上方和下方的控制点,沿着Y轴移动,以修改抱枕形状。图7-151所示为修改后的抱枕模型。

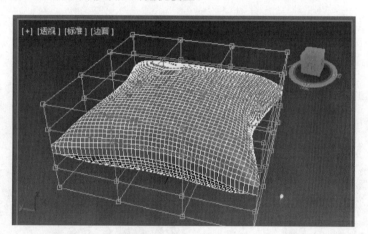

图7-151 移动控制点

步骤6 在视图中选择物体模型并右击,在弹出的快捷菜单中选择"转换为"→"转换为可编辑多边形"命令。进入"边"子模式中,在模型上选择一条边,在参数面板中单击"选择"→"环形"按钮,如图7-152所示。

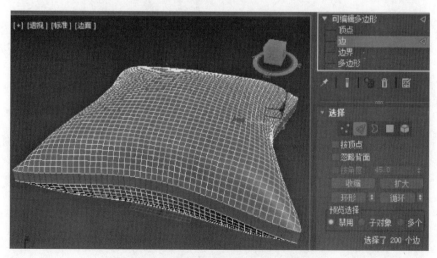

图7-152 转换为可编辑多边形并选择边

步骤 7 在参数面板中单击"编辑边"→"连接"按钮,连接一条边。然后单击"编辑边"→"挤出"按钮,然后向内侧挤出,如图7-153所示。

图7-153 挤出所选边

步骤 8 返回到多边形物体模式下,选择"修改器列表"中的"网格平滑"编辑修改器,设置"迭代"值为2,如图7-154所示。

步骤 9 平滑后的抱枕模型如图7-155所示。

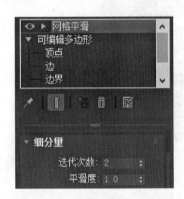

图7-154 添加"网格平滑"编辑修改器

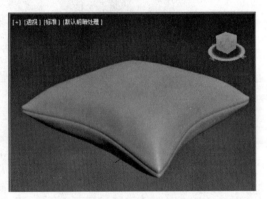

图7-155 抱枕模型

第8章 基本材质与贴图

现实世界中的物体都有各自的表面特征、质感、颜色等，如木材、金属、玻璃、液体、石器等。在三维场景中创建的物体本身不具备任何材质属性，因此要想使其具有真实感，造型逼真，就必须赋予其现实世界中的材质。材质对于表现物体的真实感至关重要。

材质就是3ds Max中对真实物体视觉效果的体现，而这种视觉效果有时是通过颜色、质感、发光、透明、粗糙、纹理等表现出来的。3ds Max中为物体模型赋予材质是通过材质编辑器完成的。

8.1 材质编辑器

3ds Max 2020中的材质编辑器界面有"精简材质编辑器"和"Slate材质编辑器"两种类型。本书中的材质与贴图都是基于"精简材质编辑器"进行操作的。下面介绍"精简材质编辑器"的窗口界面。

选择菜单栏中的"渲染"→"材质编辑器"→"精简材质编辑器"命令，如图8-1所示。

弹出图8-2所示的"材质编辑器"窗口。

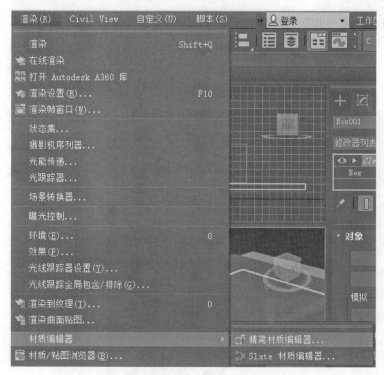

图8-1 选择"精简材质编辑器"命令

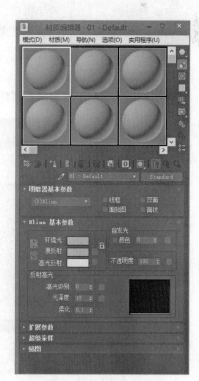

图8-2 "材质编辑器"窗口

8.1.1 菜单栏

"材质编辑器"窗口最上面是菜单栏，经常使用的命令都可以在这里找到。

1. "模式"菜单

"模式"菜单列出了材质编辑器的两种模式，即精简材质编辑器和Slate材质编辑器。

（1）精简材质编辑器

即用户熟悉的以前版本中的材质编辑器界面，其中包括各种材质的快速预览。

（2）Slate材质编辑器

Slate材质编辑器将材质和贴图显示为关联在一起用来创建材质树的节点结构。用户在设计和编辑材质时使用节点和关联以图形方式显示材质的结构，它的功能更加强大。

2. "材质"菜单

"材质"菜单列出了材质编辑器最常用的材质命令，大部分与工具栏中的同名按钮的功能相同，如图8-3所示。

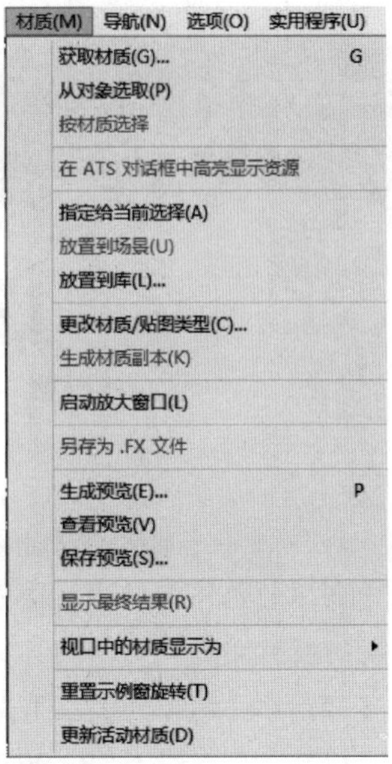

- 获取材质：选择该命令，弹出"材质/贴图浏览器"对话框，从中可以选择不同类型的材质和贴图。
- 从对象选取：允许利用吸管工具从场景中的一个对象上选择材质。
- 指定给当前选择：将当前活动的材质样本赋给选中的物体。
- 放置到场景：如果当前样本窗中的材质为非选择的活动材质，且材质名称与场景中对象的名称相同，则可通过该命令将当前材质重新赋给此同名对象，当前材质同时变为选定的活动材质。
- 放置到库：将选择的材质存入当前材质库。
- 更改材质/贴图类型：改变材质的基本种类。与单击"材质种类"按钮的功能相同。
- 生成材质副本：在当前编辑窗口中复制当前材质。
- 启动放大窗口：将当前材质在窗口中放大显示。
- 生成预览、查看预览、保存预览：在做动画材质时制作当前材质和预览动画、查看预览动画和保存预览动画。
- 显示最终结果：当贴图比较复杂时能够显示最终的贴图效果。

图8-3 "材质"菜单

3. "导航"菜单

"导航"菜单中列出的工具可以在材质层级之间切换，如图8-4所示。

- 转到父对象：转到当前材质的上一级。
- 前进到同级：向前转到当前材质的相同级别的材质。
- 后退到同级：向后转到当前材质的相同级别的材质。

4. "选项"菜单

"选项"菜单提供了一些附加工具和显示选项，如图8-5所示。

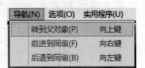

图8-4 "导航"菜单

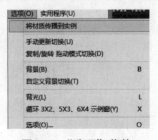

图8-5 "选项"菜单

> 将材质传播到实例：选择该命令后，指定的材质将被应用到场景中所选对象的所有实例。
> 手动更新切换：选择该命令后，可以手动更新材质。
> 复制/旋转拖动模式切换：用于控制鼠标动作，当在材质样本窗上拖动鼠标时，可以选择复制材质或旋转材质。
> 背景：设置是否在样本窗中显示背景。
> 自定义背景切换：设置是否在样本窗中显示自定义背景。
> 背光：设置是否显示背景光。
> 循环3×2、5×3、6×4示例窗：切换窗口显示模式。
> 选项：选择该命令，弹出"材质编辑器选项"对话框，从中可以设置材质编辑器的基本选项。

5. "实用程序"菜单

"实用程序"菜单中列出了一些常用的实用程序，如对窗口重置、精简或还原操作、渲染贴图等，如图8-6所示。

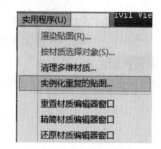

图8-6 实用程序菜单

8.1.2 材质示例窗

"材质编辑器"窗口菜单栏下方的区域为材质示例窗，其中包括24个材质球，如图8-7所示。

在窗口中任意选择一个材质球并右击，在弹出的快捷菜单中显示了当前示例窗中有多少个材质球，并可进行切换，如图8-8所示。

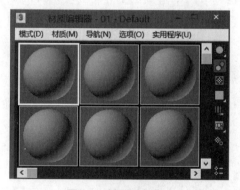

图8-7 材质示例窗

图8-8 修改材质球

材质球用于显示材质编辑的结果，一个材质球对应一种材质。在修改材质的参数时，修改后的结果会立即在材质球上显示出来，这样可方便用户在贴图时观察材质结果。双击任意一个材质球都可以打开专门显示该材质球的示例窗，如图8-9所示。

8.1.3 工具栏

图8-10所示为工具栏，主要用于获取材质、显示贴图的纹理及将制作好的材质赋予场景中的物体等，其中部分工具按钮的功能同菜单栏中相同，此处不再赘述。工具栏中的主要工具依次为：获取材质▊、将材质放入场景▊、将材质指定给选定对象▊、重置材质/贴图为默认设置▊、生成材质副本▊、放入库▊、在视图中显示明暗处理材质▊、显示最终结果▊、转到父对象▊、转到下一个同级项▊。

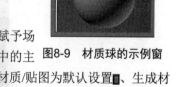

图8-9 材质球的示例窗

图8-10 工具栏

8.1.4 材质编辑器的基本参数

材质编辑器窗口的参数控制区在进行不同的材质设置时会发生变化，一种材质的初始默认设置是标准材质，其他材质类型的参数与标准材质类似。这里以标准材质的活动窗口为例介绍材质编辑器的基本参数。图8-11所示为"标准"材质的参数卷展栏，其上方显示的是材质的名称及类型。

图8-11 "标准"材质的参数卷展栏

1. 明暗器基本参数

该卷展栏主要用于选择材质的明暗类型、设置物体是否以线框、双面等方式渲染，如图8-12所示。

材质的明暗属性是指材质在渲染过程中处理光线照射下物体表面的方式。在最左侧的明暗类型  下拉列表中可以选择不同的材质渲染明暗类型，即确定材质的基本性质。对于不同的明暗类型，其参数面板会有所区别。3ds Max 2020中提供了8种不同的明暗类型，如图8-13所示。

图8-12 明暗器基本参数　　　　　　　图8-13 材质渲染器的明暗类型

（1）各向异性

这种明暗类型可以在物体表面产生狭长的高光，它通过调节两个垂直正交方向上可见高光尺寸之间的差额，产生一种重叠光的高光效果。该明暗类型常用于表现金属、玻璃、毛发等光泽物体，可以根据需要修改其相应参数。图8-14所示为修改其参数及相应效果。

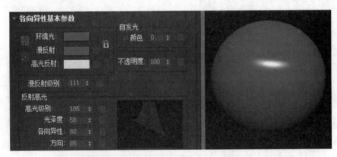

图8-14 各向异性参数及效果

（2）Blinn

用来产生圆形而光滑的高光，常常用于表现暖色柔软的材质，如塑料质感。当增大"柔化"微调框中的数值时，高光比较尖锐，其反光也是圆形的。图8-15所示为修改"Blinn"明暗器参数及其效果。

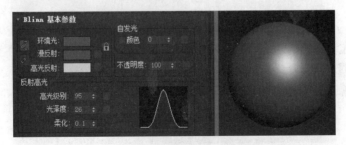

图8-15 Blinn明暗器参数及其效果

（3）金属

金属是一种比较特殊的着色方式，可以表现金属的质感，提供金属材质所需要的强烈反光。该明暗类型专门用于制作金属和一些有机体的渲染效果。图8-16所示为修改"金属"明暗器参数及其效果。该参数面板中取消了对高光色彩的调节。

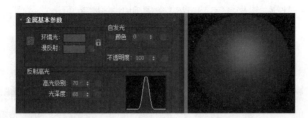

图8-16 "金属"的参数及效果

(4) 多层

可以产生比各向异性的高光更复杂的高光效果，特别适用于制作极度光滑的高反光表面。其卷展栏中包含两个"高光反射层"组合框，可以根据需要分别设置每一层的颜色、级别、光泽度、各向异性和方向等。图8-17所示为修改"多层"明暗器参数及相应效果。

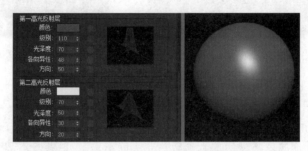

图8-17 "多层"的参数及效果

(5) Oren-Nayar-Blinn

该类型是对Blinn模式的一种拓展，用于表现不光滑表面的反光效果，比如可以做出纺织物、粗陶等一些粗糙不光滑物体的表面。图8-18所示为修改"Oren-Nayar-Blinn"明暗器参数及其效果。

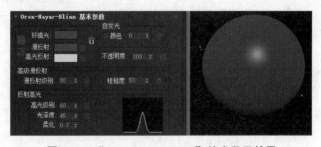

图8-18 "Oren-Nayar-Blinn"的参数及效果

(6) Phong

该明暗器类型与"Blinn"比较相似但Blinn比Phong更高级，以光滑的方式进行表面渲染，常用于表现陶瓷、玻璃、塑料材质。其可以精确地反映出凹凸、不透明、反光、高光和反射贴图等效果。这是一种比较常用的材质类型，常用于表现冷色坚硬的材质，可用于除金属以外的其他坚硬物体。图8-19所示为修改"Phong"明暗器参数及其效果，其与Blinn类似。

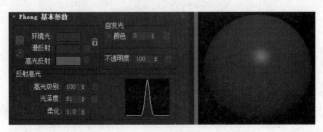

图8-19 "Phong"的参数及效果

（7）Strauss

该类型与"金属"明暗类型比较相似，可以创建金属和非金属表面，拥有更简单的控制选项，此种类型对光线跟踪材质无效。图8-20所示为修改"Strauss"参数及相应效果。

（8）半透明明暗器

该类型与"Blinn"明暗类型相似，但是可以创建出半透明的物体。光线可以穿透这些半透明效果的物体，并且在穿过物体内部时离散。该类型通常用于模拟窗帘、电影屏幕、磨砂玻璃等效果。图8-21所示为修改其参数及相应效果。

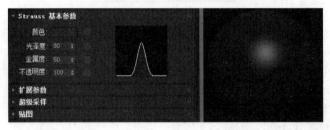
图8-20 "Strauss"的参数及效果

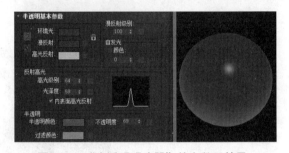
图8-21 "半透明明暗器"的参数及效果

2. Blinn基本参数

"基本参数"卷展栏根据"明暗器基本参数"中明暗类型的不同会有所变化，明暗类型默认为Blinn，所以该卷展栏默认为"Blinn基本参数"，如图8-22所示。其他明暗器类型的基本参数与此大同小异，后面就不再赘述。

- "环境光"：物体没有光线直接照射部分的颜色。
- "漫反射"：表面色，是指物体自身的颜色。单击其右边的小方块用贴图可以做出更丰富的效果。
- "高光反射"：物体光滑表面高光部分的颜色。单击其右边的小方块可以用贴图控制物体的高光。

图8-22 "Blinn基本参数"

- "自发光"：利用自发光经常制作灯光本身的效果。默认情况下用表面色作为自发光的颜色。还可以选中"颜色"复选框，选择一种颜色作为自发光颜色。在颜色后面的文本框中设置数值，其数值越大，自发光越强。
- "不透明度"：用百分比控制物体的不透明度。数值越大，物体越趋于不透明。
- "高光级别"：该参数用于控制反射高光的强度。数值越大，高光部分越亮。
- "光泽度"：该参数用来设置反射高光的大小，反映物体反光的集中程度。随着数值增大，高光就越来越小，材质将变得越来越亮。
- "柔化"：对高光区的反光做柔化处理，使它变得模糊、柔和。

3. "扩展参数"卷展栏

材质编辑器中除了"基本参数"卷展栏外，还包括大多数明暗器常用的其他参数。"扩展参数"卷展栏如图8-23所示，它包括高级透明、反射暗淡和线框三个选项组，这些参数对所有明暗器都是一样的。

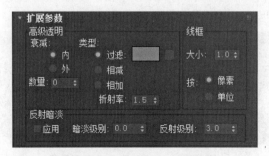
图8-23 "扩展参数"卷展栏

（1）"高级透明"选项组

在该选项组中可以进行透明材质的明暗衰减设置。

➤ "内""外"单选按钮：选择"内"单选按钮，在更加深入对象时可以增加透明度，选择"外"单选按钮则与之相反。

➤ "数量"：用于指定衰减程度的大小，即设置内部或外部边缘的透明度。其取值范围为0~100。

➤ "类型"："高级透明"包括三种透明度类型，分别为过滤、相减、相加。"过滤"类型可以成倍地增加任何出现在透明对象之后的颜色表面的过滤颜色。使用该选项可以选定要使用的过滤颜色；"相减"和"相加"类型可以减弱或加重透明对象之后的颜色。

➤ "折射率"：用于衡量由灯光穿过透明对象引起的变形的程度。不同的物理材质有不同的折射率值。

（2）"反射暗淡"选项组

控制反射的强烈程度，选中"应用"复选框可以启用它。"暗淡级别"设置用于控制阴影内的反射强度，"反射级别"用于设置不在阴影范围内的所有反射的强度。

（3）"线框"选项组

如果在"明暗器基本参数"卷展栏中启用"线框"模式，则可使用该选项。该选项组可以指定线框的大小和厚度。

4. "超级采样"卷展栏

"超级采样"是一种可以提高图像质量的反走样途径，应用于材质级别。渲染非常平滑的反射高光、精细的凹凸贴图以及高分辨率时，超级采样特别有用，其卷展栏如图8-24所示。

5. "贴图"卷展栏

贴图是贴在物体上的位图图像。"贴图"卷展栏包括一个可应用于对象的贴图列表。在该卷展栏中可以为模型设置不同类型的贴图效果，如图8-25所示。勾选某个类型前面的复选框即可启用该类型贴图，在"数量"域中可以指定贴图类型的比例，单击后面的"贴图类型"按钮，弹出"材质/贴图浏览器"对话框，从中可以选择贴图的类型。

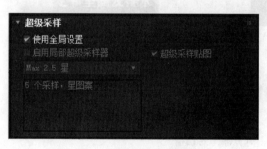

图8-24 "超级采样"卷展栏

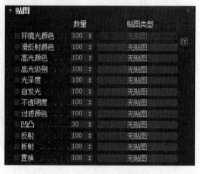

图8-25 "贴图"卷展栏

➤ "环境光颜色"：该贴图在系统默认状态下禁用，通常情况下不单独使用，常常会结合"漫反射颜色"贴图使用。

➤ "漫反射颜色"：这是最常用的贴图类型，使用漫反射原理将某种颜色投射在物体表面。在该贴图中设置的图片将取代漫反射颜色，而且能够表现出材质的纹理效果。

➤ "高光颜色"：该贴图类型中设置的贴图将应用于材质的高光区。

➤ "高光级别"：该贴图类型与"高光颜色"贴图类型相似，但效果的强弱取决于基本参数中的高光强度设置。

➤ "光泽度"：该贴图类型中设置的贴图将应用于物体的高光处，控制物体高光处贴图的光泽度。

➤ "自发光"：启用该贴图类型将使对象的边缘区域发光。

➤ "不透明度"：该贴图类型中设置的贴图可以依据自身的明暗程度在物体表面产生透明效果。

➤ "过滤颜色"：可以根据贴图中图像像素的深浅程度产生透明的颜色效果。使用该贴图类型可以创建光穿过毛玻璃的效果。

> "凹凸"：在该贴图类型中设置的贴图将通过位图的颜色使对象产生凸起或凹陷的效果。这是创建真实材质常用的贴图通道，使得模型有了真实感，但并没有改变模型的形状。

> "反射"：该贴图类型中设置的贴图可以像镜子一样从表面反射图像，不需要设置贴图坐标。如果它周围的物体被移动，那么将会出现不同的贴图效果。

> "折射"：该贴图类型中设置的贴图可以弯曲光线，并能透过透明对象显示出变形的图像，常常用来表现水、玻璃等材质的折射效果。

> "置换"：该贴图类型中设置的贴图将使物体产生一定的位移，从而产生一种膨胀的效果。

8.2 材质类型

材质会使得场景中的物体模型更加具有真实感，造型更加逼真。材质详细描述对象如何反射或折射灯光。可以将材质指定给单独的对象或者选择集，单独场景也能够包含很多不同材质。

在精简材质编辑器中，单击"标准类型"按钮 `Standard` 或者在菜单栏中选择"渲染"→"材质/贴图浏览器"命令，弹出"材质/贴图浏览器"对话框。3ds Max 2020中提供了很多种材质类型，如图8-26所示，下面对其中主要的材质类型加以介绍。

图8-26　"材质/贴图浏览器"对话框

1. "标准"材质

该材质类型为物体表面外观建模提供了非常直观的方式，也是最基本的材质，其是默认类型。在现实世界中，物体表面的外观取决于它如何反射光线。在3ds Max中，标准材质模拟表面的反射属性。如果不使用贴图，标准材质将会为对象提供单一统一的颜色。图8-27所示为茶壶模型添加标准材质后的效果。

图8-27　"标准"材质效果

2. "双面"材质

"双面"材质包括两部分材质，分别用来渲染对象的外表面和内表面。将两种不同的材质分别指定给物体的内外表面，就可以产生不同的纹理效果。

在"材质"类型中选择"双面"材质，弹出"替换材质"对话框，单击"确定"按钮，即可进入"双面"

材质的参数面板。图8-28所示为茶壶物体添加"双面"材质后的模型效果。

图8-28 "双面"材质的参数面板及其效果

➢ "半透明"：该微调框内的数值将决定正面和背面材质显现的百分比。当数值设置为0时，只会显示第1种材质即正面材质，当数值设置为100时只会显示第2种材质即背面材质。

➢ "正面材质"：该选项中的复选框用于控制是否启用正面材质，单击其右侧的按钮，即可进行正面材质类型的设置。

➢ "背面材质"：该选项中的复选框用于控制是否启用背面材质，单击其右侧的按钮，即可进行背面材质类型的设置。

3. "混合"材质

混合材质可以在曲面的单个面上将两种材质进行混合。它将两种不同的材质融合在一起，根据融合度的不同，控制两种材质表现出的强度。另外，还可以指定一张图形作为融合的遮罩，利用它本身的明暗度来决定两种材质的融合程度。

在"材质"类型中选择"混合"材质，在弹出的"替换材质"对话框中单击"确定"按钮，即可进入"混合"材质的参数面板。图8-29所示为设置材质1为"凹痕"贴图，材质2为"波浪"贴图，混合量为50后的茶壶材质贴图效果。

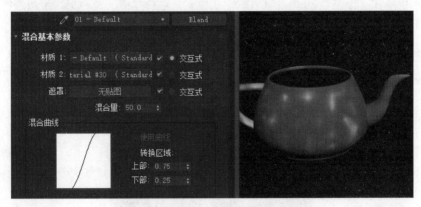

图8-29 "混合"材质的参数及其效果

➢ "材质1"：单击其右侧的下拉按钮将弹出第1种材质的材质编辑器，在其中可以设置材质的贴图、参数等。

➢ "材质2"：单击其右侧的下拉按钮将弹出第2种材质的材质编辑器，在其中可以设置材质的贴图、参数等。

➢ "遮罩"：单击其右侧的下拉按钮可以选择一张图或程序贴图作为遮罩，然后利用遮罩的明暗度来决定两种材质的融合情况。

➢ "交互式"：选择哪一个单选按钮，视图中渲染时，就以哪一种材质显示物体的表面。

➢ "混合量"：可以确定混合的百分比例。对于无遮罩贴图的两种材质进行混合时，可以依据它来调节混合的程度，当数值为0时材质1完全可见而材质2不可见，当数值为100时正好与之相反。

➢ "混合曲线"：用于控制遮罩贴图中黑白区造成的材质融合的尖锐或柔和程度，专门用于遮罩贴图的融合材质。

4. "合成"材质

"合成"材质最多可以合成9种材质。在"材质"类型中选择"合成"材质，在弹出的"替换材质"对话框中单击"确定"按钮,即可进入"合成"材质的参数面板,如图8-30所示。系统按照卷展栏中列出的顺序从上到下叠加材质。可以使用相加不透明度和相减不透明度来组合材质,或者使用数量值来混合材质。

图8-31所示为利用"漫反射颜色""渐变坡度""大理石"三种贴图材质合成材质,为茶壶模型添加该材质后的效果。

图8-30 "合成"材质的参数面板

图8-31 "合成"材质效果

5. "多维/子对象"材质

多维/子对象材质是将多种材质组合到一种材质中,在子对象级别下为一个复杂模型的不同面分别指定不同的材质,这样就使得一个物体同时拥有多个材质。

在"材质"类型中选择"多维/子对象"材质,在弹出的"替换材质"对话框中单击"确定"按钮,即可进入"多维/子对象"材质的参数面板,如图8-32所示。

图8-32 "多维/子对象"材质的参数面板

➢ "设置数量":单击该按钮,弹出"设置材质数量"对话框,在其中设置子材质的数量,默认值为10。

➢ "添加""删除"按钮:这两个按钮是"设置数量"按钮的辅助按钮,单击可以增加或减少子材质的数量。

➢ "ID""名称""子材质":每一行中的ID下方的数字代表了材质的ID号码。名称按钮中可以输入文字作为子材质的名称。单击子材质按钮下方的长条形按钮可以选择不同的材质作为子材质。单击该按钮后面的颜色选择框可以设置材质的颜色。

如图8-33所示,将茶壶模型转换为可编辑多边形后,为其四个元素即茶壶盖、茶壶身体、茶壶把手、茶壶嘴设置多边形材质ID分别为1、2、3、4，然后利用"多维/子对象"材质为该茶壶物体赋予四个子材质。

6. "虫漆"材质

虫漆材质通过叠加将两种材质混合。叠加材质中的颜色为"虫漆"材质被添加到基础材质的颜色中。

在"材质"类型中选择"虫漆"材质，在弹出的"替换材质"对话框中单击"确定"按钮，即可进入"虫漆"材质的参数面板，其参数比较简单。图8-34所示为利用基础材质的棕色和虫漆材质的"烟雾"贴图混合之后为茶壶模型添加的"虫漆"材质效果。

图8-33　"多维/子对象"材质效果

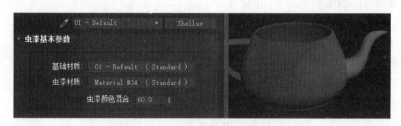

图8-34　"虫漆"材质的参数及其效果

8.3　贴图类型

贴图是物体表面的纹理，利用贴图可以不用增加模型表面的复杂程度就能突出地表现出对象的细节，还可以创建出反射、凹凸等多种效果。在三维模型中，贴图的使用是材质部分的关键和难点。通过贴图的调整可以比基本材质更加精细和真实地表现物体模型的现实感，并且可以通过"UVW贴图"和"UVW展开"等编辑修改器调整图片在模型上的位置和效果等。U即为图片的水平方向，V即为图片的垂直方向，W即为与图片垂直的屏幕方向。

8.3.1　贴图坐标

如果为物体模型赋予的材质中包含任何一种二维贴图或三维贴图，则物体必须具有贴图坐标，这个坐标用于控制贴图的位置、重复次数和是否旋转等属性，大部分二维和三维贴图都有贴图坐标。

1. 二维贴图坐标

在菜单栏中选择"渲染"→"材质编辑器"→"精简材质编辑器"命令，打开材质编辑器窗口。展开"贴图"卷展栏，单击任意一个"无贴图"按钮，弹出"材质/贴图浏览器"对话框。在"贴图"卷展栏的"通用"列表中选择一种二维贴图，如"位图"，确定后弹出"选择位图图像文件"对话框。选择一个位图图像之后返回到材质编辑器，即可看到"坐标"卷展栏。图8-35所示坐标即为二维贴图坐标，该贴图坐标使用UVW坐标系。

图8-35　二维贴图坐标

二维贴图的"坐标"卷展栏的参数如下：

①"纹理"：将位图作为纹理贴图应用到物体表面。

②"贴图"：在其下拉列表中有四种贴图方式供选择。

➢ "显示贴图通道"：可以选择1~99间的任何一个贴图通道。

➢ "顶点颜色通道"：用分配的顶点颜色作为贴图通道。

➢ "对象XYZ平面"：用于场景中物体坐标的平面贴图。

➢ "世界XYZ平面"：用于场景中世界坐标的平面贴图。

③"环境"：可将贴图坐标作为环境贴图，有如下四种选择：球形环境、柱形环境、收缩包裹环境和屏幕。

④"在背面显示贴图"：当选用平面贴图时，只有选中此复选框才能在背面显示贴图。

⑤"贴图通道"：贴图通道后方的微调框中可以输入或调整数值选择贴图通道。

⑥"偏移"：可以改变UV坐标中贴图的位置。

⑦"瓷砖"：用于设定贴图在U、V平面坐标中的重复次数。

⑧"镜像"：用于在U、V平面方向上镜像贴图。

⑨"角度"：用于设定在U、V、W平面上的旋转角度。

⑩"旋转"：显示一个显示框，可以在显示框上通过拖动鼠标旋转贴图。

➢ "模糊"：可以影响位图的尖锐程度。

➢ "模糊偏移"：可以利用图像的偏移进行大幅度的模糊处理。

2. 三维贴图坐标

如果在"贴图"卷展栏的"通用"列表中选择一种三维贴图，如"大理石"，确定后会返回到材质编辑器，即可看到"坐标"卷展栏。图8-36所示为三维贴图坐标，该贴图坐标使用XYZ坐标系。

三维贴图"坐标"卷展栏的参数选项中"源"用于选择贴图使用的坐标系，其中包括"对象XYZ""世界XYZ""显示贴图通道""顶点颜色通道"。其他参数与二维贴图类似。

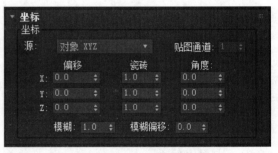

图8-36　三维贴图坐标

8.3.2　贴图通道

在为三维物体模型进行材质贴图操作时，贴图的应用必须指定确切的贴图通道，不能简单地指定在材质中。无论对于二维贴图还是三维贴图，在其"坐标"卷展栏中都可以选择贴图通道，每一种贴图类型都可以设置自己的贴图通道。后续利用"UVW贴图"或"UVW展开"等编辑修改器调整贴图时是依据贴图通道来控制不同类型贴图的。

8.3.3　二维贴图类型

二维贴图可以包裹到一个对象的表面上，也可以作为场景背景图像的环境贴图。因为二维贴图没有深度，所以只出现在表面上。常用的二维贴图有如下几种。

1. "位图"贴图

"位图"贴图是最常用的一种二维贴图，可以加载多种格式，如.gif、.jpg、.png、.tif等。这些图像可以用多种不同的方式包裹到对象上。

选择"位图"贴图的操作步骤如下，其他类型贴图操作与此类似。

步骤1 在"材质编辑器"窗口中选择一个空材质球，如图8-37所示。单击下方"Blinn基本参数"→"漫反射"颜色右侧的黑色小方块。

步骤2 弹出"材质/贴图浏览器"对话框，如图8-38所示。

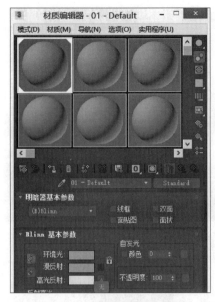

图8-37 "材质编辑器"窗口

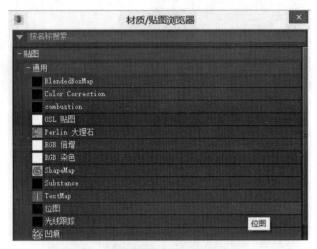

图8-38 "材质/贴图浏览器"对话框

步骤 3 在"材质/贴图浏览器"对话框中双击"位图"选项,弹出"选择位图图像文件"对话框,选择一张位图贴图,如图8-39所示。

步骤 4 在"选择位图图像文件"对话框中单击"打开"按钮后,材质编辑器窗口进入到"位图"层级,如图8-40所示。

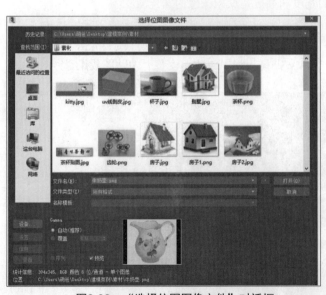

图8-39 "选择位图图像文件"对话框

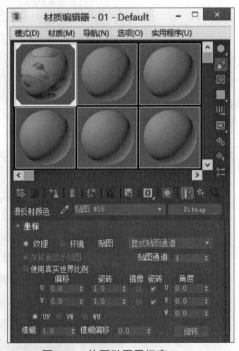

图8-40 位图贴图层级窗口

该窗口中上方所选择的材质球上显示的即是所选择的位图图像。其下方的"坐标"卷展栏在前面内容中已经有所介绍,此处不再赘述。下面介绍"位图参数"卷展栏中的主要参数,如图8-41所示。其他贴图中也只重点介绍贴图类型自身的参数。

①"位图":其后的长条形按钮上显示的是当前所选贴图图像的物理路径,单击该按钮,弹出"选择位图图像文件"对话框,在其中可以重新选择指定的位图图像文件。

②"重新加载":单击该按钮可以重新载入位图。

③ "过滤":过滤选项包括"四棱锥""总面积""无"三个单选按钮。这些方法执行像素点平均操作以便于对图像进行反走样。

④ "裁剪/放置":使用该选项组可以裁剪或放置图像。

➢ 裁剪:剪切图像的一部分。

➢ 放置:在维持整幅图像完整性的同时重新调整图像的大小。

➢ 查看图像:该按钮用于在"指定裁剪/放置"对话框中打开图像,如图8-42所示。当选定裁剪模式时可以利用图像内的矩形,通过移动矩形的手柄指定裁剪区域。

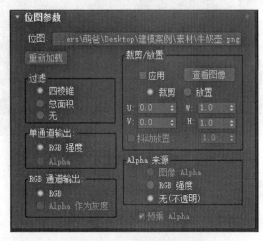

图8-41 "位图参数"卷展栏

图8-42 "指定裁剪/放置"对话框

➢ U、V、W、H:可以调整U和V参数以定义裁剪矩形左上角的位置。图8-42所示U和V值为0.2,即贴图图像的左边缘和上边缘位置在从原始图像左边缘起的整个宽度的20%处。调整W和H参数以定义裁剪或放置的宽度及高度。图8-42所示W和H值为0.7,即调整后图像的宽度和高度是原始图像的70%。

➢ 应用:"指定裁剪/放置"对话框调整完毕即可关闭该对话框,但此时调整并未生效。当启用"应用"复选框后调整就会生效。

图8-43所示为牛奶壶模型应用位图贴图并经过"UVW贴图"编辑修改器调整后的贴图效果。

图8-43 牛奶壶模型应用位图贴图效果

2. "棋盘格"贴图

"棋盘格"贴图用于创建有两种颜色的棋盘图像,是将两种颜色或图案以国际象棋棋盘的形式组织起来,以产生相互交错的棋盘格效果。系统默认为黑白交错的图案。图8-44所示为"棋盘格"贴图窗口。

"棋盘格"参数卷展栏中的参数如下：

①"柔化"：通过调整该微调框中的数值，可以控制贴图中两个方格区域间边界的模糊程度。

②"颜色#1"：单击其后的颜色框即可打开"颜色选择器：颜色1"对话框，从中可以设定棋盘区"颜色1"中的颜色。单击颜色框右侧的"无贴图"按钮可以打开"材质/贴图浏览器"对话框，从中选择贴图来代替颜色1。

③"颜色#2"：原理同颜色1，通过该选项设置棋盘区第2种颜色或图案。

④"交换"：单击该按钮，系统会将颜色1和颜色2中的设置进行交换。

该种贴图类型通常用于桌布、地板或墙面等的贴图效果制作。图8-45所示为桌布的棋盘格贴图效果。

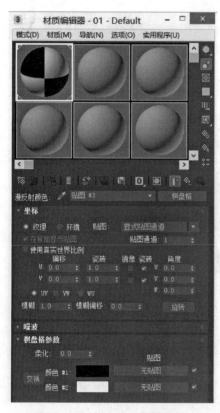

图8-44 "棋盘格"贴图窗口

图8-45 桌布的棋盘格贴图效果

3. "渐变"贴图

"渐变"贴图是使用三种颜色或图案创建渐变过渡效果。在"材质/贴图浏览器"对话框中选择"渐变"贴图后，材质贴图界面中的"渐变参数"卷展栏如图8-46所示。

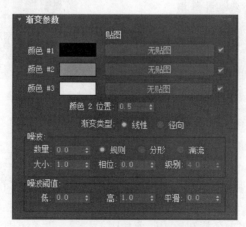

图8-46 "渐变参数"卷展栏

①"颜色#1""颜色#2""颜色#3":这三个选项组分别用于设置贴图的三个渐变区域。单击各个颜色框可以设置颜色,单击颜色框右侧的"无贴图"按钮,弹出"材质/贴图浏览器"对话框,从中选择贴图从而替代颜色。

②"颜色2位置":该微调框用于设置中间色的位置,系统默认值是0.5,此时三种颜色平均分配。

③"渐变类型":用于选择两种渐变类型,即线性或者径向。

④"噪波":用于控制渐变区域间融合时产生的杂乱效果。

➢ 数量:设置噪波的数量,取值范围为0.0~1.0。
➢ 大小:按比例变换噪波的效果。
➢ 相位:控制噪波随时间变化的快慢。
➢ 规则、分形、湍流:噪波的三种类型,可以根据不同情况选择不同的噪波类型。
➢ 级别:确定应用噪波函数的次数。

⑤"噪波阈值":设置噪波函数的界限以清除不连续的情况。

图8-47所示为调整噪波参数及为茶壶模型添加该"渐变"贴图的效果。

图8-47 茶壶模型的"渐变"贴图效果

4. "渐变坡度"贴图

"渐变坡度"贴图是"渐变"贴图的高级版本,可以使用多种不同的颜色。"渐变坡度参数"卷展栏如图8-48所示。

① 颜色栏:沿着颜色栏底端单击可以添加颜色标签。在每个色标上右击,可进行详细设置,如图8-49所示。

图8-48 "渐变坡度参数"卷展栏

图8-49 编辑颜色标志

选择"复制"命令可以把当前色标的颜色属性复制下来;选择"粘贴"命令可以将复制完的颜色属性粘贴到当前色标上;选择"删除"命令将当前色标删除;选择"编辑属性"命令,弹出图8-50所示的"标志属性"对话框。

在该对话框中可以设置色标的名称,设置插值类型。单击"纹理"下方的"无"长方形按钮,弹出"材质/贴图浏览器"对话框,在其中选择一种贴图类型。单击"颜色"后的颜色框可以重新选择一种颜色值,调整"位置"微调框中的数值可以精确定位当前色标在整个颜色栏中的位置,取值范围为0~100。

② 渐变类型："渐变坡度"贴图比"渐变"贴图提供了更多种渐变类型，如图8-51所示。系统默认的渐变类型为线性渐变。

③ 噪波、噪波阈值：这两个选项组与"渐变"贴图中的类似，此处不再赘述。

图8-52所示为利用"渐变坡度"贴图结合"Perlin大理石"为茶壶模型添加的贴图效果。

图8-50 "标志属性"对话框　　图8-51 渐变类型　　图8-52 茶壶模型的"渐变坡度"贴图效果

5. "漩涡"贴图

该类型贴图用于创建有两种颜色的漩涡图像，其主要参数的含义如下：

（1）漩涡颜色设置

这两种颜色分别是"基本"和"漩涡"。单击这两种颜色后面的颜色框可以选择颜色，单击颜色框后面的"无贴图"按钮，弹出"材质/贴图浏览器"对话框，在其中可以选择贴图来替代颜色。"颜色对比度"可以控制两种颜色之间的对比度，"漩涡强度"用来定义漩涡颜色的强度，"漩涡量"是混合进"基本"颜色"漩涡"的颜色量。单击"交换"按钮可以将"基本"和"漩涡"中的设置进行交换。

（2）漩涡外观

"扭曲"微调框用于设置漩涡的数量，输入负值会使漩涡改变方向。"恒定细节"微调框用于确定漩涡中包括的细节。

（3）漩涡位置

该选项组用于设置"漩涡中心"的X和Y值，并可以移动漩涡的中心。当漩涡中心从材质中心移开时，漩涡的环会变得更密。"锁定"按钮可以使X和Y值同等更改。

（4）配置

"随机种子"用于设置漩涡效果的随机性。

图8-53所示为调整"漩涡参数"及将"漩涡"贴图赋予给茶壶模型并通过"UVW贴图"编辑修改器调整后的贴图效果。

图8-53 调整"漩涡参数"及茶壶模型的"漩涡"贴图效果

8.3.4 三维贴图类型

三维贴图是分阶段创建的，这些贴图不只是像素点的组合，实际上是用数学算法创建的。这种算法在三维上定义了贴图，因此如果对象的一部分被切去，贴图则会沿着每条边对齐。系统提供的三维贴图类型有多种，下面重点介绍比较常用的贴图类型。

1. "细胞"贴图

该贴图用来产生细胞、鹅卵石形状的随机序列贴图效果，常常用于凹凸贴图。图8-54所示为调整"细胞"贴图的参数及其贴图效果。"细胞"贴图界面中"细胞参数"卷展栏中的主要参数如下：

①"细胞颜色"：单击颜色框可以调整整个"细胞"贴图的颜色，单击"无贴图"按钮，在弹出的对话框中可以选择某种贴图来代替颜色。"变化"微调框可以调整细胞的密度，值越大密度越大，取值范围为0～100。

②"分界颜色"：可以调整细胞上两种分界的颜色。也可以选择使用贴图来代替颜色。

③"细胞特性"：系统提供了圆形、碎片和分形三种细胞类型，可以根据应用的需要选择相应类型。"大小""扩散""凹凸平滑""粗糙度"值可以进一步控制细胞的形态。

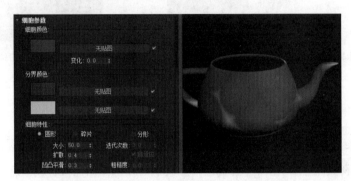

图8-54　调整"细胞"贴图的参数及贴图效果

2. "凹痕"贴图

该类型贴图类似于凹凸贴图，可以在对象的表面上创建凹痕，实现一种风化和腐蚀的效果。凹痕贴图的参数比较简单，图8-55所示为设置"大小"值为100，"强度"值为10后为茶壶模型添加的"凹痕"贴图效果。

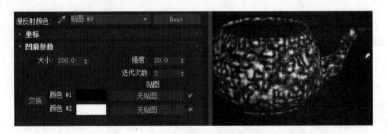

图8-55　"凹痕"贴图的参数修改及其效果

"大小"微调框可以调整凹痕上形状的大小。"强度"值可以调节贴图的明暗度。"凹痕"贴图上默认有两种分界颜色，可以分别单击颜色框进行设置，也可以单击颜色框后面的"无贴图"按钮选择贴图来代替颜色。

3. "衰减"贴图

该贴图是基于表面法线的方向创建灰度图像。法线平行于视图的区域是黑色的，法线垂直于视图的区域是白色的。通常把这种贴图应用为不透明贴图，这样可对对象的不透明度进行更多的控制。图8-56所示为给茶壶模型添加"衰减"贴图的效果。

图8-56　给茶壶模型添加"衰减"贴图的效果

4. "大理石"贴图

该贴图类型用于创建带有随机彩色纹理的大理石材质。"大理石"贴图的参数比较简单，图8-57所示为修改其参数及相应的贴图效果。"大小"微调框用于调整随机彩色纹理的大小，"纹理宽度"用于调整其宽度。"颜色#1"和"颜色#2"用于调整彩色纹理的颜色，也可以用贴图代替颜色。图中所示为调整"大理石"贴图的参数,选择两种不同深度的绿色。

图8-57　调整贴图的参数

5. "噪波"贴图

该贴图用两种颜色随机地修改对象的表面。其主要参数的含义如下:

①"噪波类型":包括规则、分形、湍流三种类型,每一种类型使用不同的算法计算噪波。

②"噪波阈值":通过该区域可以防止出现噪波效果不连续的情况。可以使用高噪波值和低噪波值设置噪波极限。

③"大小":该微调框用于缩放噪波效果,值越小则噪波越明显。

④"颜色#1""颜色#2":两种颜色样本可以修改用于表现噪波的颜色。这两种颜色的后面还有为两种颜色加载贴图的选项。

⑤"交换":单击该按钮可以在两种颜色之间进行交换。

图8-58所示为调整参数设置"大小"为25,"颜色#1"为绿色,"噪波类型"设置为湍流后将该"噪波"贴图应用于茶壶模型上的贴图效果。

图8-58　茶壶的"噪波"贴图效果

6. "Perlin大理石"贴图

该贴图使用不同的算法创建大理石纹理。它比"大理石"贴图更无序、更随机。其中可以设置颜色1和颜色2的颜色、饱和度,也可以选择某种贴图来代替颜色。并且可以设置大理石纹理的大小和级别。图8-59所示为"Perlin大理石参数"的参数修改及其相应贴图效果。

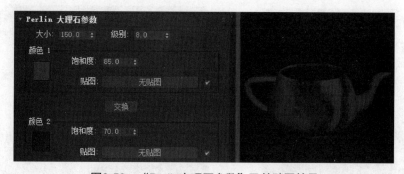

图8-59　"Perlin大理石参数"及其贴图效果

7. "烟雾"贴图

该贴图可以创建随机的、形状不规则的图案,就像是在烟雾中看到的一样。可以调整烟雾的两种颜色,并调整烟雾形状的大小、相位及迭代次数等。图8-60所示为"烟雾"贴图的参数调整及其相应贴图效果。

图8-60 "烟雾"贴图的参数卷展栏

8. "泼溅"贴图

该贴图可以创建用泼溅的颜料覆盖对象的效果。"泼溅"贴图的参数比较简单，其卷展栏如图8-61所示。应用该贴图时主要调整颜色、大小和迭代次数。

图8-61 "泼溅"贴图的参数修改及贴图效果

8.4 "UVW贴图"编辑修改器及实例

当对物体模型赋予某种图像作为贴图时，材质贴图只能把图像赋予给物体表面，但是贴图的具体位置没有办法控制和精细调整。要想实现现实世界中很多真实的贴图效果，还需要借助"修改器列表"中与贴图相关的编辑修改器。在处理贴图效果时，主要使用"UVW贴图"和"UVW展开"两种编辑修改器。下面重点介绍"UVW贴图"编辑修改器及其实例。

8.4.1 "UVW贴图"编辑修改器基础

在视图中选择赋予贴图的物体模型，进入"修改"面板，选择"修改器列表"中的"UVW贴图"编辑修改器，此时会出现该修改器的参数面板，如图8-62所示。

1. "贴图"选项组

"贴图"选项组中提供了7种贴图方式，根据模型形状选择不同的贴图方式，模型上会有不同的黄色边框显示。

➢ 平面：这是系统默认的贴图方式。该贴图方式适用于大面积的平面物体，如图8-63所示。

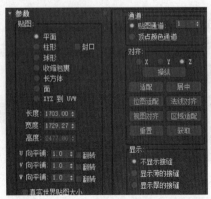

图8-62 "UVW贴图"修改器的参数面板

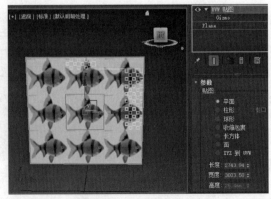

图8-63 "平面"贴图

➢ 柱形：这种贴图方式适合圆柱形的模型。选择该单选按钮，勾选其右侧的"封口"复选框，可以将模型的贴图坐标封闭，如图8-64所示。如果取消勾选"封口"复选框，则默认贴图不会正常作用于柱形物体的上下表面。

➢ 球形：这种贴图方式适合于圆球形物体模型。选中该单选按钮，贴图坐标就会完全包裹住球体模型，如图8-65所示。

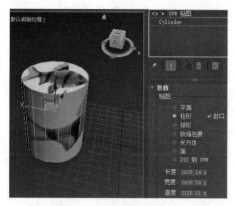

图8-64 "柱形"贴图

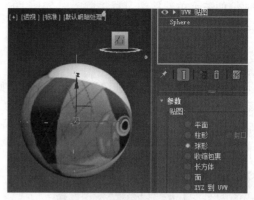

图8-65 "球形"贴图

➢ 收缩包裹：这种贴图方式与"球形"贴图类似，也经常用于球体形状的模型。区别是它可以使图像收紧于球的顶部一点，但是不产生明显的接缝，如图8-66所示。

➢ 长方体：这种贴图方式可以将一张或多张图像文件贴在复杂的表面上而使图形不产生变形。因此该贴图经常被用于长方体或者正方体形状的模型，如图8-67所示。

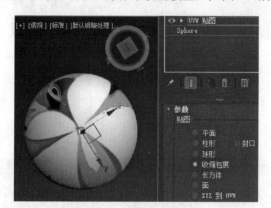

图8-66 "收缩包裹"贴图

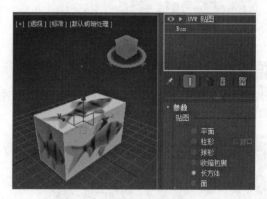

图8-67 "长方体"贴图

➢ "面"：这种贴图方式可以直接为每个表面进行平面贴图，与"平面"贴图方式类似。

➢ "XYZ到UVW"：这种贴图方式可以将适配三维贴图坐标引入UVW贴图中。选择该贴图方式有助于将三维贴图锁定到物体的表面。如果拉伸表面，则3D程序贴图也会被拉伸，不会造成贴图在表面流动的错误动画效果。

➢ "长度""宽度""高度"：通过这三个微调框可以设置贴图坐标Gizmo的尺寸。

➢ "U向平铺""V向平铺""W向平铺"：通过这三个微调框可以设置在三个方向上贴图平铺的次数。

2. "贴图通道"

"UVW贴图"编辑修改器与贴图之间的对应关系是通过"贴图通道"关联的。一个物体模型上可以同时应用多个"UVW贴图"编辑修改器，此时每个编辑修改器可以通过"贴图通道"控制各自对应的贴图，以此实现比较复杂的贴图效果。

3. "对齐"

该组合框主要设置"UVW贴图"的Gizmo与物体模型之间的对齐关系。可以在X、Y、Z三个轴向上调整Gizmo。

➢ 适配：单击该按钮可以将贴图坐标自动锁定到物体的外围边界上。

➢ 居中：单击该按钮可以将Gizmo物体的中心对齐到物体模型的中心上。

➤ 其他类型按钮不常用，此处不再赘述。

4. "显示"

该选项组的三个单选按钮可以控制"UVW贴图"时自动产生的UV线即接缝的显示情况，包括"不显示接缝""显示薄的接缝""显示厚的接缝"。

8.4.2 实例讲解：心形咖啡杯

下面通过一个心形咖啡杯的贴图案例学习"UVW贴图"的使用。具体操作步骤如下：

步骤1 打开心形咖啡杯.max文件。图8-68所示为心形咖啡杯模型。

步骤2 进入"多边形"子模式，选择模型中的所有多边形，在右侧参数面板中设置"多边形：材质ID"值为1，如图8-69所示。

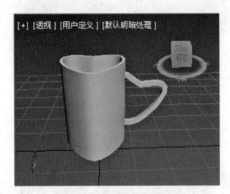
图8-68 心形咖啡杯模型

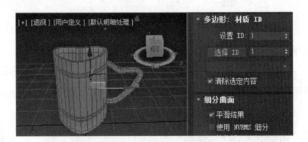
图8-69 设置外部"多边形：材质ID"

步骤3 选择模型内部所有多边形，设置"多边形：材质ID"值为2，如图8-70所示。

步骤4 分别选择咖啡杯底部所有多边形以及茶杯把手部位所有多边形，设置"多边形：材质ID"值为3，如图8-71所示。

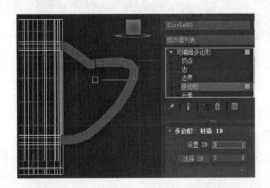
图8-70 设置内部"多边形：材质ID"

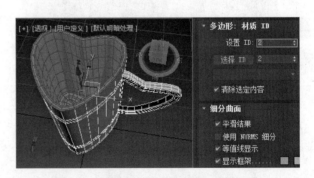
图8-71 设置把手的"多边形：材质ID"

步骤5 选择"修改"面板中的"多边形：材质ID"卷展栏，在"选择ID"微调框中输入1，单击"选择ID"按钮，选择所有多边形材质ID为1的多边形，即咖啡杯杯身外侧的多边形，如图8-72所示。

图8-72 选择外部多边形

步骤 6 打开"精简材质编辑器",选定一个材质球,单击"漫反射"颜色框后面的小方块图标,弹出"材质/贴图浏览器"对话框,选择"位图"选项,如图8-73所示。

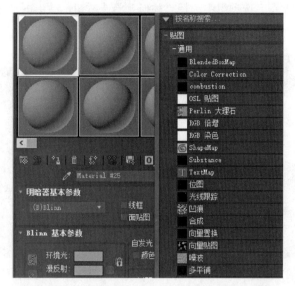

图8-73 在材质编辑器窗口中选择"位图"选项

步骤 7 在对话框中选择cat.png图像,单击"打开"按钮,如图8-74所示。

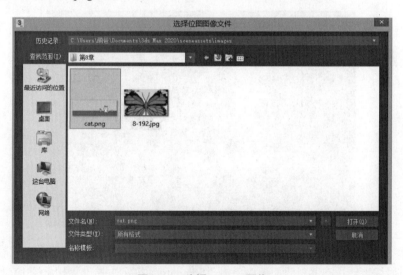

图8-74 选择cat.png图像

步骤 8 在材质编辑器中拖动材质球到场景中所选择的多边形上,释放鼠标,如图8-75所示。

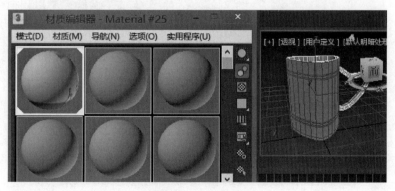

图8-75 应用材质

步骤 9 在选中材质ID为1的多边形的前提下，进入"修改"面板，选择"修改器列表"中的"UVW贴图"编辑修改器，为所选择的多边形添加该修改器，如图8-76所示。

步骤 10 在参数面板的"贴图"选项组中选择"柱形"单选按钮，并单击"适配"按钮，得到图8-77所示的贴图效果。

图8-76 添加"UVW贴图"修改器

图8-77 外部初步贴图效果

步骤 11 在修改器堆栈中展开"UVW贴图"编辑修改器前面的小三角图标，选择Gizmo并通过"选择并旋转"按钮旋转Gizmo以调整贴图的位置，如图8-78所示。

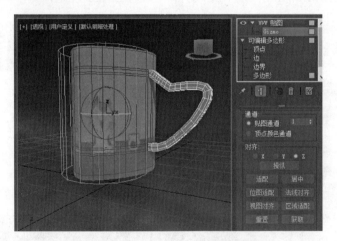

图8-78 旋转Gizmo以调整贴图位置

步骤 12 打开材质编辑器，在其材质面板中单击"Standard"按钮，弹出"材质/贴图浏览器"对话框，选择"多维/子对象"材质，如图8-79所示。

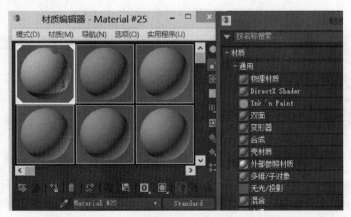

图8-79 在材质编辑器中选择"多维/子对象"材质

步骤13 在弹出的"替换材质"窗口中选择"将旧材质保存为子材质"并确定。多维/子对象材质编辑器窗口如图8-80所示。

步骤14 单击"设置数量"按钮,弹出图8-81所示的"设置材质数量"对话框,设置数量为1,然后单击"确定"按钮。

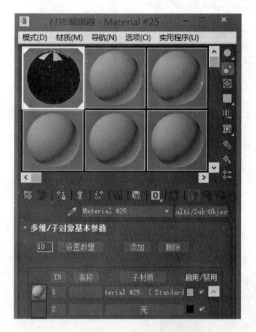

图8-80 多维/子对象材质编辑器窗口　　　　　图8-81 设置材质数量

步骤15 在材质编辑器中单击"添加"按钮,添加一个子材质,如图8-82所示。

步骤16 选择第二个子材质,单击"子材质"按钮下方的长条形按钮,进入该子材质的贴图界面,在其中设置漫反射颜色为深灰色并调整高光级别和光泽度,如图8-83所示。

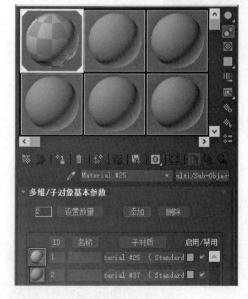

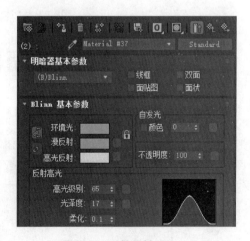

图8-82 添加子材质2　　　　　图8-83 调整子材质2

步骤17 单击"转到父对象"按钮,返回到多维/子对象材质界面。单击"添加"按钮再次添加一个子材质,如图8-84所示。选择第三个子材质,并设置其颜色为淡青色,同时调整高光级别和光泽度。

步骤18 最终完成的贴图效果如图8-85所示。

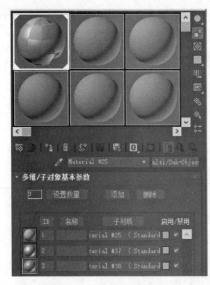
图8-84　调整子材质3

图8-85　最终贴图效果

步骤19 在视图中选择咖啡杯模型，右击转换为可编辑多边形。选择"修改器列表"中的"网格平滑"编辑修改器。最终完成的物体模型及贴图效果，如图8-86所示。

图8-86　"网格平滑"后的咖啡杯模型

8.5　"UVW展开"编辑修改器及实例

8.5.1　"UVW展开"编辑修改器基础

当把贴图赋予物体模型后，想要更加精细地控制贴图效果，调整贴图位置等可以应用"UVW展开"编辑修改器，该修改器功能更加完善。图8-87所示为模型添加该修改器后的参数面板。该修改器包含三个子级别上贴图的调整，分别是顶点、边、多边形。

（1）选择

该卷展栏如图8-88所示，主要实现在三个子级别上对贴图区域的选择，通过 图标切换顶点、边和多边形这三个子级别。每个子级别下的可用按钮会以彩色显示，不可用按钮为灰色显示。这部分操作主要在"UV编辑器"中实现。

图8-87　"UVW展开"的参数面板

➤ 修改选择：包括"扩大：XY选择"和"缩小：XY选择"实现对所选区域的扩大或缩小选择。

➤ 选择方式：提供了在三个子级别上选择贴图区域的不同方式。主要包括"忽略背面""点对点边选择""按平面角选择""按平滑组选择""对称几何选择"。

（2）材质ID

在"多边形"子级别下该卷展栏才可用，可以实现按材质ID选择贴图区域或者为贴图区域的多边形设置材质ID，如图8-89所示。

图8-88 "选择"卷展栏

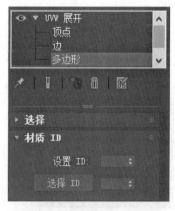

图8-89 "材质ID"卷展栏

（3）编辑UV

该卷展栏提供了对于"UVW展开"的编辑方式。主要包括"打开UV编辑器"和"视图中扭曲"，如图8-90所示。

➤ "打开UV编辑器"：基本编辑操作都是需要单击"打开UV编辑器"按钮，弹出图8-91所示的编辑器窗口，该窗口中可以实现"UVW展开"修改器编辑贴图区域的所有操作。该编辑器窗口主要由菜单栏、工具栏、操作区域、选择、命令面板几部分组成。

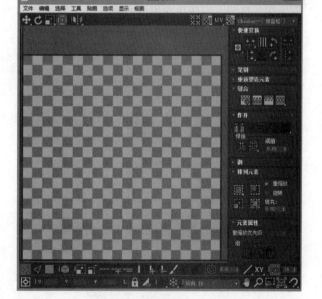

图8-90 "编辑UV"卷展栏　　　　　图8-91 "编辑UVW"窗口

➤ "视图中扭曲"：该按钮提供了在视图中模型上对于多边形区域的快速贴图操作，只有在"多边形"子级别下才可用。选择要贴图的多边形区域可以完成快速平面贴图、显示快速平面贴图、对齐快速平面贴图等操作。

（4）通道

该卷展栏如图8-92所示，可以设置修改器的贴图通道、可以通过"重置UVW"按钮快速清除所有UVW编辑操作，恢复到初始贴图状态。还可以单击"保存"按钮将设置完成的UVW编辑操作以文件的方式保存，也可以单击"加载"按钮实现对已保存的编辑方案的加载。

（5）剥

该卷展栏默认灰色禁用，只有在修改器堆栈区切换到"多边形"子级别才可用，如图8-93所示。通过剥方式来编辑贴图首先需要完成对于接缝的编辑操作，然后再通过"剥"操作的4个按钮完成剥方式贴图、编辑剥模式或者重置剥模式等操作。

图8-92 "通道"卷展栏

图8-93 "剥"卷展栏

（6）投影

该卷展栏默认灰色禁用，只有在修改器堆栈区切换到"多边形"子级别才可用，如图8-94所示。该卷展栏提供了4个常用的贴图类型以实现对于所选贴图区域的快速贴图，相当于是"UVW贴图"的快速和简化操作。主要提供的贴图类型有平面贴图、柱形贴图、球形贴图和长方体贴图。在每种快速贴图方式时都可以设置其在X、Y、Z轴上的对齐效果。

（7）包裹

该卷展栏如图8-95所示，提供了快速生成UV线的方式：样条线贴图和循环展开条带。样条线贴图操作只在"多边形"子级别下可用，需要先在模型上选择要贴图的多边形区域。循环展开条带操作只在"边"子级别下可用，需要先选择边然后从所选择的边处展开生成UV线。

图8-94 "投影"卷展栏

图8-95 "包裹"卷展栏

8.5.2 实例讲解：飞机模型贴图

我国按照国际民航规章自行研制了具有自主知识产权的大型喷气式民用飞机。本例请同学们利用前面章节内容自主完成类似飞机模型的制作，然后通过为飞机模型添加贴图来初步认识"UVW展开"编辑修改器的应用。

步骤1 打开一个提前制作好的飞机模型,该模型制作主要基于长方体,应用多边形建模法完成,其步骤略。打开材质编辑器,单击"漫反射"颜色后的图标,弹出"材质/贴图浏览器"对话框,在其中选择位图,在位图选择对话框中选择飞机图像,并将材质指定给选定对象,如图8-96所示,然后关闭材质编辑器。

图8-96 为飞机模型赋予贴图

步骤2 进入"修改"面板,选择"修改器列表"中的"UVW展开"编辑修改器,如图8-97所示。

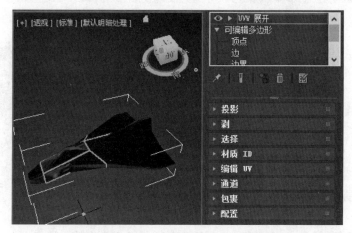

图8-97 添加"UVW展开"编辑修改器

步骤3 进入"修改"面板,展开"编辑UV"卷展栏,单击"打开UV编辑器"按钮,打开编辑窗口,单击右上方的下拉菜单选择贴图的飞机图像,如图8-98所示。

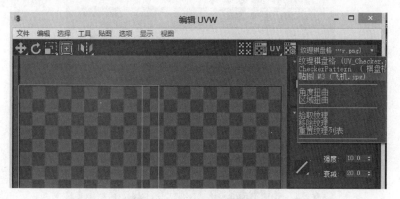

图8-98 UVW编辑器窗口

步骤4 编辑窗口的棋盘格变为飞机贴图图像,如图8-99所示。在窗口下方的选择工具栏中单击"多边形"按钮 ■ ,切换到"多边形"子级别。

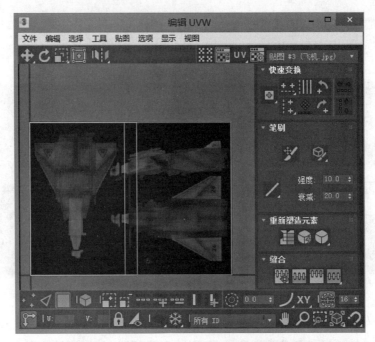

图8-99　选择飞机贴图

步骤 5 在场景透视图中按住【Ctrl】键的同时选中飞机所有上表面的多边形，在右侧命令面板中选择"投影"，投影类型选择平面，然后在模型上会出现一个黄色线框，表示正交投影的方向，该线框应和拆分出来的片平行。轴向选择 Z 方向，如图8-100所示。再单击一次"投影/平面"关闭投影操作。

步骤 6 进入 UVW 编辑器界面，如图8-101所示。在 UVW 编辑器窗口中得到的投影图形称为 UV 元素或 UV 片。利用编辑器窗口工具栏中的移动工具 把刚产生的 UV 元素移

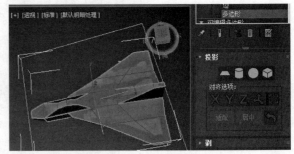

图8-100　设置"平面"投影

出编辑区。在UVW编辑器窗口右下角单击"元素属性"卷展栏"组"中的"选定组"按钮，这样投影完成的这些多边形就形成了一个组，方便后续的选择操作。

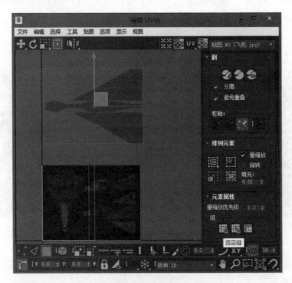

图8-101　移动UV元素

步骤 7 在视图中选择飞机腹部所有多边形，在右侧命令面板中选择"投影"，投影类型选择平面，然后在模型上会出现一个黄色线框，表示正交投影的方向，该线框应和拆分出来的UV元素平行。轴向选择Z方向，如图8-102所示。

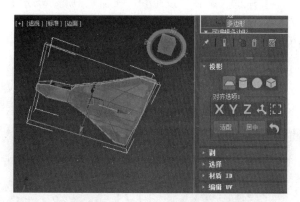

图8-102　选择飞机腹部多边形

步骤 8 再单击一次"投影"卷展栏中的"平面"按钮关闭投影操作，如图8-103所示。在UVW编辑器窗口中再次将该UV元素移走并单击"选定组"按钮，使之成为一个组。

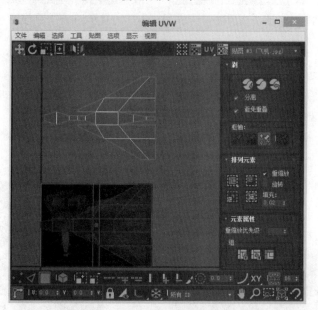

图8-103　设置"平面"投影

步骤 9 同理，在场景中分别选择飞机模型两个侧面的多边形，在命令面板中选择"投影"，类型选择平面，轴向选择Y方向，投影完毕再次单击"平面"按钮关闭"投影"操作。在UVW编辑器中将其移开并打组，如图8-104所示。

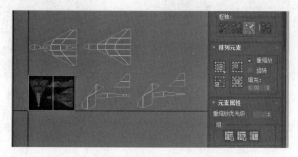

图8-104　完成飞机侧面UV元素的拆分

步骤10 在透视图中选择飞机模型中剩下的尾部和头部的多边形，在命令面板中选择"投影"，类型选择"平面"，轴向选择X方向。投影完毕再次单击"平面"按钮关闭"投影"操作。在UVW编辑器中把投影完成的片移走并打组，如图8-105所示。

步骤11 在该窗口中单击工具栏中的"旋转"按钮，在场景中选择场景工具栏中的角度捕捉开关，设置角度为90°（角度捕捉对于UVW编辑器仍然起作用）。在UVW编辑器中旋转第一个UV元素然后缩放并移动到贴图图像对应的位置上，如图8-106所示。

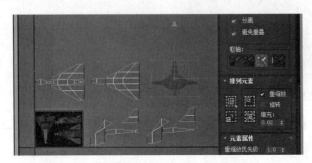
图8-105 完成飞机头部和尾部UV元素的拆分

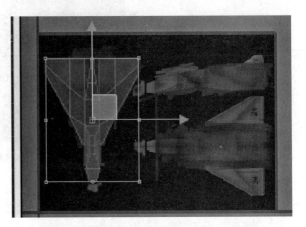
图8-106 移动UV元素到贴图中并调整位置

步骤12 在UVW编辑器下方单击"顶点"子级别按钮，可以在顶点模式下移动顶点，从而对该区域贴图进行精细调整，如图8-107所示。

步骤13 顶点调整完毕后，选择"多边形"子级别，然后选择整个UV元素，如图8-108所示。单击编辑器下方的"冻结选定的子对象"按钮将调整完毕的UV元素冻结以防止后续对该元素的误操作。冻结后就不能对该元素做选择、移动、旋转等操作了。当需要对该片操作时，可以在按钮上按住鼠标左键不动，在弹出的按钮中单击"全部解冻"按钮即可解冻，然后继续操作。

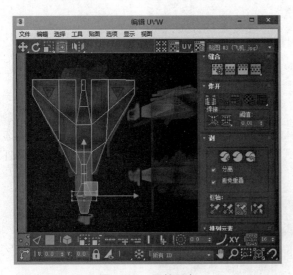
图8-107 调整顶点

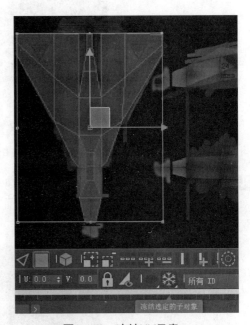
图8-108 冻结UV元素

步骤14 同理，对于投影得到的其他UV元素也按照上述操作移动到编辑区图像的适当位置，如图8-109所示。其具体操作步骤与前述方法类似，此处不再赘述。

步骤 15 最终完成的飞机模型贴图效果如图8-110所示。

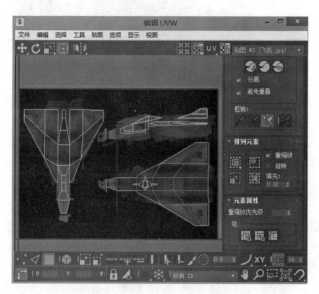

图8-109　调整其他UV元素位置

图8-110　飞机模型贴图效果

8.5.3　展平贴图和渲染UVW模板

下面通过一个骰子模型的建模与贴图案例学习"UVW展开"中的"展平贴图"和"渲染UVW模板"两种操作。

1. 创建骰子模型

步骤 1 在透视图中新建立方体，将其转换为可编辑多边形，如图8-111所示。

步骤 2 在主工具栏中单击"捕捉"工具，右击后在弹出的快捷菜单中设置中点捕捉。在长方体上选择某个顶点所在的三条边，进行中点切割操作生成边，如图8-112所示。

图8-111　创建立方体

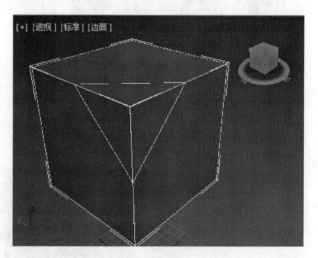

图8-112　捕捉中点切割连接边

步骤 3 在图8-112中可见的三个面上，再次选择每个新生成的边的中点，切割新边如图8-113所示。

步骤 4 进入"多边形"子模式，选择长方体上没有做任何操作的3个多边形，按【Delete】键删除，如图8-114所示。

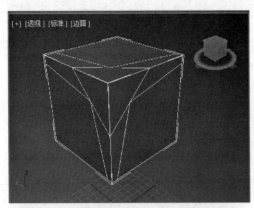
图8-113 生成新边

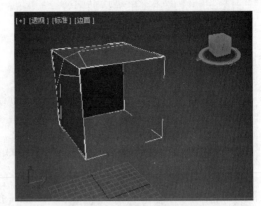
图8-114 删除多余的多边形

步骤 5 在前视图中选择物体模型,在主工具栏中单击"镜像"工具,在弹出的快捷菜单中选择Y轴为镜像轴,克隆方式选择"复制",如图8-115所示。

步骤 6 选择上方物体,在命令面板中单击"编辑几何体"→"附加"按钮,在场景中单击选择另一个物体,这样就使得两个物体附加为一个物体。进入"顶点"子模式,选择物体模型中的所有顶点,然后单击"编辑顶点"→"焊接"按钮,完成焊接操作。在前视图中再次选择已完成焊接物体模型,然后沿着X轴向镜像复制之后再进行附加及顶点焊接操作,如图8-116所示。

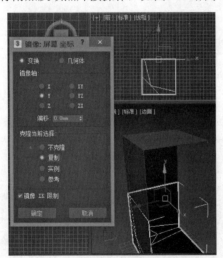
图8-115 前视图Y轴镜像复制

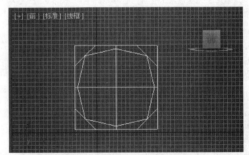
图8-116 前视图X轴镜像复制

步骤 7 在顶视图中再次选择已完成焊接的物体模型,然后沿着X轴向镜像复制之后再进行附加及顶点焊接操作,最终完成的骰子模型如图8-117所示。

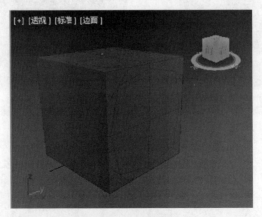
图8-117 骰子模型初步

2. 制作贴图

步骤 1 进入"修改"面板，选择"修改器列表"中的"UVW展开"编辑修改器，如图8-118所示。在场景中选择骰子模型上的所有多边形，展开"编辑UV"卷展栏，单击"打开UV编辑器"按钮，打开UV编辑器的窗口界面。

步骤 2 在编辑器菜单栏中选择"贴图"→"展平贴图"命令，如图8-119所示。

图8-118　添加"UVW展开"编辑修改器　　　图8-119　选择"贴图"→"展平贴图"命令

步骤 3 在弹出的"展平贴图"对话框中做图8-120所示的设置。"展平贴图"操作是根据模型中相邻多边形之间的角度来确定UV元素的拆分，以实现对物体模型中UV元素的自动快速的拆分工作，适用于相对比较规则的物体模型。默认多边形角度阈值为45°，意为相邻多边形之间的角度大于或等于45°时自动拆分为不同的UV元素。默认间距0.001为拆分完成后UV元素之间的距离。

步骤 4 确定后UVW编辑器如图8-121所示，骰子模型的贴图被自动拆分为了6个UV元素，并在编辑区完成了自动排列。当对该自动排列顺序不满意时，在右侧命令面板中单击"排列元素"卷展栏中的按钮对UV元素进行重新排列。

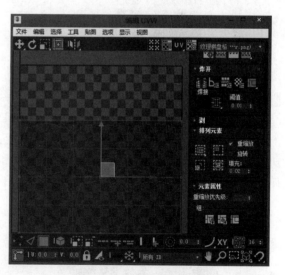

图8-120　"展平贴图"对话框　　　　　　　图8-121　完成"展平贴图"

步骤 5 "排列元素"卷展栏中"填充"的默认值为0.02，即UV元素之间的距离，可以根据需要调整。单击"紧缩规格化"按钮，即可实现将UV元素之间的距离由展平贴图时设置的0.001调整为0.02，然后将元素UV在编辑区重新排列，如图8-122所示。

步骤 6 "展平贴图"后可以根据需要对UV元素进行检查。在编辑器菜单栏中选择"选择"菜单，其下拉菜单如图8-123所示。可以利用"选择重叠多边形"命令检查自动拆分的UV元素之间是否有重叠，利用"选择反转多边形"检查UV元素中的多边形是否有翻转现象，翻转的多边形其贴图也是翻转的，需要校正。

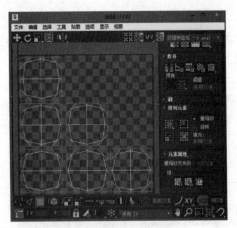
图8-122 调整UV元素排列

图8-123 对UV元素进行检查

步骤 7 在编辑器菜单栏中选择"工具"菜单，其下拉菜单如图8-124所示。选择"渲染UVW模版"命令，弹出图8-125所示的对话框。

图8-124 选择"渲染UVW模版"命令

图8-125 "渲染UVs"对话框

步骤 8 单击下方的"渲染UV模板"按钮将展平贴图的编辑区保存为图像文件。如果手动调整了自动拆分的UV元素使之发生变形的话，那么可以在单击"渲染UV模板"按钮之前先单击"猜测纵横比"按钮以校正UV元素的宽高比从而校正其变形。单击"保存"按钮保存图像，如图8-126所示。

步骤 9 以渲染完成的图像为底图，可以在绘图软件（如Photoshop）中依据底图在相应位置绘制骰子图像，如图8-127所示。

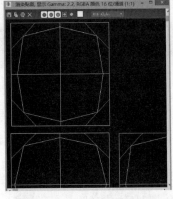
图8-126 "渲染贴图"窗口

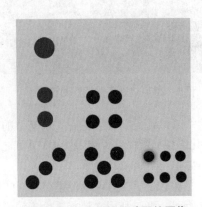
图8-127 绘制骰子贴图的图像

步骤10 在3ds Max中,打开"精简材质编辑器"窗口,将图片赋予某个材质球,然后将材质球拖动到骰子模型上完成贴图效果,如图8-128所示。

步骤11 再绘制一张骰子的模糊边缘的图片,以实现骰子点数渐变凹进去的效果。将该图片赋予给材质编辑器的凹凸贴图类型,如图8-129所示。

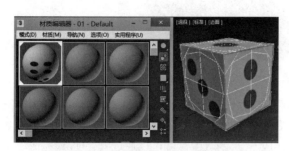

图8-128 材质编辑器为骰子赋予贴图　　　　图8-129 设置凹凸贴图

步骤12 贴图完成后的骰子贴图渲染效果如图8-130所示。

步骤13 贴图完成后进入"修改"面板,选择"修改器列表"中的"网格平滑"编辑修改器,为骰子模型加入网格平滑命令(迭代2次)。调整贴图中的高光级别和光泽度。最终完成的骰子模型如图8-131所示。

图8-130 贴图效果　　　　图8-131 "网格平滑"后的骰子模型

8.5.4 UV线与缝合

如果想要在骰子两个相邻的UV元素连接处进行贴图,这时需要将UV线缝合。下面通过骰子模型学习UV线的缝合。

1. UV线

为模型添加"UVW展开"编辑修改器后,模型上的某些边会变成绿色,这就是UV线。UV线就是模型的边,在建模时这些边是一组公共边,但是在贴图时这些边是不同的两组边,它们的作用是用于定义贴图的连续性,即用于区分UV元素。

例如,新建一个长方体,默认勾选"生成贴图坐标"复选框,如图8-132所示。

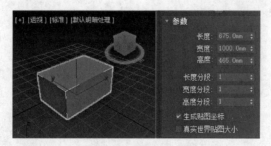

图8-132 创建长方体

将其转换为可编辑多边形,为其添加"UVW展开"编辑修改器。这时会看见长方体的各条边变为绿色的UV线,UV线是系统根据贴图坐标自动生成的,如图8-133所示。

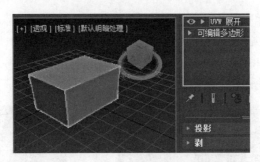

图8-133 添加"UVW展开"修改器

想要去掉默认添加的UV线,可以选中所有多边形,然后在参数面板中展开"投影"卷展栏,单击"平面"按钮,这样原有的UV线就消失了,如图8-134所示。后续可以根据自己的需要重新选择多边形进行投影,就会生成新的UV线。所以在模型上相邻的元素UV如果想连接成一个元素UV,就可以通过缝合UV线完成。

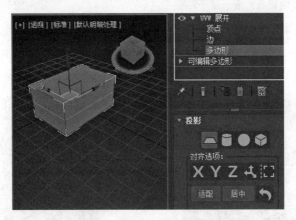

图8-134 "平面"投影去掉UV线

2. UV线的缝合

下面通过8.5.3中的骰子模型学习UV线的缝合操作,其步骤如下。

步骤1 进入"修改"面板,为骰子模型添加"UVW展开"编辑修改器。打开UVW编辑器,用8.5.3中"2.制作贴图"中步骤1~步骤3的操作为骰子模型实现"展平贴图",步骤略。确定想要缝合的两个UV元素。在修改器堆栈中展开"UVW展开"编辑修改器,进入其"多边形"子级别,在模型上选择相邻元素上的多边形,在UV编辑器中观察分属于哪两个UV元素,如图8-135所示。

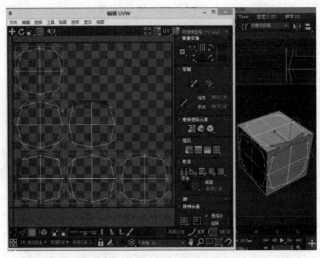

图8-135 选择要缝合的UV元素

步骤 2 在UVW编辑器中将这两个UV元素移动出编辑区以方便操作,如图8-136所示。然后切换到"边"子级别,在一个UV元素中选择模型上要缝合处的边,这些边会变为红色,红色的边即UV线称为"源",而另一个相邻元素上会自动选中与之相对应的UV线为蓝色边,蓝色的UV线称为"目标"。需要把"源"边和"目标"边缝合在一起从而使该部分的UV线消失,这样即可把两个UV元素缝合成为一个UV元素。

步骤 3 切换到"多边形"子级别,要实现这两个元素的缝合,需要使"源"边和"目标"边相对,所以需要旋转这两个UV元素。选择右侧的UV元素,展开右侧面板中的"快速变换"卷展栏,单击"环绕轴心旋转90度"按钮 进行顺时针旋转90°,如图8-137所示。

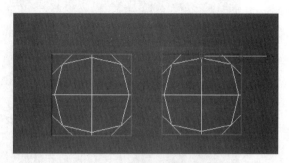

图8-136 移动要缝合的UV元素

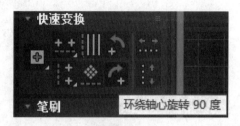

图8-137 快速变换选项组

步骤 4 旋转后再切换到"边"子模式,如图8-138所示。

步骤 5 切换到"多边形"子级别后选择右侧的UV元素,将其移动到左侧UV元素的左侧,并使其靠近,再切换到"边"子级别,如图8-139所示。

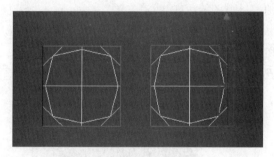

图8-138 旋转UV元素后

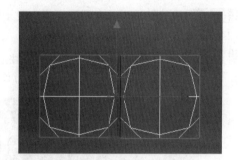

图8-139 移动UV元素

步骤 6 在右侧面板的"缝合"卷展栏中提供了四种操作,都可以实现UV线的缝合,如图8-140所示。

缝合到目标 : "目标"边不动,"源"边向"目标"边移动并进行缝合。

缝合到平均值 : "源"边和"目标"边相互靠近并缝合。

缝合到源 : "源"边不动,"目标"边向"源"边移动并进行缝合。

缝合: 自定义 : 可以根据自己的需要定义缝合方式。

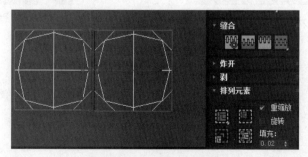

图8-140 "缝合"选项组

步骤 7 单击"缝合到平均值"按钮 即可实现缝合操作,如图8-141所示,缝合后两个UV元素中间绿色的UV线就消失了,这时两个UV元素就变成了一个UV元素。

步骤 8 选中所有UV元素，在右侧面板中展开"排列元素"卷展栏，单击"重缩放元素"按钮，这些UV元素重新自动排列，如图8-142所示。

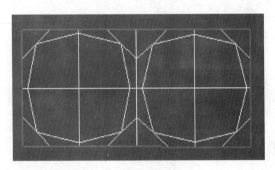

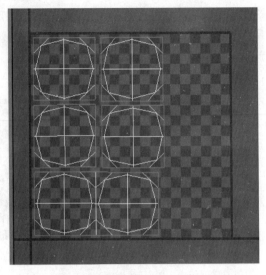

图8-141　缝合UV元素

图8-142　重新排列UV元素

步骤 9 再次渲染UV模板，将保存的图片在Photoshop中进行编辑。图8-143所示为在Photoshop中编辑后的图片，即在缝合的UV元素所在位置绘制一个圆形区域。

步骤 10 UV线缝合后，在视图中观察骰子模型，其原有区域的绿色UV线消失了，如图8-144所示。

图8-143　渲染UV模板并绘制贴图图像

步骤 11 打开"材质编辑器"窗口，选择一个材质球，单击"漫反射"颜色框后边的"无"按钮，选择绘制完成的图片。然后将该材质球拖动到骰子模型上，得到的贴图效果如图8-145所示。

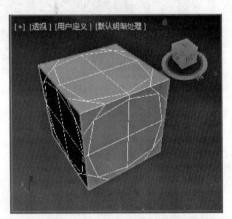

图8-144　UV元素缝合后的模型

图8-145　骰子模型贴图效果

8.5.5　"剥"

创建一个圆柱体，取消勾选"生成贴图坐标"复选框，将其转换为可编辑多边形，如图8-146所示。这样的物体只需要沿着某一条竖着的边和上下底面圆周剪开，然后展平再进行贴图处理，这种方法称为"剥"。在进行"剥"操作时首先需要编辑"接缝"，然后进行"剥"操作。

1. 接缝

在"剥"操作时首先需要确定从哪些边的位置剥开，这些边就称为接缝，作为接缝的边在模型中默认为蓝色。在UVW展开的顶点、边和多边形子级别下都可以进行接缝。展开"剥"卷展栏，"接缝"选项组中提供了四个按钮，都可以编辑接缝，如图8-147所示。

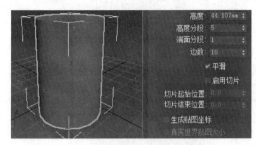

图8-146 创建圆柱体

图8-147 "接缝"选项组

① 编辑接缝：单击该按钮后，在模型中单击边，所选择的边就变成了接缝边，如图8-148所示。取消接缝的操作是按住【Alt】键的同时单击边。

② 点对点接缝：单击该按钮后，鼠标放在模型的某一顶点上，然后单击并移动鼠标，到下一个顶点位置再次单击，然后右击完成操作。这样即可将两个顶点间的所有边转换为接缝，如图8-149所示。

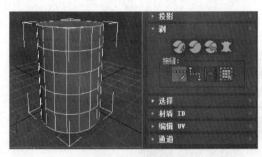

图8-148 编辑接缝

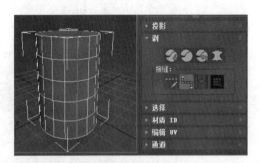

图8-149 点对点接缝

③ 将边选择转换为接缝：该按钮需要在"UVW展开"编辑修改器的"边"子级别下才可用，如图8-150所示，在"多边形"子级别下，该按钮为灰色不可用。切换到"边"子级别，该按钮即可用。这种编辑接缝的方式需要先在模型上选择某些边，然后单击该按钮即可将所选择边转换为接缝，如图8-150所示。

④ 将多边形选择扩展到接缝：该种编辑方式可以将所选择的多边形扩展到接缝。

利用"接缝"的几种编辑方式完成对圆柱体侧面垂直边和上下圆周边的接缝操作，如图8-151所示。

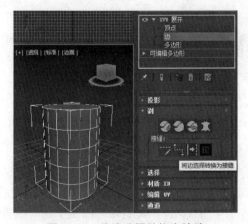

图8-150 将边选择转换为接缝

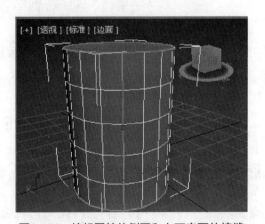

图8-151 编辑圆柱体侧面和上下表面的接缝

2. 剥皮

在"UVW展开"编辑修改器中选择"多边形"子级别，然后选中该物体的所有多边形，单击"剥"卷展栏中的"快剥"按钮，如图8-152所示。

图8-152 对圆柱体执行快剥操作

可以看到"快剥"操作完成后,UVW编辑器窗口会自动打开,如图8-153所示。圆柱体被系统沿着接缝的方向自动剥开,拆分为三个UV元素,并且在编辑区自动排列。"剥"操作完成后,就可以为圆柱体添加贴图,并在UVW编辑器中调整三个UV元素的位置进而调整贴图效果。

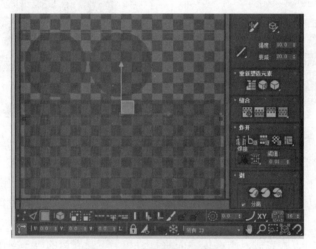

图8-153 调整UV元素排列

8.6 综合贴图实例讲解

8.6.1 实例讲解:蝴蝶建模及贴图

下面通过一个蝴蝶模型的建模与贴图实例练习"UVW展开"编辑修改器的使用。

1. 制作蝴蝶模型

步骤1 制作背景参考图,单击"创建"→"几何体"→"标准基本体"→"平面"按钮,在前视图中创建一个平面,设置其长度、宽度与蝴蝶图片一致。在菜单栏中选择"渲染"→"材质编辑器"→"精简材质编辑器"命令,在打开的窗口中选择"位图",然后选择蝴蝶图像作为位图载入。将此材质球赋给平面,如图8-154所示。

步骤2 在视图中右击,在弹出的快捷菜单中选择"对象属性"命令,关闭"以灰色显示冻结对象"。在透视图中选择平面,将其沿着Y轴向后移动一段距离,然后右击,在弹出的快捷菜单中选择"冻结当前选择"命令避免误操作影响后续操作,如图8-155所示。

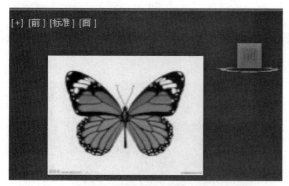
图8-154 制作背景参考图

图8-155 冻结背景参考图

步骤 3 在命令面板中单击"创建"→"图形"→"线"按钮，在前视图中，沿着背景参考图中蝴蝶图案创建一支翅膀形状的样条线，然后进入顶点模式稍作调整，如图8-156所示。

步骤 4 进入"修改"面板，选择"修改器列表"中的"挤出"编辑修改器。调整其参数中的"数量"值为0.1 mm，即厚度，如图8-157所示。

图8-156 创建线

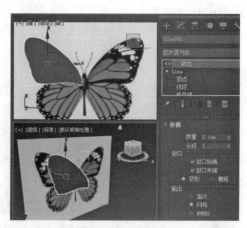
图8-157 为二维线添加"挤出"编辑修改器

步骤 5 选择翅膀并右击，在弹出的快捷菜单中选择"隐藏选定对象"命令，将模型隐藏。在前视图中继续创建线，绘制翅膀的下半部分，然后调整完毕并挤出，如图8-158所示。

步骤 6 将上一步的蝴蝶翅膀隐藏。单击"创建"→"扩展基本体"→"胶囊"按钮，在透视图中创建一个胶囊物体，在前视图中移动到图8-159所示位置。调整胶囊的半径和高度，然后将高度分段设置为8。

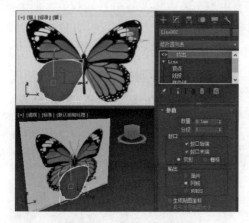
图8-158 完成下部翅膀

图8-159 创建胶囊

步骤 7 选择胶囊物体，按【Alt+X】组合键使之透明，将其转换为可编辑多边形。进入"顶点"子模式，选择点进行等比例缩放并移动调整位置，通过边的连接和顶点的移动调整出蝴蝶身体形状，具体步骤不再赘述，调整完成效果如图8-160所示。

步骤8 在透视图中选择头部的两个多边形，然后在参数面板中单击"编辑多边形"→"挤出"按钮，同时可以在前视图中观察挤出的高度，如图8-161所示。

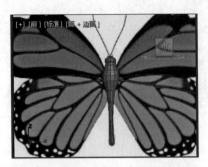
图8-160　调整胶囊生成蝴蝶身体部位

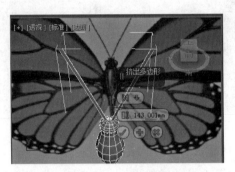
图8-161　挤出触角

步骤9 选择触角的所有边，连接三条线，再细致调整即可，如图8-162所示。

步骤10 在视图中右击，在弹出的快捷菜单中选择"全部取消隐藏"命令，并适当调节翅膀与身体衔接部位的点。在透视图中，将下方翅膀稍微后移，如图8-163所示。

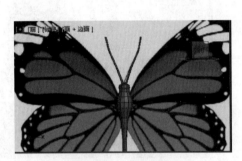
图8-162　调整触角

图8-163　完成蝴蝶制作

2. 完成蝴蝶模型的贴图

步骤1 打开材质编辑器，把带有蝴蝶图片的材质球分别拖动到两个翅膀模型和蝴蝶身体模型上，如图8-164所示。在蝴蝶翅膀上看不到贴图是因为蝴蝶翅膀是基于二维线创建的，模型默认没有贴图坐标。而蝴蝶身体能看到蝴蝶贴图是因为它是基于胶囊物体创建的，标准基本体默认是带有贴图坐标的。

步骤2 在透视图中，将两个翅膀转换为可编辑多边形。对于上边的翅膀添加"UVW展开"编辑修改器，在"UVW展开"编辑修改器的"多边形"子级别下选择该翅膀前后两个面的多边形，在参数面板中单击"投影"→"平面"按钮，轴向选择Y方向，再次单击"平面"按钮关闭投影，如图8-165所示。

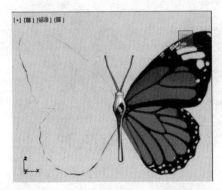
图8-164　为蝴蝶翅膀和蝴蝶身体赋予贴图

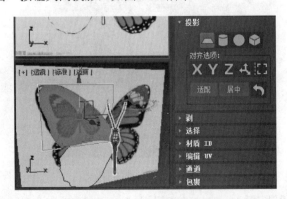
图8-165　给上方翅膀添加"UVW展开"编辑修改器并作平面投影

步骤 3 在参数面板中单击"编辑UV"→"打开UV编辑器"按钮,打开UV编辑器窗口,单击"自由形式模式"按钮 对UV元素进行自由变换调整。该模式是集移动、旋转和缩放于一体的模式。还可以进入"顶点"子级别进行精细调整,如图8-166所示。

步骤 4 同理,对下边的蝴蝶翅膀也做一样的UVW展开及编辑操作,步骤略,贴图调整结果如图8-167所示。为了方便观察贴图效果,将背景参考图解冻并删除。

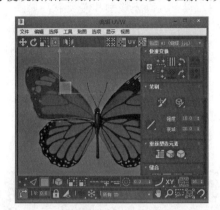
图8-166 在UVW编辑器中调整UV元素的位置

图8-167 完成下方翅膀贴图

步骤 5 选择蝴蝶身体部分的模型,也为其添加"UVW展开"编辑修改器,然后在"多边形"子级别中选择所有多边形,在参数面板中单击"投影"→"平面"按钮,轴向选择Y方向,投影完毕再次单击"平面"按钮关闭投影,如图8-168所示。

步骤 6 在参数面板中单击"编辑UV"→"打开UV编辑器"按钮,打开UV编辑器窗口,单击"自由形式模式"按钮 对该UV元素进行自由变换调整,将其调整到编辑区中蝴蝶图片的身体部位,如图8-169所示。

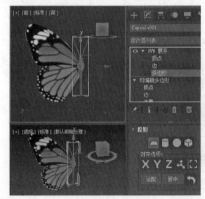
图8-168 选择蝴蝶身体模型的所有多边形

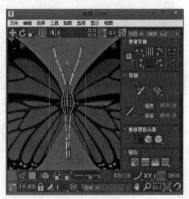
图8-169 在UVW编辑器中调整蝴蝶身体UV元素的位置

步骤 7 在前视图中选择上部的两只翅膀,镜像沿X轴复制一份并向右移动。然后将所有物体模型附加,蝴蝶制作完毕,贴图效果如图8-170所示。

图8-170 镜像复制蝴蝶翅膀完成蝴蝶制作及贴图

8.6.2 实例讲解：茶杯贴图

下面通过一个茶杯模型的贴图练习贴图的综合操作。该案例综合应用了"渐变坡度"贴图、"UVW贴图"编辑修改器、"多维/子对象"材质等多种操作完成最终的材质贴图效果。具体操作步骤如下：

步骤1 打开本书前边章节所制作的茶杯.max文件，将茶杯转换为可编辑多边形。打开材质编辑器，选择某个材质球，在"明暗器基本参数"卷展栏中选择"Phong"类型，设置其高光级别和漫反射，如图8-171所示。

步骤2 单击"Phong基本参数"卷展栏中的"漫反射"颜色后的小方块图标，弹出"材质/贴图浏览器"窗口中选择渐变坡度，在"渐变坡度"贴图界面中设置"渐变坡度参数"颜色条上的几个颜色，如图8-172所示。

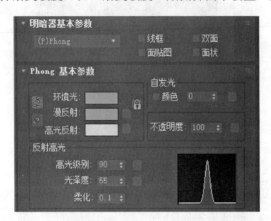

图8-171 设置"Phong"的高光级别和漫反射

图8-172 设置渐变坡度参数

步骤3 进入"修改"面板，选择"修改器列表"中的"UVW贴图"编辑修改器，在参数面板中选择"贴图"类型中的"柱形"，对齐选择Z轴，单击"适配"按钮。在"渐变坡度"贴图界面的"坐标"卷展栏中设置"角度"下方的W微调框中的数值为90°，如图8-173所示。

图8-173 设置"渐变坡度"贴图中坐标W的角度

步骤4 渲染的贴图效果如图8-174所示，实现了茶杯上的颜色渐变是由上至下过渡的。

步骤5 给茶杯的杯身赋予文字贴图。在"渐变坡度参数"颜色条中选择最中间的色标，然后右击，在弹出的快捷菜单中选择"编辑属性"命令，弹出图8-175所示的"标志属性"对话框。

图8-174 渲染贴图效果

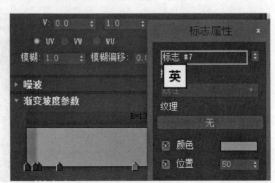

图8-175 "标志属性"对话框

步骤6 在"标志属性"对话框中单击"纹理"下方的"无"长条形按钮,弹出"材质/贴图浏览器"窗口,在其中选择位图,然后在"选择位图图像文件"对话框中选择要给茶杯贴图的文字图片"茶杯贴图.jpg",如图8-176所示。

图8-176 "选择位图图像文件"对话框

步骤7 此时材质编辑器自动进入"茶杯贴图.jpg"的贴图界面,如图8-177所示,其贴图通道默认为1。

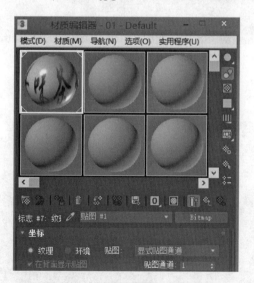

图8-177 材质编辑器的贴图界面

步骤8 修改其贴图通道为2,如图8-178所示。修改贴图通道的目的是以免后续操作与前面的UVW贴图操作发生冲突。进入"修改"面板,选择"修改器列表"中的"UVW贴图"编辑修改器,设置其"贴图通道"为2,与茶杯贴图.jpg图片的贴图通道保持一致。在"贴图"选项组中选择"柱形"。

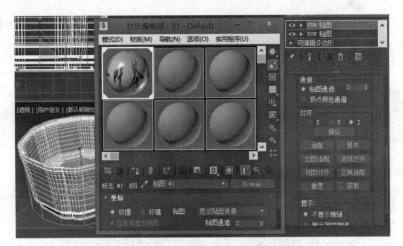

图8-178 修改贴图通道并设置柱形贴图

步骤 9 在修改器堆栈中展开最上边的"UVW贴图"编辑修改器,单击其中的Gizmo,在透视图的模型上沿着Z轴缩小Gizmo高度并调整Gizmo的位置,如图8-179所示。

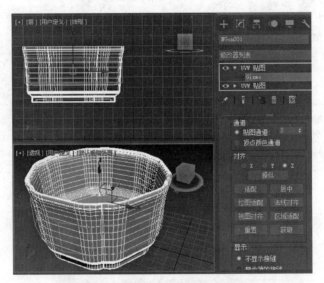

图8-179 调整"UVW贴图"的Gizmo

步骤 10 再次渲染,效果如图8-180所示。

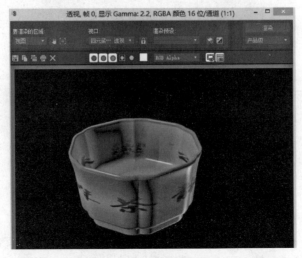

图8-180 渲染贴图效果

步骤 11 设置完成后，在视图中选择茶杯模型并右击，在弹出的快捷菜单中选择"转换为"→"转换为可编辑多边形"命令，使得贴图效果与物体模型结合为一个物体。然后进入"多边形"子模式，选择所有多边形，设置其材质ID为1。选择内部茶杯底部的多边形，然后扩大选择。一直扩大到杯口边缘的位置，然后设置其材质ID为2，如图8-181所示。

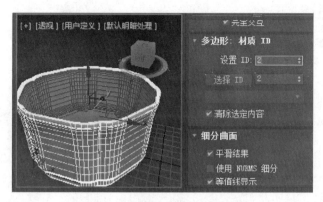

图8-181　设置内部多边形材质ID

步骤 12 打开材质编辑器，单击"转到父对象"按钮返回到材质编辑器的初始界面，单击"standard"按钮，在弹出的对话框中选择"多维/子对象"。在弹出的"替换材质"对话框中选择第二项，将旧材质保存为子材质。在材质编辑器窗口的"多维/子对象基本参数"中单击"设置数量"按钮设置数量值为1。然后单击"添加"按钮添加一种子材质，材质2选择一种颜色并设置其高光级别和光泽度，如图8-182所示。

步骤 13 最后完成的茶杯贴图效果渲染如图8-183所示。

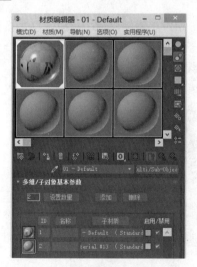

图8-182　设置子材质2

图8-183　茶杯贴图效果

第9章 高级材质实例

通过第8章的学习，读者掌握了3ds Max中材质编辑器的功能、贴图类型、材质类型以及两种贴图时常用的编辑修改器，这样就能实现对于模型的基本贴图与材质的操作。本章在此基础上介绍在制作材质贴图效果时常用的几种材质实例。

9.1 丝绸材质实例

通常可以使用"Oren-Nayar-Blinn"明暗器设置布料类的材质。使用该明暗器后，材质可以生成无光效果，接近于常见的布料。但丝绸是个例外，其具有较强的反光度，接近于金属的质感，所以可以使用"金属"明暗器实现丝绸材质效果。本例讲解丝绸类材质的制作方法。具体操作步骤如下：

步骤 1 利用第7章讲解的"Cloth"编辑修改器制作一个床单模型，如图9-1所示。

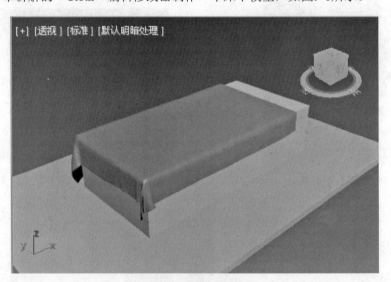

图9-1 床单模型

步骤 2 在菜单栏中选择"渲染"→"材质编辑器"→"精简材质编辑器"命令，打开"材质编辑器"窗口，选择一个材质球。选择视图中的床单模型，单击"将材质指定给选定对象"按钮，将该材质球赋予场景中的床单对象，如图9-2所示。

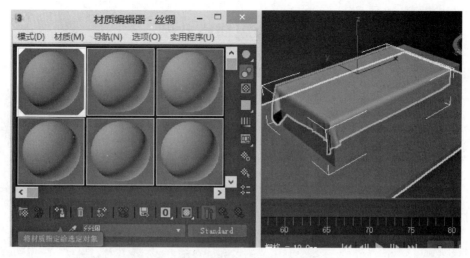

图9-2 将材质球赋予场景中的床单对象

步骤3 在该材质球的参数面板中编辑参数。展开"明暗器基本参数"卷展栏,设置材质使用"金属"明暗器。展开"金属基本参数"卷展栏,单击"漫反射"后面的颜色块并设置材质颜色,如图9-3所示。

步骤4 在"金属基本参数"卷展栏中设置"反射高光"选项组中的"高光级别"和"光泽度",如图9-4所示。当设置较高的"高光级别"参数和较低的"光泽度"参数后,就会实现较强的反射高光实现丝绸的效果。

图9-3 设置"金属基本参数"的颜色

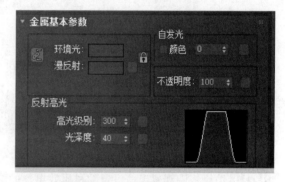

图9-4 修改高光级别和光泽度

步骤5 床单模型的丝绸材质渲染效果如图9-5所示。

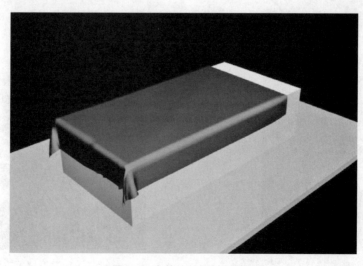

图9-5 床单的丝绸材质效果

9.2 金属材质实例

常规的金属材质具有很高的反光度和光泽度,通常会使用"金属"明暗器来表现,由于其表面非常光滑,所以会具有一定的反射效果。下面介绍设置常规金属材质的方法。

步骤 1 利用样条线建模法和多边形建模法创建汽车轮毂模型,如图9-6所示。

步骤 2 在菜单栏中选择"渲染"→"材质编辑器"→"精简材质编辑器"命令,打开"材质编辑器"窗口,选择一个材质球。选择视图中的轮毂模型,单击"将材质指定给选定对象"按钮,将该材质球赋予场景中的轮毂对象,如图9-7所示。

步骤 3 在其参数面板中修改参数。在"明暗器基本参数"卷展栏的下拉列表中选择"金属"明暗器。在"金属基本参数"卷展栏中设置其"漫反射"颜色为白色,并设置"高光级别"为120,"光泽度"为80,如图9-8 所示。

图9-6 轮毂模型

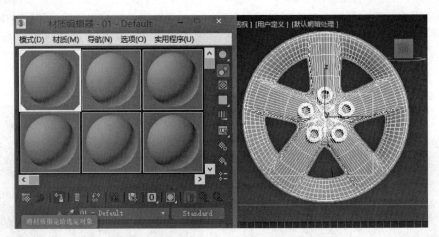

图9-7 将材质球赋予场景中的轮毂对象

步骤 4 渲染视图观察当前设置的材质效果,如图9-9所示。

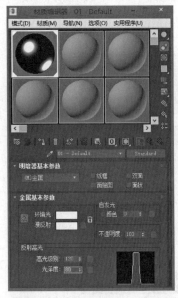

图9-8 修改"明暗器基本参数"

图9-9 渲染材质效果

步骤 5 在"贴图"卷展栏中单击"反射"贴图后的"无"长条形按钮,弹出"材质/贴图浏览器"对话框,在其中选择"光线跟踪"贴图,如图9-10所示。

步骤 6 材质编辑器自动进入"光线跟踪"贴图界面,如图9-11所示。

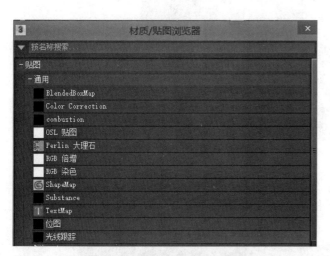

图9-10 "材质/贴图浏览器"窗口

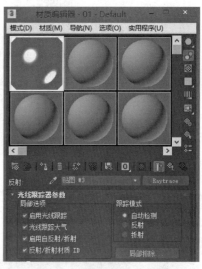

图9-11 "光线跟踪"贴图界面

步骤 7 在该界面中材质球示例窗下方的工具栏中单击"转到父对象"工具,返回到材质级别,设置"反射"贴图通道中的"数量"值为35,如图9-12所示。

步骤 8 渲染后的材质贴图效果如图9-13所示。

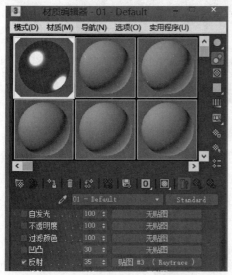

图9-12 修改"反射"数量值

图9-13 轮毂的金属材质效果

9.3 陶瓷材质实例

陶瓷是一种常见的材质类型,陶瓷工艺历史悠久,可以追溯到公元前7000年中国的新石器时代。陶瓷表面通常较为光滑,具有一定的反射效果。下面介绍常见陶瓷质感的表现方法。

9.3.1 简单陶瓷效果

陶瓷材质效果的具体操作步骤如下:

步骤 1 打开第4章所创建的茶杯模型.max文件,如图9-14所示。

图9-14 茶杯模型

步骤 2 在菜单栏中选择"渲染"→"材质编辑器"→"精简材质编辑器"命令,打开"材质编辑器"窗口,选择一个材质球。选择视图中的茶杯模型,单击"将材质指定给选定对象"按钮,将该材质球赋予场景中的茶杯对象,如图9-15所示。

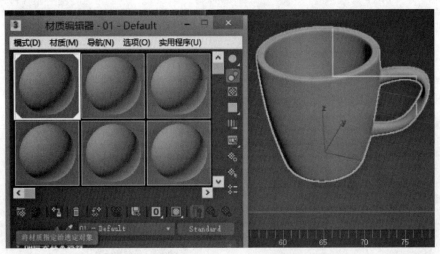

图9-15 将材质球赋予场景中的茶杯对象

步骤 3 在其参数面板中修改参数。在"明暗器基本参数"卷展栏的下拉列表中选择"Phong"明暗器。在"Phong基本参数"卷展栏中设置其"漫反射"颜色为白色,并设置"高光级别"为60,"光泽度"为30,如图9-16所示。

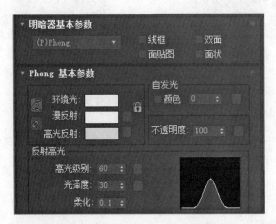

图9-16 修改"Phong基本参数"

步骤 4 在"贴图"卷展栏中单击"反射"贴图后的"无"长条形按钮,弹出"材质/贴图浏览器"对话框,在其中选择"光线跟踪"贴图,如图9-17所示。

步骤 5 材质编辑器自动进入"光线跟踪"贴图界面,如图9-18所示。

图9-17 选择"光线跟踪"贴图

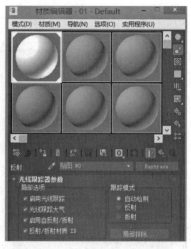

图9-18 "光线跟踪"贴图界面

步骤 6 在该界面中材质球示例窗下方的工具栏中单击"转到父对象"工具,返回到材质级别,设置"反射"贴图通道中的"数量"值为10,如图9-19所示。

步骤 7 渲染观察该茶杯的陶瓷材质贴图效果如图9-20所示。

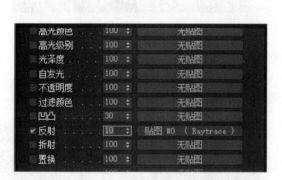

图9-19 设置"反射"数量值

图9-20 茶杯的陶瓷材质效果

9.3.2 真实陶瓷效果

下面通过为茶壶添加陶瓷材质并反射周围物体的案例学习真实陶瓷效果的制作方法。具体操作步骤如下:

步骤 1 在场景中创建一个平面作为地面,如图9-21所示。

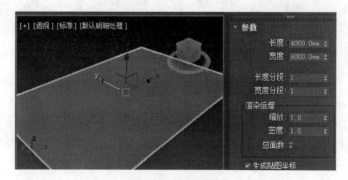

图9-21 创建平面

步骤 2 打开"材质编辑器"窗口,选择一个材质球,单击其"漫反射"颜色后面的小方块,弹出"材质/贴图浏览器"对话框,选择"棋盘格"贴图。材质编辑器自动进入"棋盘格"贴图界面,在其"棋盘格参数"卷展栏中设置两个颜色分别为棕色和白色,如图9-22所示。

步骤 3 展开"坐标"卷展栏,设置其U、V方向的"瓷砖"值为5,如图9-23所示。

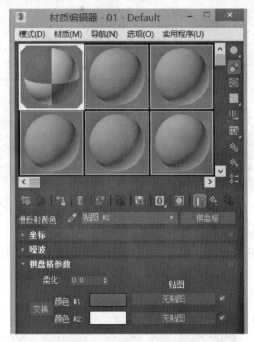

图9-22 设置"棋盘格参数"

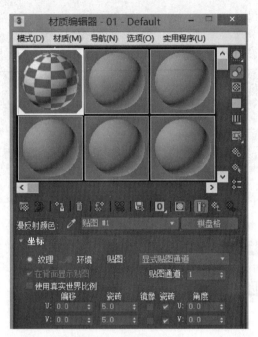

图9-23 设置瓷砖

步骤 4 在该界面中材质球示例窗下方的工具栏中单击"转到父对象"工具,返回到材质级别,将材质球拖动到平面上为其赋予贴图,如图9-24所示。

步骤 5 在透视图的平面上创建一个茶壶物体,在其旁边创建一个圆柱形物体如图9-25所示。

图9-24 创建平面并赋予材质

图9-25 创建茶壶和圆柱体

步骤 6 打开材质编辑器,在其中选择第二个材质球。设置"漫反射"颜色为蓝紫色,设置"高光级别"为165,"光泽度"为90,如图9-26所示。

步骤 7 将该材质球拖动到茶壶物体上,渲染观察茶壶贴图效果,如图9-27所示。

步骤 8 在"材质编辑器"对话框中展开"贴图"卷展栏,在"反射"贴图的长条形"无贴图"按钮上单击,弹出"材质/贴图浏览器"对话框,单击"衰减"贴图,如图9-28所示。

第9章 高级材质实例

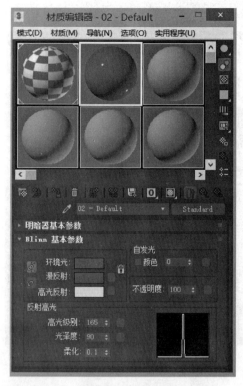

图9-26 设置材质球的漫反射颜色

图9-27 渲染材质效果

步骤 9 材质编辑器自动进入"衰减贴图"贴图界面,如图9-29所示。

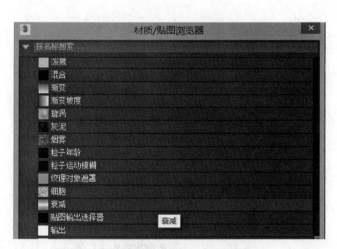

图9-28 "材质/贴图浏览器"选择"衰减"

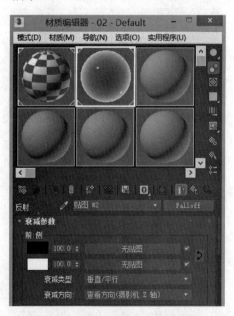

图9-29 "衰减贴图"贴图界面

步骤 10 在衰减贴图界面中展开"衰减参数"卷展栏,设置第一个颜色为黑色,设置第二个颜色为绿色,衰减类型选择"Fresnel",如图9-30所示。

步骤 11 调整图9-31所示窗口下方的"混合曲线",在曲线上添加点并调整点的位置。

步骤 12 在"衰减参数"卷展栏中,设置绿色颜色框后面微调框中的数值为40。单击其后的"无贴图"长条形按钮,弹出"材质/贴图浏览器"对话框,选择"光线跟踪"贴图,如图9-32所示。

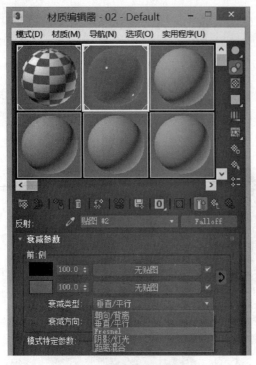

图9-30 设置"衰减参数"

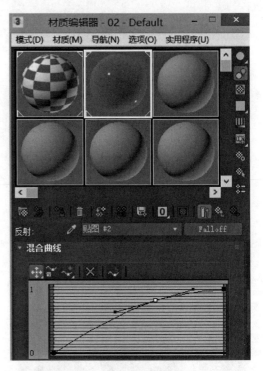

图9-31 调整"混合曲线"

步骤13 渲染观察效果,渲染发现衰减贴图实现由物体中心到边缘过渡的陶瓷贴图效果。而衰减贴图中嵌套的"光线跟踪"贴图实现了圆柱和地面反射到茶壶物体上的真实的反射效果,如图9-33所示。

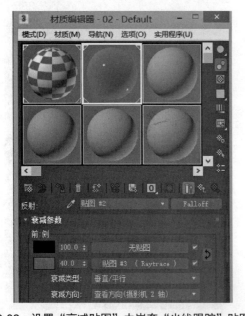

图9-32 设置"衰减贴图"中嵌套"光线跟踪"贴图

图9-33 带反射效果的陶瓷材质

9.4 玉石材质实例

下面介绍翡翠玉石材质的常用表现方法。具体操作步骤如下:

步骤1 单击"创建"→"几何体"→"标准基本体"→"圆环"按钮,在视图中创建一个圆环,如图9-34所示。

步骤 2 在菜单栏中选择"渲染"→"材质编辑器"→"精简材质编辑器"命令,打开"材质编辑器"窗口,选择一个材质球,在其参数面板中修改参数。在"明暗器基本参数"卷展栏的下拉列表中选择"Phong"明暗器,如图9-35所示。

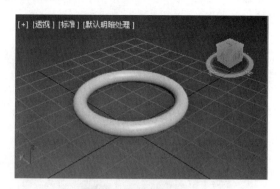

图9-34 创建圆环

图9-35 选择"Phong"明暗器

步骤 3 在"Phong基本参数"卷展栏中设置其"漫反射"颜色的红绿蓝分别为10、45、10。在"自发光"选项组中勾选"颜色"复选框,设置"颜色"的红绿蓝分别为0、45、0,如图9-36所示。

步骤 4 在"反射高光"组中设置"高光级别"为140,"光泽度"为70,如图9-37所示。

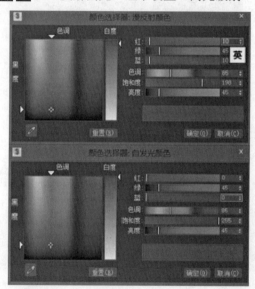

图9-36 设置"Phong基本参数"的漫反射颜色和自发光颜色

图9-37 设置反射高光

步骤 5 单击"漫反射"颜色框后面的"无"按钮,弹出"材质/贴图浏览器"对话框,在其中选择"Perlin大理石"贴图,如图9-38所示。

图9-38 选择"Perlin大理石"贴图

步骤 6 材质编辑器自动进入"Perlin大理石"贴图界面,在"Perlin大理石参数"卷展栏中设置"大小"值为150,如图9-39所示。

步骤 7 单击示例窗下方工具栏中的"转到父对象"工具,返回到材质级别界面,如图9-40所示。展开"贴图"卷展栏,单击"反射"后面的"无贴图"长条形按钮。

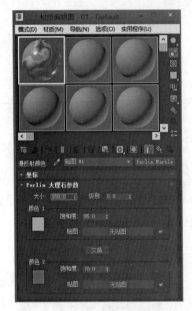
图9-39 修改"Perlin大理石参数"

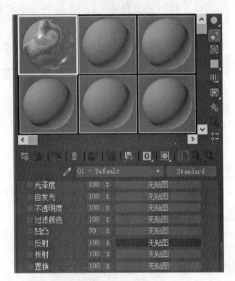
图9-40 材质窗口

步骤 8 在弹出的"材质/贴图浏览器"对话框中选择"反射/折射"贴图并确定,如图9-41所示。

图9-41 选择"反射/折射"贴图

步骤 9 材质编辑器自动进入"反射/折射"贴图界面,单击"转到父对象"工具,返回到材质级别。展开"贴图"卷展栏,单击"折射"后面的"无贴图"长条形按钮,弹出"材质/贴图浏览器"对话框,选择"光线跟踪"并确定,如图9-42所示。

图9-42 在"折射"中设置"光线跟踪"

步骤10 材质编辑器自动进入"光线跟踪"贴图界面。在"光线跟踪器参数"卷展栏的"背景"组中选择"颜色"色块前的单选按钮,设置颜色的红绿蓝分别为4、90、0,如图9-43所示。

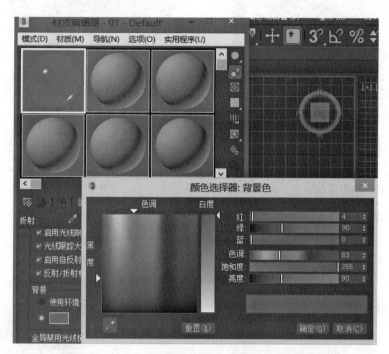

图9-43 在"光线跟踪器参数"中设置"背景"颜色

步骤11 单击示例窗下方的"转到父对象"工具,返回到材质界面,在"贴图"卷展栏中设置"折射"数量值为70,如图9-44所示。

步骤12 将材质球拖动到场景中的圆环物体对象上,渲染得到最终效果如图9-45所示。

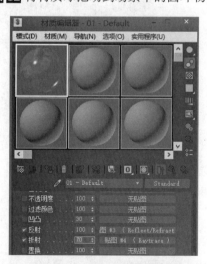

图9-44 设置折射数量值

图9-45 手镯的玉石材质效果

9.5 玻璃材质实例

本例介绍玻璃材质的常用制作方法。具体操作步骤如下:

步骤1 打开第7章所制作的高脚杯.max文件,如图9-46所示。

步骤2 在菜单栏中选择"渲染"→"材质编辑器"→"精简材质编辑器"命令,打开"材质编辑器"窗口,选择一个材质球,将其拖动到酒杯模型上,如图9-47所示。

图9-46 高脚杯模型

图9-47 赋予酒杯材质

步骤3 在材质编辑器窗口上单击"Standard"按钮，弹出"材质/贴图浏览器"对话框，单击"光线跟踪"，如图9-48所示。

步骤4 确定后，材质编辑器自动进入"光线跟踪"贴图界面，如图9-49所示。

图9-48 选择"光线跟踪"材质

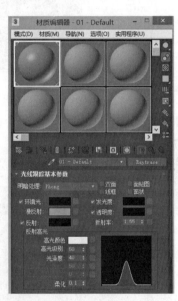

图9-49 "光线跟踪"贴图界面

步骤5 在"光线跟踪基本参数"卷展栏中勾选"双面"复选框。单击"漫反射"后的颜色块，弹出"颜色选择器：漫反射"对话框，设置红绿蓝分别为186、238、255，如图9-50所示。

步骤6 取消勾选"透明度"复选框，在其微调框中输入90，在"折射率"微调框中输入1.6，设置"高光级别"为80，"光泽度"为45，如图9-51所示。

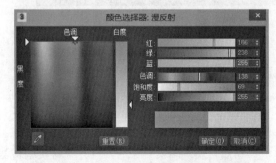

图9-50 "颜色选择器：漫反射"对话框

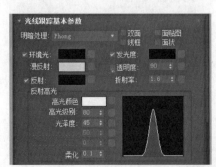

图9-51 "光线跟踪基本参数"卷展栏

步骤 7 展开"光线跟踪"贴图界面中的"贴图"卷展栏,单击"反射"后面的"无"长条形按钮,如图9-52所示。

图9-52 单击"反射"后的"无"长条形按钮

步骤 8 在弹出的"材质/贴图浏览器"对话框中选择"衰减"贴图,如图9-53所示。

图9-53 在"材质/贴图浏览器"中选择"衰减"贴图

步骤 9 渲染得到高脚杯的材质贴图效果如图9-54所示。

图9-54 酒杯的透明玻璃材质效果

第10章 灯光、摄影机与渲染

光线对景物的层次、线条、色调等都有着直接或间接的影响,良好的照明效果会使得三维场景更加生动逼真,是营造特殊气氛的点睛之笔。因此,灯光设置是场景构成的一个重要环节。摄影机就像人的眼睛,它提供一种以精确的角度观察场景的方法,而且可以使用多个摄影机在不同的角度观察场景。

本章主要介绍基本的灯光、摄影机与渲染知识及常见应用实例,读者可以在此基础上根据需要深入拓展学习。

10.1 灯光类型

灯光是模拟实际灯光的对象,比如家庭或办公室的灯、舞台和电影工作中的灯等。不同种类的灯光对象用不同的方法投影灯光,模拟真实世界中不同种类的光源。当场景中没有灯光时,使用默认的照明着色或渲染场景。用户可以添加灯光使场景的外观更加逼真。照明增强了场景的清晰度和三维效果。除了获得常规的照明效果外,灯光还可以用作投影图像。

3ds Max提供了两种类型的灯光:标准灯光和光度学灯光。所有类型的灯光在视图中显示为灯光对象,它们共享相同的参数,包括阴影生成器。

10.1.1 标准灯光

标准灯光是基于计算机的对象进行模拟的灯光,如家用或办公室、舞台工作时使用的灯光设备以及太阳光。不同种类的灯光对象可用不同的方式投影灯光,用于模拟真实世界不同种类的光源。标准灯光与光度学灯光的区别在于它不具有基于物理的强度值。

进入"创建"面板,单击"灯光"按钮,进入"灯光"子命令面板,其中显示六种标准灯光类型,分别是目标聚光灯、自由聚光灯、目标平行光、自由平行光、泛光和天光,如图10-1所示。

图10-1　6种标准灯光类型

1. 目标聚光灯

聚光灯可以像闪光灯一样投影聚焦的光束。目标聚光灯可以产生一个锥形的投射光束,照射区域内的物体会受灯光的影响而产生逼真的投射阴影,并且用户可以随意地调整光束范围。当场景中有物体遮挡住光束时,光束将被截断。

目标聚光灯包括投射点和目标点两部分,场景中的圆锥体图形就是投射点,小立方体图形标志就是灯光的目标点,如图10-2所示。用户可以通过对它们进行调整来改变物体的投影状态,从而产生逼真的效果。

由于聚光灯始终指向目标对象,因此不能沿着其局部X轴或Y轴旋转,但是可以选择并移动目标对象以及灯光。当移动灯光或对象时,灯光的方向会跟着改变,所以它始终指向目标对象。在三维场景中聚光灯是常用的灯光类型,比如聚光灯可以实现台灯的灯光效果制作。由于使用这种灯光可以调节照射的方式和范围两个参数,所以可以对物体进行有选择性的照射,通常可作为场景中的主光源。

2. 自由聚光灯

自由聚光灯也可以产生锥形的照射区域,除没有目标点外,它具有目标聚光灯的所有属性。当需要改变场景中自由聚光灯的投射方向和范围时,可以配合主工具栏中的"选择并旋转"按钮进行调节。此类聚光灯通常与其他物体相连,以子对象的方式出现,或者直接作用于运动路径上,主要用于制作灯光动画,自由聚光灯模型如图10-3所示。

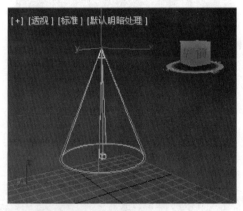
图10-2　目标聚光灯

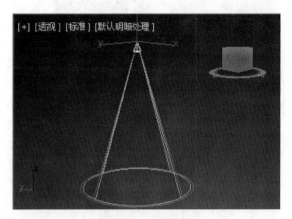
图10-3　自由聚光灯

3. 目标平行光

目标平行光可以产生圆柱状的平行照射区域,类似于激光的光束。它具有大小相等的发光点和照射点。此类灯光可以模拟太阳光、探照光、激光光束等效果。目标平行光模型如图10-4所示。

4. 自由平行光

自由平行光是一种没有目标点的平行光束,产生圆柱形状的照射区域,具有类似于目标平行光的基本属性,多用于动画的制作。自由平行光模型如图10-5所示。

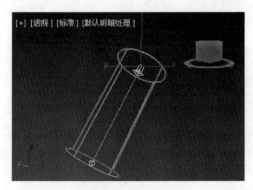
图10-4　目标平行光

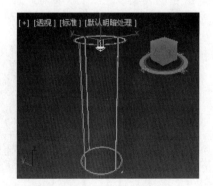
图10-5　自由平行光

5. 泛光

泛光是一种在室内效果图制作中频繁使用的光源。它是一个点光源,类似于灯泡,光线从一个固定的点向四面八方均匀发射,并且可以任意地调整照射范围,能够照亮整个场景。在三维场景中,泛光通常作为补光来使用,以提高场景的整体亮度,或者实现灯泡的发光效果。在同一个场景中,多个泛光灯的配合使用会产生更好的效果,但也不能过多地创建泛光灯,否则会使得效果图整体过亮,显得平淡而没有层次感。

泛光可以在六个方向上发射光线,并且可以创建阴影效果,一个单独的泛光灯相当于六个聚光灯所创建的阴影效果。泛光模型如图10-6所示。

6. 天光

天光主要用于模拟太阳光遇到大气层时产生的折射照明。此类灯光将为用户提供整体的照明和柔和的阴影，但它自身不会产生高光，而且有的时候阴影过虚，只有与其他灯光配合使用才能体现物体的高光和尖锐的阴影效果。

天光通常都与目标平行光配合使用，并且通过配合光线跟踪使用会产生自然柔和的逼真渲染效果。天光模型如图10-7所示。

图10-6　泛光

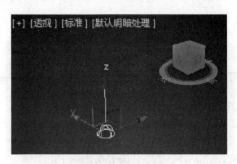

图10-7　天光

10.1.2　光度学灯光

光度学灯光可以使用光度学值精确地定义灯光，使灯光所投射的目标对象像在真实世界一样。光度学灯光可以创建具有各种分布和颜色特性的灯光，或导入照明制造商提供的特定光度学文件。通过"创建"面板创建灯光时，显示的默认灯光为光度学灯光。3ds Max包括目标灯光、自由灯光和太阳定位器三种不同类型的光度学灯光，如图10-8所示。

图10-8　三种光度学灯光

1. 目标灯光

目标灯光具有可以用于指向灯光的目标子对象。图10-9所示为分别采用球形分布、聚光灯分布和光度学Web分布的目标灯光的透视图模型。当添加目标灯光时，系统会自动为其指定注视控制器，且灯光目标对象指定为注视目标。可以使用"运动"面板上的控制器将场景中的任何其他对象指定为注视目标。

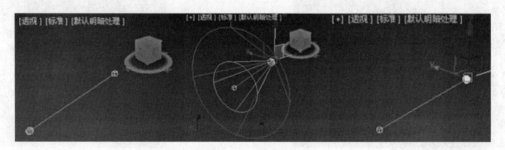

图10-9　三种目标灯光

2. 自由灯光

自由灯光不具备目标子对象，但可以通过使用变换瞄准自由灯光。图10-10所示为采用球形分布、聚光灯分布和光度学Web分布的自由灯光的透视图模型。

3. 太阳定位器

太阳定位器提供了一种聚集内部场景中的现有天空照明的方法。它其实就是一个区域灯光，可以从环境中导出其亮度和颜色。只有场景中包含天光组件时太阳定位器才能正常运作。

图10-10　自由灯光

10.1.3 灯光的参数

无论在场景中创建哪种标准灯光，在"修改"面板中都会出现相应的通用属性卷展栏。

1. "常规参数"卷展栏

该卷展栏是所有标准灯光都共享使用的一个重要的卷展栏。主要包括灯光阴影种类、排除等，如图10-11所示。

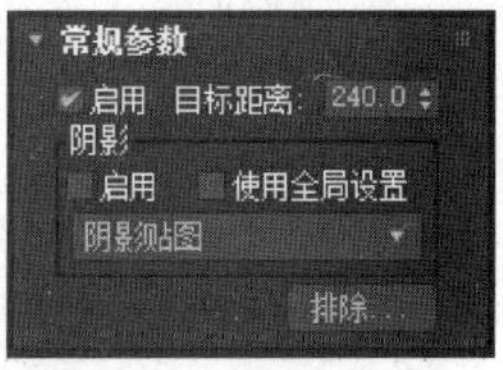

① "启用"复选框：用于控制灯光的打开与关闭。灯光的效果只有在着色和渲染时才能看出来。当取消勾选该复选框时，渲染将不再显示出灯光的效果。

② "目标距离"：可在该微调框中输入数值调整灯光和它的目标之间的距离。

③ "阴影"选项组：该选项组非常重要，也比较常用。勾选"启用"复选框可以使得照明产生阴影，默认禁用。一般在应用灯光时主光都需要启用阴影。该选项组主要用来定义当前选择的灯光是否需要投射阴影和选择所投射阴影的种类。阴影种类包括高级光线跟踪、区域阴影、阴影贴图、光线跟踪阴影。

图10-11 "常规参数"卷展栏

④ "使用全局设置"复选框：选择该复选框可以实现灯光阴影功能的全局化控制，即灯光的四种阴影产生方式的参数都可以通过"阴影参数"卷展栏进行设置。如果取消勾选该复选框，则系统针对不同的灯光阴影提供相应的阴影参数控制卷展栏，可以对不同的阴影产生方式进行更细致的参数设置。

⑤ "排除"按钮：单击该按钮，弹出"排除/包含"对话框，如图10-12所示。通过该对话框的列表中罗列的对象可以控制所创建的灯光需要照射场景中的哪些对象，使得各个灯光的作用对象更加明确，这样有利于对单个灯光的效果进行调整。一般情况下，如聚光灯之类的灯光都有其特定的照射对象，通过"排除/包含"对话框可以排除聚光灯对其他对象的照射影响。

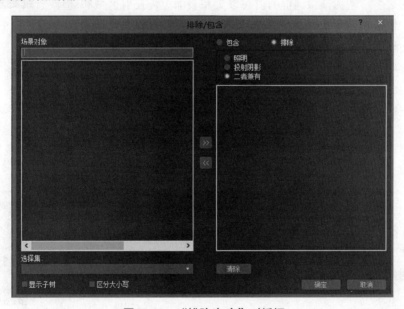

图10-12 "排除/包含"对话框

2. "强度/颜色/衰减"卷展栏

在实际环境中，灯光是随着距离的增加而减弱的。比如用一盏灯照亮一间屋子和照亮一个街道所产生的场景效果是不同的，这就源于灯光的衰减现象。该卷展栏可以控制灯光的强弱、颜色以及灯光的衰减参数，如图10-13所示。

① "倍增"微调框：该微调框用来调整灯光的亮度，默认的标准值为1.0，数值越大亮度越强。将输入值和颜色窗口的RGB值相乘即可得到灯光的实际输出颜色。小于1的值减小亮度，大于1的值增加亮度。一般情况下该值不能太大，最好与1.0接近，太高的"倍增"会对其灯光颜色有所削弱。

② "衰退"选项组：通过该选项组可以实现灯光衰减的另外一种方式。在其类

图10-13 "强度/颜色/衰减"卷展栏

型下拉列表中包括三种类型，分别为"无""倒数""平方反比"。

➤ "无"：该选项表示灯光不会产生衰减。

➤ "倒数"：该选项表示灯光反向衰减。

➤ "平方反比"：该选项表示灯光反向平方衰减，具体的衰减量都是通过公式计算得到的。现实环境中实际的灯光衰减属于该类型，但是在3ds Max中这种衰减类型带来的灯光效果会比较模糊。

③ "近距衰减"选项组：该选项组用来设置近距离衰减区的属性。

➤ "开始"微调框用来设置灯光开始照射的位置。

➤ "结束"微调框用来设置灯光达到的最大值位置。

➤ "使用"复选框表明选择的灯光是否使用在被指定的范围内。

➤ "显示"复选框控制是否在视图中显示被指定的范围。

④ "远距衰减"选项组：该选项组用来设置远距离衰减区的属性。"开始"微调框用来设置灯光开始减弱的位置；"结束"微调框用来设置灯光衰减为零的位置；"使用"和"显示"复选框的作用与上面"近距衰减"中的相同。

3. "高级效果"卷展栏

该卷展栏主要用来控制灯光对照射表面的高级作用效果，同时也提供了用于灯光的贴图投影功能。其参数如图10-14所示。

① "对比度"：该微调框用于调整表面漫反射光和环境光区域之间的对比度，这对于某些特殊的灯光效果（如刺眼的灯光效果）是非常有用的。

② "柔化漫反射边"：增加该微调框的值可以柔和表面上漫反射区域和环境光区域之间的边界。但是这样灯光的强度就会有所降低，为此可以通过增加"倍增"值来弥补该项带来的影响。

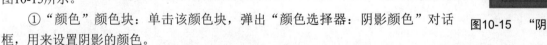

图10-14 "高级效果"卷展栏

③ "漫反射"：选择该复选框，灯光将影响对象表面的漫反射特性；取消选择该复选框，灯光将不产生漫反射的影响。

④ "高光反射"：选择该复选框，灯光将影响对象表面的镜面光特性，取消选择该复选框，灯光将对高光特性没有影响。

⑤ "仅环境光"：选择该复选框，灯光将只影响照明的环境光部分。在场景中选择该复选框时，前面设置的所有选项都不再起作用。

⑥ "投影贴图"：提供了运用灯光投影贴图的功能。选择"贴图"复选框右侧的按钮可以选择一个用于投影的贴图，该贴图可以从材质编辑器或者材质/贴图浏览器等处拖动过来。"贴图"复选框用来决定是否启用贴图功能。

4. "阴影参数"卷展栏

该卷展栏可以对阴影进行设置和调整，包括颜色、密度和大气阴影等，如图10-15所示。

① "颜色"颜色块：单击该颜色块，弹出"颜色选择器：阴影颜色"对话框，用来设置阴影的颜色。

图10-15 "阴影参数"卷展栏

② "密度"微调框：通过设置密度值可以调整阴影的密度。数值越大则产生的阴影越重，默认值为1.0。

③ "贴图"复选框：启用该复选框，即可指定一张阴影贴图。

④ "灯光影响阴影颜色"复选框：启用该复选框，场景中的灯光将会影响阴影的颜色。

⑤ "大气阴影"组合框：包括用于设置大气阴影的参数，即不透明度和颜色量。

10.1.4 阴影类型与参数

阴影是对象后面灯光变暗的区域。3ds Max 2020中主要支持的阴影类型有"阴影贴图""区域阴影""光线跟踪阴影""高级光线跟踪"，如图10-16所示。

1. "阴影贴图"及参数

阴影贴图实际上是位图，由渲染器产生并与完成的场景组合产生图像。这些贴图可以有不同的分辨率，但是较高的分辨率则会要求更多的内存。阴影贴图通常能够创建出更真实、更柔和的阴影，但是不支持透明度。图10-17所示为阴影贴图效果。

图10-16 阴影类型

图10-17 阴影贴图效果

当在"常规参数"卷展栏中的"阴影"下拉列表框中将阴影类型设置为"阴影贴图"时，会出现"阴影贴图参数"卷展栏，如图10-18所示，其参数用于控制灯光投射阴影的质量。

➢ "偏移"：该微调框的数值会使阴影面向或远离阴影投射对象。

➢ "大小"：用于计算灯光的阴影贴图的大小。值越大阴影对贴图的描述就越细致，但值太大会影响渲染速度。

➢ "采样范围"：值越大，阴影边缘就越柔和，其范围通常为0.01~50.0。通常增加分辨率"大小"值的同时需要加大"采样范围"的值，从而使得阴影效果更加真实。

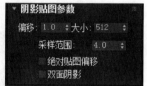

图10-18 "阴影贴图参数"卷展栏

2. "光线跟踪阴影"及参数

按照每个光线照射场景的路径来计算光线跟踪阴影，该过程会耗费大量的处理周期，但是能产生非常精确且边缘清晰的阴影，使用光线跟踪阴影可以为对象创建出阴影贴图无法创建的阴影，如透明的玻璃。光线跟踪支持透明阴影效果并且阴影效果比较精确，其渲染速度比阴影贴图略慢。图10-19所示为"光线跟踪阴影"效果。

当在"常规参数"卷展栏的"阴影"下拉列表框中将阴影类型设置为"光线跟踪阴影"时，会出现"光线跟踪阴影参数"卷展栏，如图10-20所示。其参数主要用于移动阴影投影对象，使得阴影与投影对象分离，设置是否启用双面阴影等。

图10-19 "光线跟踪阴影"效果

图10-20 "光线跟踪阴影参数"卷展栏

"光线偏移"微调框：可以将阴影投影对象进行移动，使阴影与投影对象分离。

"双面阴影"复选框：选中该复选框，则计算阴影时将保留阴影背面，外部的灯光不会照亮内部看到的对象，这样将消耗更多渲染时间。撤销该复选框后将忽略背面，渲染速度更快但外部灯光将照亮对象的内部。

"最大四元树深度"：该微调框可以影响光线跟踪时间，值越大光线跟踪时间越短，但会占用更多的内存。

3. "高级光线跟踪"及参数

该方式与"光线跟踪阴影"相似，但是它具有较强的控制能力，比标准的光线跟踪阴影需要更多的内存。

当在"常规参数"卷展栏的"阴影"下拉列表框中将阴影类型设置为"高级光线跟踪"时，会出现"高级光线跟踪参数"卷展栏,如图10-21所示。其参数主要用于选择生成阴影的光线跟踪类型、是否启用双面阴影、调整阴影完整性和阴影质量等。

4. "区域阴影"及参数

"区域阴影"基于投射光的区域创建阴影,不需要太多的内存。区域阴影方式产生的阴影比较模糊、自然,也支持透明对象。但区域阴影所产生的阴影中杂点较多,需要调整区域阴影参数来配合使用,这种方式渲染速度最慢。图10-22所示为"区域阴影"效果。

当在"常规参数"卷展栏的"阴影"下拉列表框中将阴影类型设置为"区域阴影"时,会出现"区域阴影"卷展栏,如图10-23所示。其参数主要用于选择生成区域阴影的方式、决定是否启用双面阴影、设置在初始光线投影中的光线数、在半影区域中投影的光线总数、边缘的模糊半径等。

图10-21　"高级光线跟踪参数"卷展栏

图10-22　"区域阴影"效果　　　　图10-23　"区域阴影"卷展栏

10.2 灯光实例

10.2.1 3ds Max布光原则

三点照明布光法是3ds Max中常用的布光方案。所谓三点照明就是主光、辅光和背光。这种照明方案一般用于在室内表现物体。可以将大的场景划分为很多小的部分来应用三点照明布光法。

布光的一般顺序为:首先确定主光的位置和强度;然后决定辅助光的强度和角度;最后分配背景光和装饰光。这样产生的布光效果能达到主次分明。

主光负责整个场景中的主要照明,并且应该具备投影属性。主光代表最主要的光源,可以是日光,也可以是从玻璃直射进来的光线。辅助光作为辅助,通常可以使用聚光灯,也可以使用泛光灯。辅助光根据需要可以设置多盏灯。一般从顶视图上观察时,主光和辅光应该是相对方向的,但是不要使主光和辅光完全对称。辅光可以与物体保持类似高度,一般要比主光低一些,强度上也要弱一些。一般情况下辅助光亮度可以设置为主光亮度的1/2左右。如果想要使得环境阴影多一些,则可以使用主光1/8左右的亮度。如果使用几盏灯作为辅助光,那么这几盏灯亮度的总和应为主光的1/8～1/2。

背光用于勾勒物体的轮廓,使得主体物体从背景中分离出来。设置的背景光一般在主体物体的后面,与摄影机相对。背光放置的位置应该超过主体物体的高度。设置背景光可以使得物体的上部或侧面出现高光。

布光时应遵循由主体到局部、由粗糙到细致的过程。对于灯光效果的形成,应该先调整角度定下主调,再调节灯光的衰减等特性来增强现实感,最后再对灯光的颜色做细致修改。如果要逼真地模拟自然光的效果,还必须对自然光源有足够深刻的理解。

10.2.2 灯光实例

下面通过一个实例练习灯光的使用。具体操作步骤如下：

步骤 1 利用前几章所学内容创建一个桌子及桌布，在其中创建一个茶壶物体。导入第4章所制作的茶杯模型并复制3份，将茶壶和茶杯摆放到餐桌上，如图10-24所示。

图10-24　导入餐桌和茶杯模型

步骤 2 在前视图中创建一个目标聚光灯作为主光，调整目标点指向餐桌物体，并调节灯光位置，其在4个视图中观察到的位置如图10-25所示。

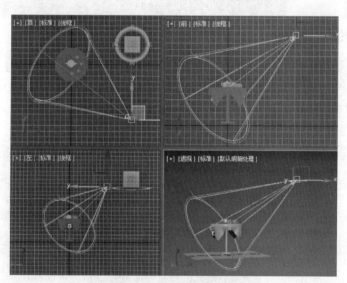

图10-25　创建目标聚光灯

步骤 3 调整灯光的参数。在"常规参数"卷展栏中勾选"阴影"选项组中的"启用"复选框，并在阴影类型下拉列表中选择"区域阴影"，如图10-26所示。

步骤 4 在"强度/颜色/衰减"卷展栏中设置"倍增"值为1.0，颜色设置为橘黄色，如图10-27所示。

图10-26　选择"区域阴影"

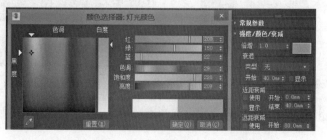

图10-27　设置倍增和灯光颜色

步骤 5 在"聚光灯参数"卷展栏中勾选"泛光化"复选框,使得灯光照射整个餐桌区域,如图10-28所示。

步骤 6 在前视图中选择聚光灯,按住【Shift】键的同时移动复制一个聚光灯作为辅光,如图10-29所示。

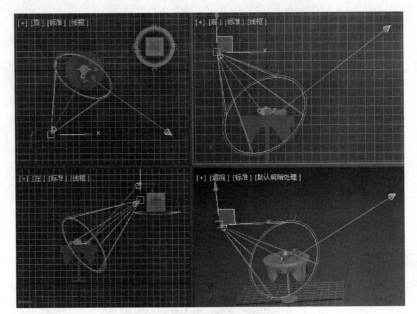

图10-28 勾选"泛光化"复选框

图10-29 复制聚光灯并调整位置

步骤 7 修改辅助光聚光灯的参数。设置其"倍增"值为0.5,并在"常规参数"卷展栏的"阴影"选项组中取消勾选"启用"复选框,如图10-30所示。

步骤 8 在顶视图中选择辅助聚光灯,按住【Shift】键的同时移动复制一份作为背光灯,调整其位置如图10-31所示。

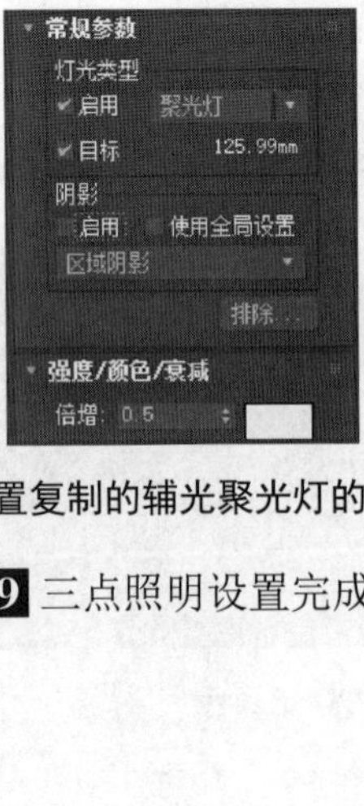

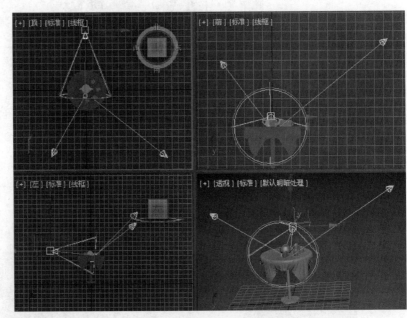

图10-30 设置复制的辅光聚光灯的倍增和颜色

图10-31 复制聚光灯并调整位置

步骤 9 三点照明设置完成,选择透视图渲染效果如图10-32所示。

图10-32 灯光渲染效果

10.3 摄影机

摄影机能够从特定的观察点上来表现场景中的物体。摄影机对象是模拟现实世界中的精致图像、运动图片或视频摄影机。3ds Max 2020中主要提供的摄影机类型有自由摄影机、目标摄影机和物理摄影机。

要在场景中创建摄影机，可单击命令面板中的"创建"→"摄影机"按钮，然后选择摄影机类型。选择自由摄影机则在视图中直接单击就可以创建对象，而目标摄影机需要在视图中单击并把它拖动到目标位置才能创建成功。

10.3.1 摄影机特性

1. 焦距

焦距影响对象出现在图片上的清晰度，焦距越小图片中包含的场景就越多，加大焦距将减少包含的场景，但会显示远距离对象的更多细节。焦距始终以毫米为单位进行测量。50 mm镜头通常是摄影的标准镜头，焦距小于50 mm的镜头称为短镜头或广角镜头，焦距大于50 mm的镜头称为长镜头或长焦镜头。

2. 视野

视野控制可见场景的数量。它以水平线度数进行测量，与镜头的焦距直接相关。例如，50 mm的镜头显示水平线为46°。镜头越长，视野越窄，镜头越短，视野越宽。

3. 视野和透视的关系

短焦距（宽视野）强调透视的扭曲，使对象朝向观察者看起来更深、更模糊。长焦距（窄视野）减少了透视扭曲，使对象压平或者与观察者平行。

10.3.2 创建摄影机

1. 创建摄影机

单击命令面板中的"创建"→"摄影机"按钮，进入"摄影机"子命令面板，如图10-33所示。在下拉列表中选择"标准"，该类型下提供了通用的三种类型摄影机，分别为物理、目标和自由。

摄影机的操作步骤一般如下：

步骤1 单击命令面板中的"创建"→"摄影机"按钮，下拉列表中默认显示"标准"，在其下方单击"自由"按钮，单击想要放置摄影机的视图位置，单击的视图决定了自由摄影机的初始方向，摄影机成为场景的一部分，如图10-34所示。

图10-33　三种类型摄影机

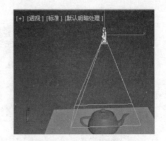

图10-34　创建摄影机

步骤2 单击"修改"面板，可以在其中设置摄影机的参数。图10-35所示为其部分参数。

步骤3 单击主工具栏中的"选择并移动"或者"选择并旋转"工具可以移动和旋转摄影机以调整其观察点。

创建目标摄影机或者物理摄影机的步骤与此类似，只不过目标摄影机或者物理摄影机的创建需要在视图中按住左键的同时拖动鼠标。拖动的初始点是摄影机的位置，释放鼠标的点就是目标位置。

2. 摄影机参数

无论在场景中创建哪一种摄影机，在"创建"面板中都会出现相应的通用属性卷展栏，如图10-36所示，下面重点介绍其中的常用参数。

图10-35　摄影机参数

图10-36　摄影机的参数卷展栏

➢ "镜头"：用来设置镜头的焦距。

➢ "视野"：用来设置视野的大小，即摄影机查看区域的宽度。在微调框的左侧是视野的方向弹出按钮，包括水平、垂直和对角线，默认视野方向为水平。

➢ "正交投影"：选择该复选框后，摄影机视图看起来就像用户视图。取消所选，摄影机视图就像标准的透视视图。

➢ "备用镜头"：可以单击该选项组中的备用镜头按钮，每个备用按钮都附有该镜头的具体焦距。

➢ "类型"：用来设置摄影机的类型，自由摄影机和目标摄影机之间可以相互切换。

➢ "显示圆锥体"：摄影机的视野锥形光线以浅蓝色显示。当选中摄影机对象时摄影机的锥形光线始终可见，所以可以不选择该项。

➢ "显示地平线"：选择该复选框时，在摄影机视图中的地平线层级中就会显示一条深灰色的线条。如果地平线位置在摄影机的视野之外或摄影机倾斜得太高或太低，地平线就会被隐藏。

➢ "环境范围"：选择"显示"复选框后，摄影机的视野锥形光线轮廓就会显示出两个平面。与摄影机距离近的平面为近距范围,与摄影机远的平面为远距范围。
> "剪切平面":当选择"手动剪切"复选框后,近距剪切和远距剪切将被激活,近距剪切的值可以定位近距剪切的平面,远距剪切的值则可以定位远距剪切的平面。
> "多过程效果":指定摄影机的景深或运动模糊效果。

10.3.3 创建摄影机视图

摄影机视图是用户通过摄影机能看到的场景。在场景中设置摄影机后,即可将任意一个视图切换为摄影机视图模式,其方法有如下两种。

方法1:激活工作区的任意一个视图,按【C】键,即可将当前视图转换为摄影机视图。当场景中存在多个摄影机时,按【C】键后弹出"选择摄影机"对话框,如图10-37所示,在其中选择一个摄影机对象,单击"确定"按钮后就会将当前视图转换为摄影机对应的视图。

方法2:激活工作区的任意一个视图,单击视图左上角的第二个选项卡标签,即可弹出快捷菜单,在其中可以选择相应的摄影机切换为摄影机视图,如图10-38所示。

图10-37 "选择摄影机"对话框

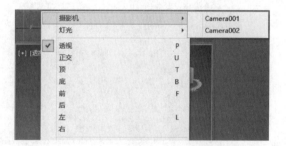

图10-38 在视图选项卡中选择摄影机视图

10.4 灯光和摄影机综合应用实例

下面通过一个阳光照射下的石柱效果熟悉建模、材质贴图、摄影机到灯光的综合应用过程。

10.4.1 建模

步骤 1 在命令面板中单击"创建"→"图形"→"星形"按钮,在顶视图中创建星形并修改其参数,如图10-39所示。

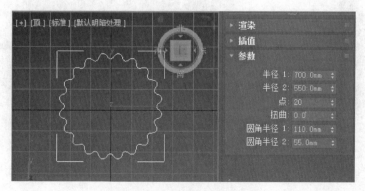

图10-39 创建星形并修改参数

步骤 2 在命令面板中单击"创建"→"图形"→"圆形"按钮,在顶视图中,在星形的旁边创建一个比它略大的圆形,如图10-40所示。

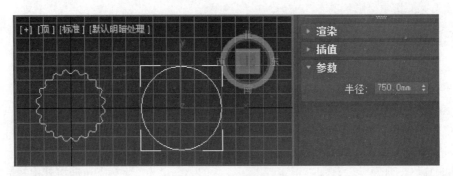

图10-40 创建圆形

步骤 3 在命令面板中单击"创建"→"图形"→"线"按钮,在前视图中创建一条垂直的二维线,如图10-41 所示。

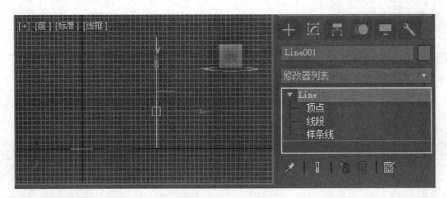

图10-41 创建直线

步骤 4 在透视图中选择直线,在命令面板中单击"创建"→"几何体"→"复合对象"→"放样"按钮,如图10-42所示。

步骤 5 展开"创建方法"卷展栏,单击"获取图形"按钮,在顶视图中选择圆形,得到图10-43所示的模型。

图10-42 创建放样复合对象

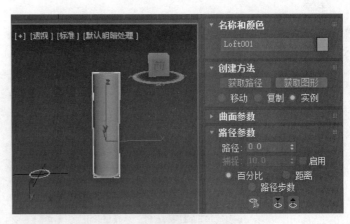

图10-43 获取圆形生成三维物体

步骤6 在"路径参数"卷展栏中,将"路径"微调框中的数值设置为15,然后单击"获取图形"按钮,在视图中再次单击圆形,如图10-44所示。

步骤7 在"路径参数"卷展栏中,将"路径"微调框中的数值设置为20,然后单击"获取图形"按钮,在视图中单击星形,如图10-45所示。

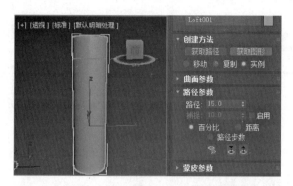

图10-44 调整路径参数后获取圆形

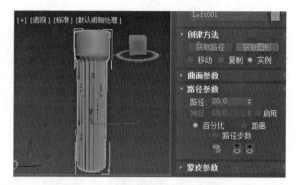

图10-45 调整路径参数后获取星形

步骤8 在"路径参数"卷展栏中,将"路径"微调框中的数值设置为80,然后单击"获取图形"按钮,在视图中再次单击星形,如图10-46所示。

步骤9 在"路径参数"卷展栏中,将"路径"微调框中的数值设置为85,然后单击"获取图形"按钮,在视图中单击圆形,如图10-47所示。

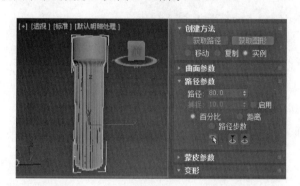

图10-46 调整路径参数后再次获取星形

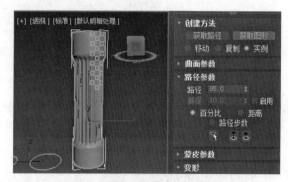

图10-47 调整路径后再次获取圆形

步骤10 石柱模型制作完成,右击将其转换为可编辑多边形,然后复制三份,并创建一个平面作为地面,创建一个长方体作为石柱顶部模型,如图10-48所示。

图10-48 创建长方体并复制石柱

10.4.2 材质贴图

下面为石柱及上方长方体设置材质贴图效果。具体操作步骤如下：

步骤 1 在菜单栏中选择"渲染"→"材质编辑器"→"精简材质编辑器"命令，打开"材质编辑器"窗口，选择一个材质球，单击"漫反射"颜色后面的按钮，弹出"材质/贴图浏览器"对话框，选择"位图"贴图，然后选择大理石图片，如图10-49所示。

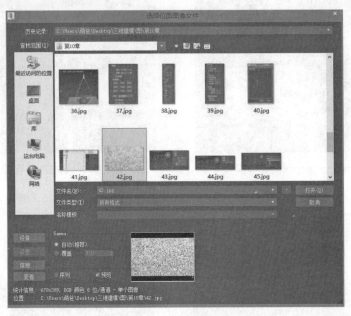

图10-49　选择大理石图片

步骤 2 单击"打开"按钮，材质编辑器自动进入大理石图片贴图界面，单击"转到父对象"工具，返回到材质级别，设置"高光级别"和"光泽度"，如图10-50所示。

步骤 3 将材质球拖动到场景中的长方体和四个石柱上，如图10-51所示。

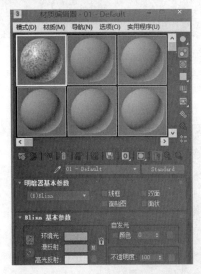

图10-50　返回到大理石材质界面

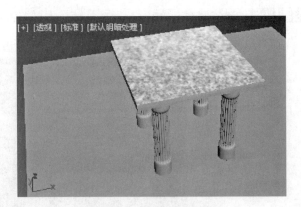

图10-51　为石柱赋予材质

步骤 4 观察发现四个石柱并没有贴图效果，因为这四个石柱是通过放样得到的，缺少贴图坐标。选择石柱，进入"修改"面板，选择"修改器列表"中的"UVW贴图"编辑修改器，设置类型为"柱形"，如图10-52所示。

步骤 5 在"UVW贴图"参数面板的"对齐"选项组中选择"X"轴并单击"适配"按钮。对其他石柱做如是操作。再将材质球拖动到地面平面上，最终得到的材质贴图效果如图10-53所示。

图10-52 为石柱添加"UVW贴图"编辑修改器

图10-53 贴图调整后的石柱和地面

10.4.3 摄影机和灯光

下面为场景中添加一台摄影机，具体操作步骤如下：

步骤1 单击"创建"→"摄影机"→"标准"→"目标"按钮，如图10-54所示。

步骤2 在顶视图中拖动鼠标，拖动的初始点就是摄影机的位置，释放鼠标的点就是目标位置。调整其参数如图10-55所示。

图10-54 选择目标摄影机

图10-55 调整摄影机参数

步骤3 选择透视图，按【C】键切换为摄影机视图，四个视图中摄影机位置如图10-56所示。

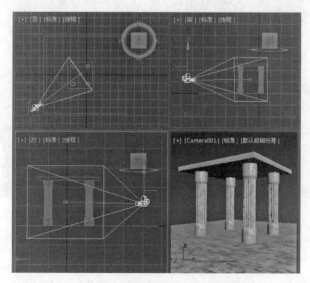

图10-56 切换透视图为摄影机视图

步骤 4 进入"创建"面板,单击"灯光"按钮,在其中选择"标准"→"目标平行灯",然后在前视图中绘制一盏平行灯,并适当调整其照射面积,如图10-57所示。

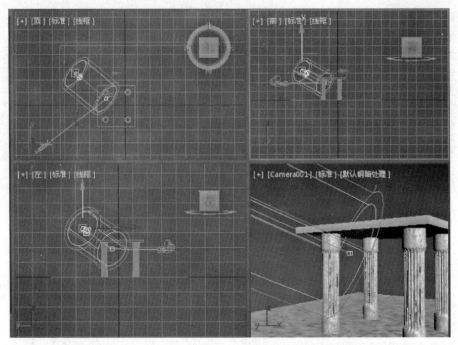

图10-57 创建平行灯

步骤 5 修改平行灯的参数,如图10-58所示。在"常规参数"卷展栏的"阴影"选项组中勾选"启用"复选框。在"强度/颜色/衰减"卷展栏中设置强度为1.7,颜色为淡黄色。在"平行灯"卷展栏中设置"聚光区/光束"值稍大一些。

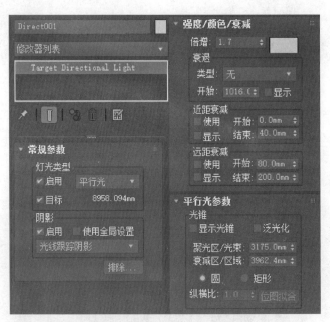

图10-58 修改"平行灯"的参数

步骤 6 摄影机视图的渲染效果如图10-59所示。目前石柱的太阳光照射效果实现了,但是周围的天空是黑色的。

步骤 7 设置天空。在菜单栏中选择"渲染"→"环境"命令,弹出"环境和效果"对话框,如图10-60所示。

第10章 灯光、摄影机与渲染

图10-59 渲染石柱贴图和灯光效果

图10-60 打开"环境和效果"对话框

步骤 8 在"环境和效果"对话框中单击"环境贴图"下方的"无"长条形按钮，弹出"材质/贴图浏览器"对话框，在其中选择"渐变"贴图，如图10-61所示。

图10-61 选择"渐变"贴图

步骤 9 确定后打开材质编辑器，选择第二个材质球，然后将"环境和效果"对话框中的渐变贴图拖动到材质编辑器的第二个材质球上，弹出"实例（副本）贴图"对话框，单击"确定"按钮，如图10-62所示。

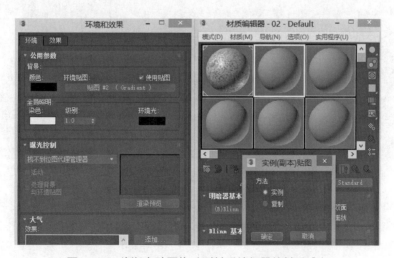

图10-62 将渐变贴图拖动到材质编辑器的材质球上

步骤 10 材质编辑器自动进入"渐变"贴图界面，如图10-63所示。

步骤 11 设置其中三个颜色为天空的渐变色，如图10-64所示。

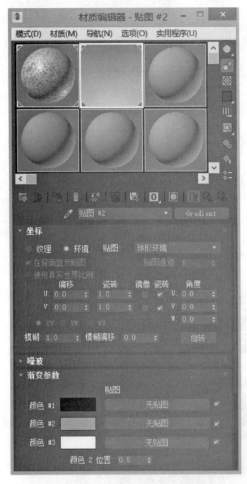

图10-63 "渐变"贴图界面窗口

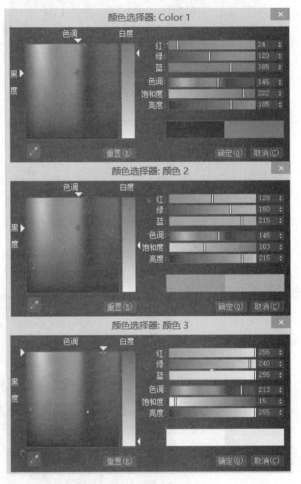

图10-64 天空的渐变色

步骤 12 在菜单栏中选择"视图"→"视图配置"命令，弹出"视口配置"对话框，选中"使用环境背景"单选按钮，如图10-65所示。

图10-65 "视口配置"对话框

步骤 13 再次渲染效果如图10-66所示。

步骤 14 建筑物除了阳光照射到的部分显示强烈外，某些部分非常黑暗看不到细节，为了更加逼真，再创建一盏天光。单击"创建"→"灯光"→"标准"→"天光"按钮，如图10-67所示。

第10章 灯光、摄影机与渲染　283

图10-66　再次渲染效果

图10-67　创建天光

步骤15 在任意视图中单击即创建一盏天光灯，修改其参数如图10-68所示。因为天光作为辅助光，所以设置"倍增"值为0.5。

步骤16 选择摄影机视图再次渲染，最终得到的效果如图10-69所示。

图10-68　设置天光参数　　　　　　　　　　图10-69　最终渲染效果

10.5　渲　　染

应用3ds Max制作效果图时，一般按照"建模—材质贴图—灯光摄影机—渲染"流程进行，渲染是最后一步。渲染也就是对场景进行着色的过程，它将颜色、阴影和照明效果等加入几何体中。渲染可以创建一个静止图像或动画，从而可以使用所设置的灯光、所应用的材质及环境设置为场景中的几何体着色。

渲染需要经过相当复杂的运算，运算完成后将虚拟的三维场景投射到二维平面上就形成了视觉上的3D效果。渲染场景的引擎有很多种，如Mental ray渲染器、Brazil渲染器、FinalRender渲染器、Renderman渲染器、Maxwell渲染器和Lightscape渲染器等。3ds Max 2020渲染器提供了"Quicksilver硬件渲染器""ART渲染器""扫描线渲染器""VUE文件渲染器""Arnold"五种，用户也可以根据需要安装一些其他渲染插件，如Vray插件等。

10.5.1　渲染设置

在主工具栏中单击"渲染设置"工具 或按快捷键【F10】，或在菜单栏中选择"渲染"→"渲染设置"命令，都可弹出"渲染设置"对话框。该对话框中提供了渲染参数的设置，如图10-70所示。

1. "目标"

"目标"中可以选择渲染的模式，默认为产品级渲染模式，还可以选择迭代渲染模式、ActiveShade模式、A360在线渲染模式等。

2. "预设"

"预设"提供了渲染的多种预设方式。

3. "渲染器"

"渲染器"下拉列表中包含"Quicksilver硬件渲染器""ART渲染器""扫描线渲染器""VUE文件渲染器""Arnold"五种渲染器。

该对话框下方的卷展栏会依据不同的渲染器类型而发生变化，默认渲染器为扫描线渲染器，其下方主要有"公用""渲染器""Render Elements""光线跟踪器""高级照明"五个选项卡。

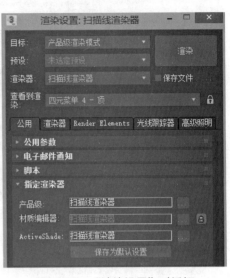

4. "公用"选项卡

该选项卡包含任何渲染器的主要控件，可以渲染静态图像或者动画、设置渲染输出的分辨率等。主要包括"公用参数""电子邮件通知""脚本""指定渲染器"等卷展栏的相关选项。其中"公用参数"和"指定渲染器"卷展栏最常用。

图10-70 "渲染设置"对话框

5. "渲染器"选项卡

该选项卡包含当前渲染器的主要控件。当设置的渲染类型发生了改变，"渲染器"选项卡的主要控件也会发生相应的变化。默认的"渲染器"选项卡中只包含"默认扫描线渲染器"卷展栏，如图10-71所示。

6. "Render Elements"（渲染元素）选项卡

该选项卡包含将各种图像信息渲染到单个图像文件的控件，如图10-72所示。在使用合成、图像处理或特殊效果软件时，该功能非常有用。

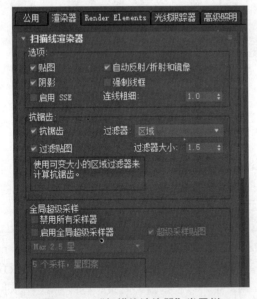

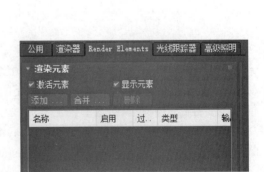

图10-71 "扫描线渲染器"卷展栏　　　　图10-72 "Render Elements"（渲染元素）选项卡

7. "光线跟踪器"选项卡

该选项卡包括光线跟踪贴图和材质的全局控件，如图10-73所示。"光线跟踪全局参数"卷展栏的参数将全局控制光线跟踪器。它们影响场景中所有光线跟踪材质和光线跟踪贴图，也影响高级光线跟踪阴影和区域阴影的生成。

8. "高级照明"选项卡

该选项卡包含用于生成光能传递和光跟踪器解决方案的控件,可以为场景提供全局照明,如图10-74所示。光跟踪器为明亮场景提供柔和边缘的阴影。光能传递提供场景中灯光的物理性质的精确建模。

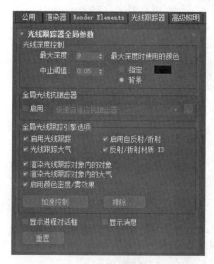

图10-73 "光线跟踪器"选项卡

图10-74 "高级照明"选项卡

10.5.2 常用渲染器

1. 扫描线渲染器

扫描线渲染器是3ds Max的默认渲染器,它可以将场景渲染为从上到下生成的一系列扫描线,它是3ds Max提供的产品级渲染器,而不是在视图中使用的交互式渲染器。产品级渲染器生成的图像显示在渲染帧窗口。该渲染器渲染质量不高,但渲染速度较快,因此可以在渲染质量要求不高的情况下用该渲染器进行渲染。

2. Quicksilver渲染器

该渲染器使用图形硬件生成渲染,其渲染速度快,可以渲染多个透明曲面。该渲染器同时使用CPU和GPU加速渲染,使用越频繁,其速度越快。

3. ART渲染器

该渲染器是一种仅使用CPU并且给予物理方式的快速渲染器,适用于建筑、产品和工业设计渲染与动画。该渲染器设置量较少,可以渲染大型、复杂的场景。其主要优点是用户可以快速操纵灯光、材质和对象。

4. VRay渲染器

该渲染器是一款高质量渲染引擎,主要以插件的形式存在于3ds Max、Maya等软件中。该渲染器可以真实地模拟现实光照,并且操作简单、可控性强。因此被广泛应用于工业设计、建筑表现和动画制作等领域。该渲染器的渲染速度和渲染质量比较均衡,能够在保证较高渲染质量的前提下也具有较快的渲染速度,是目前效果图制作中最为流行的渲染器。

10.5.3 渲染帧窗口

渲染帧窗口会显示渲染输出。在主工具栏中选择"渲染帧窗口"工具或者在菜单栏中选择"渲染"→"渲染"命令,都可打开渲染帧窗口,如图10-75所示。渲染帧窗口主要包括"要渲染的区域"下拉列表、"视图"下拉列表、"渲染预设"下拉列表、"产品级"下拉列表、"渲染"按钮和渲染帧窗口工具栏等相关控件。

1. 要渲染的区域

其下拉列表中提供了要渲染的区域选项,包括"视图""选定""区域""裁剪""放大"五个选项,如图10-76所示。当选择了"区域""裁剪""放大"渲染区域选项时,可以使用"要渲染的区域"下拉列表右侧的

"编辑区域"按钮 设置渲染的区域，也可以使用"自动选定对象区域"按钮 自动将区域设置到当前选择中。

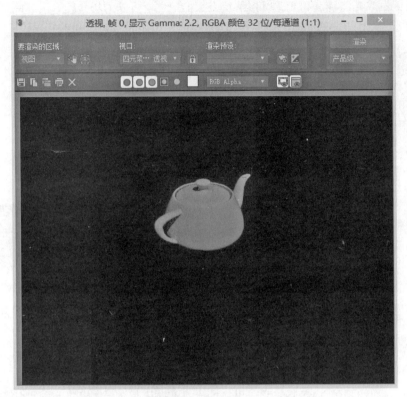

图10-75　渲染帧窗口

2. 视图

在菜单栏中选择"渲染"→"渲染"命令后，渲染帧窗口显示的是主用户界面中激活的视图。在图10-77所示的"视图"下拉列表中包含3ds Max所有的可视视图。若要指定要渲染的不同视图，就可以从该列表中选择所需视图。

图10-76　要渲染的区域

图10-77　渲染帧窗口的视图选项

3. 渲染预设

在其下拉列表中包括图10-78所示的相关预设渲染选项。单击"渲染预设"下拉列表右侧的"渲染设置"按钮，弹出"渲染设置"对话框，在其中可以对渲染进行重新设置。单击"环境和效果对话框（曝光控制）"按钮 可以打开其对话框进行相应设置。

4. 产品级

在图10-79所示的"产品级"下拉列表中包括"产品级"和"迭代"两个选项。

① "产品级"：使用"渲染帧窗口""渲染设置"对话框等选项中的所有当前设置进行渲染。

② "迭代"：忽略网络渲染、多帧渲染、文件输出、导出至MI文件以及电子邮件通知。同时，使用扫描线渲染器渲染时会使渲染帧窗口的其余部分完好保留在迭代模式中。在图像上执行快速迭代时使用该选项，例如，处理最终聚集设置、反射或者场景的特定对象或区域。

第10章 灯光、摄影机与渲染

图10-78 "渲染预设"下拉列表

图10-79 "产品级"下拉列表

5. 渲染

单击"渲染"按钮可以使用当前设置渲染场景。

6. 渲染帧窗口工具栏

图10-80所示为渲染帧窗口工具栏。

图10-80 渲染帧窗口工具栏

① 保存图像：用于保存在渲染帧窗口中显示的渲染图像。

② 复制图像：将渲染图像可见部分的精确副本放置在Windows剪贴板上，以准备粘贴到绘制程序或位图编辑软件中。图像始终按当前显示状态复制。因此，如果启用了"单色"按钮，则复制的数据由8位灰度位图组成。

③ 克隆渲染帧窗口：创建另一个包含所显示图像的窗口。这就允许将另一个图像渲染到渲染帧窗口，然后将其与上一个克隆的图像进行比较。可以多次克隆渲染帧窗口。克隆的窗口会使用与原始窗口相同的初始缩放级别。

④ 打印图像：将渲染图像发送至默认打印机，将背景打印为透明。

⑤ 清除：清除渲染帧窗口中的图像。

⑥ 颜色通道设置：包括启用红色通道、蓝色通道、绿色通道、显示Alpha通道、单色、颜色样例和通道显示列表七个选项。

⑦ 切换UI叠加：单击该按钮后，"要渲染的区域"中的"区域""裁剪"或"放大"中的任一个选项处于选中状态，显示表示相应区域的帧。

⑧ 切换UI：单击该按钮后，渲染帧窗口中的所有控件均可使用。禁用该按钮，将不会显示对话框顶部的渲染控件，可以简化对话框界面并且使该界面占据较小的空间。

参考文献

[1] 李洪发. 3ds Max 2016中文版完全自学手册[M]. 北京：人民邮电出版社，2017.
[2] 梁艳霞. 3ds Max三维建模基础教程[M]. 北京：电子工业出版社，2019.
[3] 张凡，等. 3ds Max 2016中文版应用教程[M]. 4版. 北京：中国铁道出版社有限公司，2019.
[4] 亓鑫辉. 3ds Max 2014火星课堂[M]. 北京：人民邮电出版社，2013.